Berichte aus dem
Institut für Umformtechnik
der Universität Stuttgart
Herausgeber:
Prof.em.Dr.-Ing.Dr.h.c.K.Lange

# 123

Springer-Verlag Berlin Heidelberg GmbH

Wolfgang Müller

# Beitrag zur Charakterisierung von Blechwerkstoffen unter mehrachsiger Beanspruchung

Mit 112 Abbildungen und 12 Tabellen

Springer

Dr.-Ing. Wolfgang Müller
Institut für Umformtechnik
Universität Stuttgart

Dr.-Ing. habil. Klaus Pöhlandt
apl. Professor an der Universität Stuttgart
Institut für Umformtechnik

D 93

ISBN 978-3-540-61438-8 ISBN 978-3-662-01062-4 (eBook)
DOI 10.1007/978-3-662-01062-4



Gesamtherstellung: Copydruck GmbH, Heimsheim
SPIN 10542428 62/3020–6543210

## GELEITWORT DES HERAUSGEBERS

Die Umformtechnik zeichnet sich durch sehr gute Werkstoffauswertung und hohe Mengenleistung in der Serienfertigung gegenüber anderen Fertigungsverfahren aus, wobei Beibehaltung der Masse, Änderung der Festigkeitseigenschaften während eines Vorgangs und elastische Rückfederung der Werkstücke nach einem Vorgang wesentliche Merkmale sind. Weiter sind die benötigten Kräfte, Arbeiten und Leistungen sehr viel größer als z.B. bei spanenden Verfahren. Die sichere Beherrschung eines Verfahrens in der industriellen Fertigung und die zunehmende Forderung nach Vermeidung bzw. Minimierung spanender Nacharbeit erzwingen die geschlossene Betrachtung des Systems "Umformende Fertigung" unter zentraler Berücksichtigung plastizitätstheoretischer, werkstoffkundlicher und tribologischer Grundlagen.

Das Institut für Umformtechnik der Universität Stuttgart stellt entsprechend Forschung und Entwicklung zum einen auf die Erarbeitung von Grundlagenwissen in diesen Bereichen ab, zum anderen untersucht und entwickelt es Verfahren unter Anwendung spezieller Meßtechniken mit dem Ziel einer genauen quantitativen Ermittlung des Einflusses der Parameter von Vorgang, Werkstoff, Werkzeug und Maschine. Die Behandlung von Problemen des Maschinenverhaltens, der Maschinenkonstruktion sowie der Werkzeugauslegung und -beanspruchung, der Auswahl hochbeanspruchbarer, verschleißfester Werkzeugbaustoffe und schließlich der Tribologie gehört entsprechend ebenfalls zum Arbeitsgebiet, das durch die Erfassung organisatorischer und betriebswirtschaftlicher Fragen abgerundet wird.

Im Rahmen der "Berichte aus dem Institut für Umformtechnik"erscheinen in zwangloser Folge jährlich mehrere Bände, in denen über einzelne Themen ausführlich berichtet wird. Dabei handelt es sich vornehmlich um Abschlußberichte von Forschungsvorhaben, Dissertationen, aber gelegentlich auch um andere Texte. Diese Berichte sollen den in der Praxis stehenden Ingenieuren und Wissenschaftlern zur Weiterbildung dienen und eine Hilfe bei der Lösung umformtechnischer Aufgaben sein. Für die Studierenden bieten sie die Möglichkeit zur Vertiefung der Kenntnisse. Die seit zwei Jahrzehnten bewährte freundschaftliche Zusammenarbeit mit dem Springer-Verlag sehe ich als beste Voraussetzung für das Gelingen dieses Vorhabens an.

Kurt Lange

Vorwort

Die vorliegende Arbeit entstand während meiner Tätigkeit als wissenschaftlicher Mitarbeiter am Institut für Umformtechnik der Universität Stuttgart.

Herrn Prof. Dr.-Ing. habil. K. Pöhlandt möchte ich sehr herzlich für das mir entgegengebrachte Vertrauen und seine stets hilfsbereite Unterstützung bei der Anfertigung dieser Arbeit danken.

Herrn Prof. Dr. Dr. h. c. H. J. Bunge sowie Herrn Prof. Dr.-Ing. habil. H. Dietmann danke ich für die freundliche Übernahme der Mitberichte, für die eingehende Durchsicht dieser Arbeit und die sich daraus ergebenden wertvollen Hinweise.

Mein Dank gilt weiterhin meinem Lehrer Herrn Prof. em. Dr.-Ing. Dr. h. c. K. Lange für die Hinführung zur Umformtechnik und für interessante fachliche Diskussionen.

Herrn Prof. Dr.-Ing. K. Siegert, dem Direktor des Instituts für Umformtechnik der Universität Stuttgart, bin ich für die Unterstützung bei der Durchführung dieser Arbeit zu Dank verpflichtet.

Mein besonderer Dank gilt meinen Institutskollegen N. Becker, K.-J. Fann und A. Ruf, mit denen ich in allen Phasen der Arbeit sehr kreativ diskutieren konnte.

Ferner möchte ich mich bei allen Kolleginnen und Kollegen am IfU-Stuttgart, die zum Gelingen dieser Arbeit beigetragen haben, herzlich bedanken.

Nicht zuletzt möchte ich meinen geschätzten Eltern sowie meiner lieben Frau für deren ausdauernde Hilfe und Geduld bei der Erstellung dieser Arbeit ein herzliches Vergelt's Gott sagen.

Laichingen, im April 1996

Wolfgang Müller

## Formelzeichen, Abkürzungen und Indizes

| | | |
|---|---|---|
| $A_g$ | % | Gleichmaßdehnung |
| $\alpha$ | Grad | Winkelintervall |
| $\beta$ | - | Ziehverhältnis |
| $\beta_{0max}$ | - | Grenzziehverhältnis |
| C | $N/mm^2$ | Werkstoffkennwert |
| D | mm | Blech- bzw. Rondendurchmesser |
| $d_0$, $d_{St}$ | mm | Stempeldurchmesser |
| $d_M$ | mm | Matrizen- bzw. Ziehringdurchmesser |
| $\varepsilon$ | % | Dehnung |
| F | N | Kraft |
| h | mm | Napfhöhe |
| HV | $N/mm^2$ | Vickers-Härte |
| $\varphi$ | - | Umformgrad |
| $\varphi_b$, $\varphi_s$ | - | Umformgrad in Breiten- bzw. Dickenrichtung |
| $\dot{\varphi}$ | $s^{-1}$ | Umformgeschwindigkeit |
| $k_f$ | $N/mm^2$ | Fließspannung, Formänderungsfestigkeit |
| $L_o$ | mm | Einschnürlänge |
| n | - | Verfestigungsexponent |
| r | - | senkrechte Anisotropie |
| $\Delta r$ | - | ebene Anisotropie |
| $R_1$ | mm | Kerbradius |
| $R_2$ | mm | Flanschradius |
| $R_{eH}$ | $N/mm^2$ | obere Streckgrenze |
| $R_m$ | $N/mm^2$ | Zugfestigkeit |
| $R_p$ | $N/mm^2$ | Dehngrenze bei nichtproportionaler Dehnung |
| $r_Z$, $r_M$ | mm | Ziehring- bzw. Matrizenradius |
| s | mm | Blechdicke |
| S | $mm^2$ | Querschnittsfläche |
| $\sigma$ | $N/mm^2$ | Normalspannung |
| $\tau$ | $N/mm^2$ | Schubspannung |
| T | % | Tiefziehsicherheit |
| $u_z$ | mm | Ziehspalt |
| $u_z/s_o$ | - | relativer Ziehspalt |
| Z | % | Zipfligkeit, relative Zipfelhöhe |

Abkürzungen:

| | |
|---|---|
| /I | Modifikation I |
| /II | Modifikation II |
| EPDAN | Elastisch-Plastische-Deformations-Analyse |
| FOK | Fließortkurve |
| GEH | Gestaltänderungsenergiehypothese |
| ka | kaltausgehärtet |
| kfz | kubisch-flächenzentriert |
| M100 | unlegiertes Mineralöl |
| ODF | Orientierungsverteilungsfunktion |
| w | weichgeglüht |
| WR | Walzrichtung |

Indizes:

| | |
|---|---|
| $_{BR}$ | Bodenreiß... |
| $_{m}$ | Mittelwert, mittlere... |
| $_{max}$ | Maximal... |
| $_{min}$ | Minimal... |
| $_{N}$ | Niederhalter... |
| $_{St}$ | Stempel... |
| $_{v}$ | Vergleichs... |
| $_{t}$ | tangential... |
| $_{x}$ | in x-Richtung |
| $_{y}$ | in y-Richtung |
| $_{z}$ | Zieh..., Zug... |
| $_{0}$ | Anfangsabmessungen, Null Grad zur Walzrichtung |
| $_{1}$ | Endabmessungen |
| $_{1,2,3}$ | Hauptrichtungen |

# 0 Zusammenfassung

Das anisotrope plastische Verhalten metallischer Werkstoffe wird durch die Fließortkurve beschrieben. Da die experimentelle Bestimmung solcher Kurven nach bisher bekannten Verfahren sehr aufwendig ist, begnügt man sich vielfach damit, stattdessen im Flachzugversuch die senkrechte Anisotropie (r-Wert) zu bestimmen. Für die Beurteilung des Umformverhaltens bei zweiachsiger Beanspruchung ist aber eine Kenngröße aus einem einachsigen Versuch im allgemeinen nicht ausreichend. Da andererseits auch Bauteilversuche nicht geeignet sind, das Werkstoffverhalten als solches zu beurteilen, besteht der Bedarf nach einem Verfahren zur Erfassung von Fließortkurven mit geringerem Aufwand.

Sämtliche Versuchswerkstoffe dieser Arbeit wurden durch Standardversuche charakterisiert. Ergänzend wurden hydraulische Tiefungsversuche mit kreisförmigen und elliptischen Ziehringen und Näpfchenziehversuche durchgeführt. Von den Aluminiumblechen wurden Grenzformänderungskurven mit und ohne Reibungseinfluß aufgenommen sowie durch Tiefung quadratische Näpfe hergestellt. Bei allen Versuchen wurde besonders Wert darauf gelegt, daß der Einfluß der Reibung minimal ausfiel. Die Wanddickenverteilung korreliert in Abhängigkeit des Spannungzustandes mit dem richtungsabhängigen r-Wert in der Weise, daß bei einer rotationssymmetrischen Zug-Zug-Beanspruchung (hydr. Tiefungsversuch) bei allen untersuchten Werkstoffen entgegen herkömmlicher Meinung die Dickenformänderung dort ihren größten Wert annimmt, wo auch die senkrechte Anisotropie Maximalwerte erreicht. Bei einer symmetrischen Zug-Druck-Beanspruchung (Näpfchenziehversuch, Flanschbereich) wird bei CuZn37 w die Dickenformänderung dort am größten, wo die senkrechte Anisotropie maximal ist; bei allen anderen untersuchten Werkstoffen dagegen dort, wo die senkrechte Anisotropie ihr Minimum in Abhängigkeit vom Winkel zur Walzrichtung annimmt. Bei einer Zug-Zug-Beanspruchung mit elliptischen Ziehringen wird der Einfluß der ebenen Anisotropie auf die lokale Dickenformänderung durch den Geometrieeinfluß überdeckt. Somit kann nicht allgemeingültig vom r-Wert, der im einachsigen Zugversuch bestimmt wird, auf das zweiachsige Formänderungsverhalten eines Werkstoffes geschlossen werden.

Im zweiten Teil der Arbeit wurde in Anlehnung an die Vorgehensweise von Kreißig eine neue Methode zur Aufnahme von Fließortkurven im Kreuzzugversuch entwickelt und an einer Anzahl von Werkstoffen erprobt. Hierbei lassen sich durch Variation der Längs- und Querspannung beliebig viele Punkte der Fließortkurven im ersten Quadranten (zweiachsige Zugbeanspruchung) bestimmen. Der Fließbeginn wird über eine Temperaturmessung ermittelt. Da sich die Probe bei elastischer Dehnung aufgrund des Thermoelastischen Effektes abkühlt und sodann bei Beginn der Plastifizierung aufgrund der Umformarbeit wieder erwärmt, bietet der Punkt der Temperaturumkehr die Möglichkeit zu einer physikalisch begründeten Definition der Streckgrenze. Zu diesem Zweck wurde an eine vorhandene hydraulische CNC-Streckziehanlage eine Einspannvorrichtung für Kreuzzugproben angebaut und in Betrieb genommen, wobei die Temperaturmessung berührungslos erfolgt.

Die Geometrie der Kreuzzugproben wurde mit Hilfe von FEM-Berechnungen und spannungsoptischen Versuchen im Hinblick auf eine möglichst große Zone homogener Formänderung optimiert. Die Versuchsergebnisse zeichneten sich durch eine sehr gute Reproduzierbarkeit aus.

Mit der neuen Versuchseinrichtung wurden die Fließorte für ausgewählte Vertreter der Stähle, CuZn- und Al-Legierungen aufgenommen und Fließortkurven durch eine angenäherte Ellipsengleichung beschrieben. Die Ergebnisse wurden mit Fließortkurven, die aus den Ergebnissen einachsiger Zugversuche nach den Theorien nach Tresca, v.Mises, Hosford/Backofen und Hill berechnet wurden, verglichen. Es ergab sich, daß die Theorie nach Tresca für alle Werkstoffe die größten Abweichungen von den gemessenen Fließorten aufweist. Die Messing- und Aluminiumlegierungen werden durch v.Mises am besten beschrieben. Bei St14 O5 führt die zusätzliche Berücksichtigung der mittleren senkrechten Anisotropie (Hosford/Backofen) bzw. der ebenen Anisotropie (Hill) zu einer beträchtlichen Verbesserung der Beschreibung des Fließverhaltens. Somit war die bestgeeignete Fließhypothese vom untersuchten Werkstoff abhängig. Ein quadratischer Ansatz vermag zwar alle Werkstoffe ordentlich zu beschreiben, muß jedoch nicht für alle Fälle zwingend die optimale Lösung für eine Fließortkurve sein. Mit Ausnahme von AlMg5 w liegen bei den restlichen untersuchten Werkstoffen die experimentell ermittelten Fließpunkte bei höheren Spannungswerten, als sie durch die Hypothesen beschrieben werden. Qualitativ deckt sich dieses Verhalten mit neueren Ansätzen von Hill.

Aus dem Vergleich von Anfangs- und Folgefließortkurven konnten Unterschiede im Verfestigungsverhalten ermittelt werden. Während bei der naturharten Aluminiumlegierung die kinematische Verfestigung dominiert, gewinnt bei AlMgSi1 ka der isotrope Verfestigungsanteil mehr an Bedeutung. Bei allen Folgefließortkurven konnte eine Verschiebung gegenüber der Anfangsfließortkurve in Richtung der Vorbelastungsrichtung beobachtet werden.

In Röntgenbeugungsversuchen (als Auftrag an Dritte) wurden die Orientierungsverteilungsfunktionen ermittelt und hieraus nach Taylor die r-Werte und Fließortkurven berechnet. Bei der senkrechten Anisotropie ergab sich eine gute Übereinstimmung zwischen den im Zugversuch und den mittels der Texturanalyse ermittelten r-Werten. Die berechneten Fließortkurven liegen zwischen den beiden hypothetischen Fließortkurven nach Tresca und v.Mises.

# 1 Einleitung

Vielkristallines Metall weist im allgemeinen eine bevorzugte Orientierung der Kristallite in Bezug auf die Richtung der größten Verformung auf. Diese von der statistisch regellosen Verteilung der Kristallite abweichende Orientierung wird als Textur /1/ bezeichnet. Die Entstehung solcher Texturen während einer Umformung (z.B. durch Walzen) beruht auf einer Drehung der Gleitebenen in den Kristalliten. Bedingt durch die Textur ergeben sich richtungsabhängige anisotrope Werkstückeigenschaften. Hieraus resultieren z.B. bei Blechwerkstoffen in verschiedenen Richtungen zur Walzrichtung unterschiedliche Festigkeits- und Zähigkeitswerte und damit ein unterschiedliches plastisches Verhalten des Werkstoffes /2/.

Bisher werden Kennwerte von Blechwerkstoffen hauptsächlich im Flachzugversuch /3/ ermittelt. Bei der industriellen Herstellung von Blechformteilen treten aber in der Regel mehrachsige Spannungs- und Formänderungszustände in den Formgebungszonen auf. Die Kenngrößen des Zugversuches vermögen eine derartige mehrachsige Beanspruchung des Werkstoffes nicht ausreichend zu beschreiben. Deshalb ist eine genauere Beschreibung des anisotropen Verhaltens unter praktischer Beanspruchung erforderlich.

Wegen der Vielfalt der geometrischen Formen von Blechteilen läßt sich die Umformbarkeit eines Blechwerkstoffes nur durch die Angabe mehrerer Eigenschaften beschreiben. Dementsprechend gibt es keine universelle Methode zur Erfassung und Beschreibung der Umformbarkeit. Bauteil- und Modellversuche erlauben keine separierte Untersuchung des reinen Werkstoffverhaltens, da hier auch geometrische, betriebliche und tribologische Einflußfaktoren auftreten und somit keine eindeutige Charakterisierung des Umformvermögens des Werkstoffes möglich ist. Um Berechnungen in der Umformtechnik praxisnah und optimiert durchführen zu können, ist es jedoch eine wichtige Voraussetzung, daß genügend experimentell bestimmte Stoffbeziehungen erfaßt werden /4/.

Potentielle Möglichkeiten zur besseren Ausnutzung des Werkstoffes können umso schlechter ausgenutzt werden, je weniger die Umformeigenschaften des Halbzeuges bekannt sind. Deshalb ist es eine zwingende Voraussetzung für genauere Simulationsrechnungen, für optimal konstruierte Werkzeuge und für eine störungsarme Fertigung, den Werkstoff in seinem plastischen Verhalten während der Umformung genau zu beschreiben.

## 2 Stand der Kenntnisse

Über die Anisotropie in der Blechumformung liegt eine umfangreiche Literatur vor /1 bis 133/. Diese wird im folgenden ausführlicher dargestellt, wobei vielfach nicht einzelne Veröffentlichungen zitiert, sondern Tendenzen und Aussagen zusammenfassend behandelt werden.

Im Flachzugversuch nach DIN EN 10002 /3/ werden die mechanischen Kennwerte eines Blechwerkstoffes bestimmt. Dies sind üblicherweise die Zugfestigkeit $R_m$, die obere Streckgrenze $R_{eH}$ bzw. die Ersatzstreckgrenze $R_{p0,2}$, der Elastizitätsmodul E, die Gleichmaßdehnung $A_g$ sowie die Bruchdehnung $A_{80mm}$. Während des Versuches wird die Zugkraft F in Abhängigkeit der Probenlängung $\Delta l$ kontinuierlich gemessen. Hieraus erhält man die Spannungs-Dehnungs-Kurve $\sigma = f(\varepsilon)$ und damit die Fließkurve $k_f = f(\varphi)$. Nach den Stahl-Eisen-Prüfblättern 1125 /5/ und 1126 /6/ werden zusätzlich der n-Wert bzw. der r-Wert berechnet.

Die Richtungsabhängigkeit der Werkstückeigenschaften (Anisotropie) interessiert bei Blechen und Bändern senkrecht zur Blechebene und in ihr. Nach Lankford /7/ wird die senkrechte Anisotropie r als Verhältnis des Umformgrades in Breitenrichtung $\varphi_b$ zum Umformgrad in Dickenrichtung $\varphi_s$ definiert; diese Größen werden im Flachzugversuch /3/ bestimmt. Die Definition des r-Wertes nach dem Stahl-Eisen-Prüfblatt 1126 /6/ lautet in Übereinstimmung mit /7/

$$r = \frac{\varphi_b}{\varphi_s} = \frac{\ln\frac{b_1}{b_0}}{\ln\frac{s_1}{s_0}}. \qquad (1)$$

Da die Dickenänderung der Flachzugprobe während des Versuches meßtechnisch nur ungenau zu bestimmen ist, berechnet man über die Volumenkonstanz aus der Längen- und Breitenänderung die senkrechte Anisotropie zu

$$r = \frac{\ln\frac{b_0}{b_1}}{\ln\frac{b_1 \cdot l_1}{b_0 \cdot l_0}}. \qquad (2)$$

Der im Zugversuch bestimmbare n-Wert (Verfestigungsexponent) kennzeichnet das Verfestigungsverhalten /5/.

Die Anisotropie und das Verfestigungsverhalten eines Werkstoffes können sich in ihren Auswirkungen vorteilhaft oder nachteilig beeinflussen /8, 9/. Bereits vor über 30 Jahren wurde von Doege /10/ die Notwendigkeit betont, das Zusammenwirken von r- und n-Wert zu untersuchen.

Die Schwierigkeit bei derartigen Untersuchungen liegt darin, daß es nicht möglich ist, die Einflüsse von n- und r-Wert völlig zu separieren, d.h. Bleche herzustellen, die bei konstanten Anisotropieeigenschaften ein unterschiedliches Verfestigungsverhalten aufweisen bzw. Bleche, die einen gleichen n-Wert-Verlauf und verschieden eingestellte Anisotropiewerte haben.

Möglicherweise ist das Zusammenwirken von r- und n-Wert werkstoffspezifisch, da beispielsweise mit einer Aluminiumlegierung ($r < 1$) ähnlich gute Ziehergebnisse erzielbar sind wie mit einem Tiefziehstahl ($r \approx 2$). Eventuell hat bei der Aluminiumlegierung der n-Wert einen dominierenden Einfluß /11/.

Der heutige Stand der Beurteilung der Umformeignung eines Blechwerkstoffes aufgrund von Kennwerten für die Praxis ist jedenfalls unbefriedigend /12-14/ . So wird beispielsweise behauptet, daß die Gleichmaßdehnung die zentrale Kenngröße zur Beurteilung der Blechumformbarkeit sei /15/; wohingegen nach /16/ eine Gleichmaßdehnung unter Umständen gar nicht existiert; eine anderes Zitat /14/ sagt, daß die maximale Streckziehtiefe zur Beurteilung des Umformverhaltens eines Werkstoffes gewählt werden sollte.

Die Bestimmung von aussagekräftigen Kenngrößen zur Charakterisierung der Umformeignung von Blechwerkstoffen ist problematisch, da durch die Blechherstellung und bei bestehenden Blechprüfungen das Umformverhalten des Werkstoffes von sehr vielen Einflußfaktoren abhängig ist. Bild 1 ist ein Versuch, diese Problematik zu verdeutlichen. Manche Kenngrößen sind verfahrensabhängig und können somit nicht allgemeingültig sein.

## 2.1 Anisotropie-Kennwerte

Der r-Wert kennzeichnet nach /17/ das Tiefziehverhalten dünner Bleche am besten. Im allgemeinen ist er abhängig vom Winkel zur Walzrichtung /18/. Deshalb wird der r-Wert nach Stahl-Eisen-Prüfblatt 1126 /6/ über verschiedene Richtungen in der Blechebene gemittelt. Leider wird in der Literatur nicht immer explizit angegeben, ob die gemittelte oder die in eine bestimmte Richtung gemessene senkrechte Anisotropie gemeint ist.

Sowohl bei symmetrischen als auch bei beliebig geformten Bauteilen ist der kleinste Wert der senkrechten Anisotropie ($r_{min}$) für das Versagen maßgeblich /17, 19-21/ . Bei quadratischen Tiefziehnäpfen wurden größere Ziehtiefen für den Fall ermittelt, in dem die Richtung $r_{max}$ in die Stempelecke, d.h. in die am stärksten beanspruchte Stelle wies /8/.

Bei rotations- und nichtrotationssymmetrischen Tiefziehteilen übt die ebene Anisotropie (Variation der senkrechten Anisotropie als Funktion vom Winkel zur Walzrichtung) durch die

Zipfelbildung einen erheblichen Einfluß auf das Ziehergebnis aus /15, 17, 18, 22-24/.

Symmetrische Tiefziehteile weisen über die Napfhöhe und über den Umfang unterschiedliche Wanddicken auf, wenn der Werkstoff eine ausgeprägte ebene Anisotropie aufweist /23, 25/.

**Bild 1:** Abhängigkeit der Kenngrößen zur Beschreibung der Umformbarkeit von Blechhalbzeugen.

Bisherige Annahmen gehen davon aus, daß der r-Wert mit der Blechdickenänderung korreliert, d.h. daß bei einem großen r-Wert eine geringere Änderung der Blechdicke zu erwarten ist. Somit tritt ein Riß bzw. Bauteilversagen an der Stelle auf, an der das Blech die kleinste Dicke aufweist, also bei $r_{min}$. Daraus wird gefolgert, daß bei größer werdenden r-Werten auch das Grenzziehverhältnis zunimmt. Küppers /26/ stellte in der Tat fest, daß bei ferritischen und austenitischen Edelstählen im Zug-Druck-Bereich in der Richtung mit dem größten r-Wert in der Blechebene die geringsten Änderungen der Blechdicke erfolgen. In /8, 27-30/ wurde dies experimentell bestätigt.

Untersuchungen im Flanschbereich (Zug-Druck) eines Tiefziehteiles ergaben demgegenüber, daß die Blechdickenänderung in Walzrichtung (0°) abhängig vom r-Wert unter 90° zur Walzrichtung d.h $r_{90°}$ ist /25/. Weitere Untersuchungen von Suzuki /31/ zeigten bei höheren Formänderungen im

Zug-Zug-Bereich bei Kupferblechen, daß die Dickenabnahme mit dem r-Wert zunimmt, so daß nicht zwingend bei $r_{min}$ das Versagen auftritt.

Inwieweit der r-Wert für das Verhalten des Werkstoffes bei unterschiedlichen Spannungszuständen bestimmend ist, ist nicht vollständig bekannt /32, 33/. Die Übertragbarkeit der Kennwerte aus dem einachsigen Zugversuch auf das Werkstoffverhalten bei mehrachsiger Beanspruchung ist fragwürdig /34, 35/, da hier der r-Wert mit der Blechdickenänderung nicht eindeutig korreliert /25, 36/.

Den Einfluß des r-Wertes auf das Grenzziehverhältnis erhält man über die Fließortkurve /37/. Die Fließortkurve eines Werkstoffes kann z. B. aus der kristallographischen Textur (Orientierungsverteilungsfunktion), d.h. aus der Häufigkeitsverteilung der Orientierung der Kristallite während der Umformung berechnet werden /38, 39/. Im allgemeinen Fall ist diese "Verformungstextur" während eines Umformvorganges veränderlich (deshalb und wegen der Verfestigung des Werkstoffes verändert sich während der Umformung auch die Fließortkurve). Für Texturbestimmungen wird meistens die Beugung von Röntgenstrahlen genutzt. In eine so ermittelte Fließortkurve gehen neben der Unsicherheit der röntgenographischen Texturbestimmung (die sowohl im Experiment als auch im mathematischen Auswertungsverfahren begründet ist) auch die Annahmen (z. B. nach /40/, oder /41/) ein, welche der Berechnung der Fließortkurve aus der Orientierungsverteilungsfunktion zugrunde gelegt werden. Daher ist die Methode nicht nur aufwendig, sondern auch mit einer Unsicherheit behaftet; sie bietet aber eine Möglichkeit, die Fließortkurve von der Struktur des Werkstoffes her zu deuten /42/.

Die Möglichkeit zur Erhöhung des Grenzziehverhältnisses und allgemein zur Verbesserung der Umformeignung über den r-Wert wird nach Dannenmann /37/ häufig überschätzt. Es kann lediglich eine Empfehlung in die Richtung gegeben werden, daß die senkrechte Anisotropie möglichst hoch und die ebene Anisotropie möglichst klein sein sollte /19, 43, 44/. Ist die ebene Anisotropie annähernd null, so spielt die absolute Höhe der senkrechten Anisotropie keine so wichtige Rolle /45, 46/.

Bei FE-Simulationen erhält man praxisnähere Ergebnisse, wenn man die Veränderung des r-Wertes mit dem Umformgrad berücksichtigt /47/. Laut Mellor /48/ bedürfen die theoretischen Annahmen, die einer Finite-Element-Rechnung zugrunde gelegt werden, einer sehr genauen Kontrolle bzw. Bestätigung durch Experimente. Vor allem ist bei der Simulation von Blechumformvorgängen die Berücksichtigung der ebenen Anisotropie unerlässlich, da auch diese (wie in /49/ bestätigt wird), einen wesentlichen Einfluß auf die Dickenformänderung hat.

## 2.2 Verfestigungsexponent

Die Fließkurven vieler Werkstoffe können durch die sogenannte "Ludwik-Gleichung" folgendermaßen beschrieben werden:

$$k_{f(\varphi)} = C \cdot \varphi^{n} \tag{3}$$

Hierin sind C und n werkstoffabhängige Konstanten, wobei der n-Wert als Verfestigungsexponent bezeichnet wird.

Der n-Wert kann schon aus zwei Punkten der gemessenen Kraft-Verlängerungs-Kurve wie folgt berechnet werden /5/:

$$n = \frac{\ln\frac{(1+\varepsilon_2)}{(1+\varepsilon_1)} + \ln\left(\frac{F_2}{F_1}\right)}{\ln\frac{\ln(1+\varepsilon_2)}{\ln(1+\varepsilon_1)}} \tag{4}$$

Hierin bedeuten $F_1$ und $F_2$ die bei den Dehnungen $\varepsilon_1$ und $\varepsilon_2$ gemessenen Kraftwerte, wobei $\varepsilon = \Delta l / l_0$ ist.

Je nach Werkstoff ist der n-Wert mehr oder weniger vom Umformgrad und dem Winkel zur Walzrichtung abhängig, so daß Gleichung (3) nicht streng gilt /18/. Daher muß der n-Wert in Abhängigkeit von der Dehnung betrachtet werden /12, 13, 20, 44, 50/.

Weiterhin ist nach Untersuchungen an Tiefziehstählen der n-Wert bei der Blechumformung abhängig von der Dehngeschwindigkeit; er sollte deshalb dynamisch und nicht ausschließlich quasistatisch bestimmt werden /51/.

Der n-Wert kennzeichnet die Umformeignung im allgemeinen besser als der r-Wert; dieser ist laut Doege /13/ und Kruska /14/ in seiner bisher angenommenen zentralen Bedeutung für das Tiefziehen in Frage zu stellen.

Nach /52/ ist bei unregelmäßigen Ziehteilen der r-Wert maßgeblich, wenn der Anteil Tiefzug größer ist; der n-Wert ist maßgebend für den Fall, daß der Anteil Streckzug größer ist.

## 2.3 Einflußgrößen bei der Blechherstellung

Die Kennwerte von Blechwerkstoffen hängen von zahlreichen Einflußgrößen ab, die hier zusammenfassend betrachtet werden. Dabei ist zu unterscheiden zwischen Einflußgrößen bei der Blechherstellung und solchen bei Versuchen, in denen die Kennwerte ermittelt werden. Bei der Blechherstellung üben die folgenden Größen und Parameter einen Einfluß auf die Ausbildung der

(Rekristallisations-, Walz- und Verformungs-) Textur eines Bleches und somit auf r- und n-Wert aus /53-56/:

- Anzahl der Legierungselemente
- Korngröße und Verteilung
- Gußart (Strang- oder Kokillenguß)
- Warmwalzvorgang (Stichabnahme, Geschwindigkeit, Temperatur)
- Kaltwalzvorgang (Anzahl und Betrag der Stichabnahmen, Geschwindigkeit, Walzrichtung, Zwischenglühungen)
- Endwärmebehandlung (Zeit und Medium)
- Auslagerung (Art und Dauer)
- Reproduzierbarkeit eines "eingestellten Prozesses"

## 2.4 Einflußgrößen bei der Ermittlung von Kennwerten

Die Bestimmung von n und r nach SEP 1125 /5/ und SEP 1126 /6/ wird dadurch beeinflußt, daß bei der vorgeschriebenen Probengeometrie die Probenbreite groß gegen die Probendicke ist und somit aufgrund der endlichen Probenlänge die Breitenabnahme behindert wird, so daß teilweise eine ebene Formänderung angenähert wird /57/.

Der Einfluß der Umformgeschwindigkeit äußert sich darin, daß bei einer höheren Dehnungsgeschwindigkeit (z. Bsp. $\dot{\varepsilon} = 10 s^{-1}$) erfahrungsgemäß ein niedrigerer n-Wert bestimmt wird /51/. Hieraus resultiert bei einem Blechteil mit Streckziehanteilen ein kleineres Grenzziehverhältnis. Der r-Wert verhält sich dagegen nahezu unabhängig von der Formänderungsgeschwindigkeit /51, 58/.

r- und n-Wert sind abhängig von dem Winkel der Probenachse zur Walzrichtung und vom Umformgrad /59, 60/. Bei verschiedenen Werkstoffen kann die eine oder andere Abhängigkeit stärker ausgeprägt sein /61/. Bei größeren Dehnungen wird im Zugversuch für manche Werkstoffe mit $r > 1$ eine Abnahme des r-Wertes mit wachsender Formänderung gemessen, wohingegen bei r-Werten $< 1$ eine Zunahme beobachtet wird.

Auch der Ort der Probenahme hat Einfluß auf die gemessenen Kenngrößen. So ist weder eine Flachzugprobe, die am Coilanfang oder -ende noch eine, die in der Coilmitte oder -seite entnommen wurde, repräsentativ für das gesamte Blechcoil /62/.

## 2.5 Weitere Einflußgrößen

Bei realen Umformteilen haben nicht nur die texturabhängigen Blechkennwerte Einfluß auf das Ziehergebnis /24, 63-65/. Eine Vielzahl an Verfahrensparametern überdeckt in ihrer Auswirkung bei der Herstellung eines Blechformteiles den Einfluß der Werkstoffkennwerte, so daß keine eindeutigen Schlußfolgerungen hinsichtlich des Einflusses des r- und n-Wertes möglich sind /66, 67/.

Derartige Einflußgrößen sind:

- Werkzeug (Mikrooberfläche, Beschichtung, hart-/weich-tuschiert, Symmerieeinflüsse, Temperatur, Größe und Anzahl der Radien, Lage, Form und Anzahl der Ziehsicken, Durchbiegung)
- Bauteil (Endform, Ziehtiefe, Formänderungspfad)
- Platine (Zuschnittsgeometrie, Schnittgrat, Mikrooberflächenstruktur)
- Schmierstoff (Art, Menge, Ort, Temperatur)
- Presse (Stößelgeschwindigkeit und -verkippung)

## 2.6 Modell- oder Bauteilversuche

Zur Beschreibung des plastischen Verhaltens eines Blechwerkstoffes bedient man sich auch sogenannter Modell- oder Bauteilversuche. Diese bilden Realteilversuche nach und ermöglichen die Variation vorgebbarer Verfahrensparameter. Da r- und n-Wert in ihrer Auswirkung auf die Qualität realer Blechformteile nicht zwingend dominieren, wird auch bei Modellversuchen ihr Einfluß nicht eindeutig erfaßbar sein. Deshalb sind Abhängigkeiten und Rückschlüsse, die auf dem Vergleich der "Modellkennwerte" mit dem r- bzw. n-Wert basieren, mit einer Unsicherheit behaftet.

Der Tiefungsversuch nach Erichsen /68/ wird zur Beurteilung der Umformbarkeit von Blechwerkstoffen durchgeführt. Er gehört zu den Prüfverfahren, die eine reine Zugumformung, also im wesentlichen einen zweiachsigen Zugspannungszustand, simulieren. Das zu prüfende Blech wird so zwischen Blechhalter und Matrize eingespannt, daß ein Nachfließen verhindert und die Blechprobe durch den Stempel bis zum Auftreten von Rissen getieft wird. Die Eindringtiefe des Stempels wird als Erichsen-Tiefungswert IE (Indice Erichsen) bezeichnet. Dieser ist ein Maß für die Umformbarkeit eines Bleches durch Streckziehen.

Ein weiteres Verfahren zur Ermittlung der Umformbarkeit von Blechen ist die Näpfchen-Tiefziehprüfung nach Swift. Sie wird mit einem flachen Stempel durchgeführt und simuliert reines Tiefziehen, also im wesentlichen einen Zug-Druck-Spannungszustand unter dem Niederhalter /36/. Dieser Versuch ist nicht in der DIN genormt, jedoch durch eine Richtlinie der Internationalen Tiefziehgruppe (IDDRG) definiert. Aus Blechronden mit stufenweise vergrößertem Durchmesser $D_0$ werden bei gleichbleibendem Stempeldurchmesser $d_0$ zylindrische Näpfchen mit flachem Boden gezogen, bis die Grenze durch einen gerade noch nicht eingetretenen Bodenreißer erreicht ist. Der ermittelte maximale Durchmesser $D_{0max}$ der Probe ist ein Maß für die Tiefziehfähigkeit. Bezieht man $D_{0max}$ auf den Stempeldurchmesser $d_0$, so erhält man das sogenannte Grenzziehverhältnis

$$\beta_{0max} = \frac{D_{0max}}{d_0} \qquad (5)$$

Bei diesem Modellversuch wird ein wesentlicher Einfluß des Schmierstoffes und der Niederhalterkraft auf das Grenzziehverhältnis beobachtet.

Die Tiefzieh- und Abreißprüfung nach Engelhardt ist ein kombiniertes Verfahren der Blechprüfung /36/. Diese Methode ist eine Vereinfachung des Näpfchen-Tiefzieh-Prüfverfahrens, da hierzu nur eine einzige Blechprobe erforderlich ist. Mit einem flachen Ziehstempel wird eine Ronde des Probenwerkstoffes so weit zu einem Näpfchen umgeformt bis das Ziehkraftmaximum $F_{zmax}$ überschritten ist. Dann wird das Näpfchen am noch vorhandenen Flansch fest eingespannt, so daß beim weiteren Eindringen des Stempels der Napfboden abgerissen wird. Die maximale Ziehkraft $F_{zmax}$ und die Bodenreißkraft $F_{BR}$ werden gemessen. Nun wird der Kennwert T als ein Maß für die Sicherheit, die bei einem bestimmten Napfzug noch bis zum Auftreten eines Bodenreißers vorhanden ist, bestimmt:

$$T = \left(1 - \frac{F_{zmax}}{F_{BR}}\right) \cdot 100 \quad [\%] \qquad (6)$$

Diese "Tiefziehsicherheit" (Ziehreserve) ist bei konstanten Versuchsbedingungen eine Werkstoffkenngröße, sollte aber nur mit Ergebnissen für andere Blechwerkstoffe verglichen werden, die unter identischen Bedingungen ermittelt wurden. Näheres zur Tiefzieh- und Abreißprüfung nach Engelhardt findet sich in Kapitel 5.2.

## 2.7 Grenzformänderungsschaubild

Eine Möglichkeit, die durch Einschnürung und Reißer gegebenen Versagensgrenzen der Blechumformung darzustellen, bietet das Grenzformänderungsschaubild. Dieses beschreibt die Versagensgrenzen von Blechen aufgrund von Liniennetz-Formänderungsanalysen. Das Liniennetzverfahren basiert auf dem Gedanken, daß das Versagen des Feinblechwerkstoffes durch Einschnürung bzw. Bruch allein durch den ebenen Spannungszustand bestimmt wird, der sich in örtlich meßbaren Formänderungen wiederspiegelt. Der Versuch wird mit einem halbkugelförmigen Stempel durchgeführt. Die Platinen werden auf beiden Seiten unterschiedlich kreisförmig ausgeschnitten und bis zum Bruch mechanisch gezogen. Unterschiedliche Breite und Ausschnittradien der Platinen bewirken verschiedene Spannungszustände, die verschiedene Werte der Umformgrade $\varphi_1$ und $\varphi_2$ mit sich bringen. Einflußfaktoren bei diesem Versuch sind unter anderem die Reibbedingung, die Stempelgeometrie sowie die Stempelgeschwindigkeit. Nach dem Ziehen werden die Kreise in unmittelbarer Nähe des eingetretenen Bruches in Richtung der größten Dehnung $\varphi_1$ und senkrecht dazu ($\varphi_2$) ausgemessen. Aus den Grenzformänderungsdiagrammen ($\varphi_1$ über $\varphi_2$ aufgetragen) ist ableitbar, welche Formänderungen die Werkstoffe unter Berücksichtigung der Randbedingungen zulassen. Nähere Angaben zur Erstellung von Grenzformänderungsschaubildern finden sich in Kapitel 4.2.4.1.

## 2.8 Mehrachsige Werkstoffprüfung

Zur Bestimmung von Fließkurven unter mehrachsiger Beanspruchung eignet sich der hydraulische Tiefungsversuch (Bulge-Test) /69/. Bei diesem Versuch wird eine Blechronde längs ihres Umfanges fest eingespannt und auf einer Seite einem hydraulischen Druck ausgesetzt. Das Prüfblech wird getieft, wobei in Näherung eine zweiachsig gleiche Zugbeanspruchung gegeben ist. Da die Einspannung ein Nachfließen verhindert, hat die Tiefung eine Blechdickenabnahme zur Folge. Näheres zur Versuchsdurchführung ist in Kapitel 4.2.2.1 beschrieben. Der Vorteil dieses Versuches ist, daß er reibungsfrei erfolgt und somit der Randeinfluß "Tribologie" ausgeschaltet wird. Mit dem hydraulischen Tiefungsversuch erhält man bedeutend höhere Umformgrade als im Flachzugversuch. Fließkurven aus dem Bulge-Test liegen höher als die aus dem Zugversuch. Nach den theoretischen Voraussetzungen müßten für isotrope Werkstoffe die aus dem einachsigen und zweiachsigen Zugversuch ermittelten Fließkurven zusammenfallen. Die Ursachen für die Nichtübereinstimmung der Fließkurven dürfen laut Gologranc /70/ nicht nur beim Tiefungsversuch gesucht werden. Auch beim Zugversuch an dünnen Blechen kann der für die direkte Bestimmung der Fließkurve erforderliche einachsige Spannungszustand durch Biegespannungen gestört sein. Nach Gologranc vergrößert sich die Differenz zwischen den im hydraulischen Tiefungsversuch und im Zugversuch aufgenommenen Fließkurven mit zunehmenden r-Werten. Er schließt daraus, daß die Ursachen für die Diskrepanz im anisotropen Verfestigungsverhalten der untersuchten Bleche zu suchen sind /70/.

Eine weitergehende Möglichkeit zum Beurteilen der Umformeignung eines Blechwerkstoffes unter Berücksichtigung der Anisotropie bietet die Aufnahme von Fließortkurven /36/. Die Fließortkurve ist der geometrische Ort derjenigen Punkte im zweidimensionalen Hauptspannungsraum, bei denen das plastische Fließen beginnt. Der größere Informationsgehalt der Fließortkurve gegenüber der im einachsigen Zugversuch aufgenommenen Fließkurve besteht darin, daß man das Werkstoffverhalten unter zweiachsigen Spannungszuständen beurteilen kann /71/.

Fließortkurven für anisotrope Werkstoffe, die nach der HILL'schen Formel /72/ mit einem rein quadratischen Ansatz mathematisch formuliert werden, benötigen vier Materialkennwerte (r-Werte, Fließspannungen) aus dem einachsigen Zugversuch. Für eine von Annahmen (z. B. $\Delta r = 0$) freie Formulierung der Fließortkurven fordert Kreißig /57/ zusätzlich zu Versuchen an Zugproben mit unterschiedlichen Orientierungen zur Walzrichtung die Durchführung von zweiachsigen Zugversuchen. Sallat /73/ setzte für zweiachsige Zugversuche zur Bestimmung von Fließortkurven kreuzförmige Proben ein, deren Achsen mit den Orthotropieachsen zusammenfielen, um das Auftreten von Schubverformungen zu verhindern. Die Berechnung der Fließortkurve erfolgte sodann durch einen von Hill abweichenden vollständigen, quadratischen Ansatz der Fließbedingung. Zur Untersuchung des Verfestigungsverhaltens im zweiachsigen Spannungszustand mittels Fließortkurven verwendete Sallat Proben aus austenitischem Stahlblech X8CrNiTi 1810 und ein Tiefziehstahlblech. Nach einer Vorverformung der Kreuzzugproben durch einachsigen oder gleichmäßig zweiachsigen Zug wurde das gleichzeitige Auftreten von isotroper, kinematischer und Distorsionsverfestigung beobachtet. Dabei war die kinematische Verfestigung stark ausgeprägt. Mit wachsender Vergleichsformänderung nahm die isotrope Verfestigung zu. Gegenüber dem legierten Stahlblech ist die Distorsionsverfestigung beim Tiefziehblech schwächer ausgebildet /73/.

## 2.9 Zusammenfassende Bewertung

Die ausgewerteten Veröffentlichungen zeigen zum Teil sehr unterschiedliche Zusammenhänge der erfaßten Kennwerte auf. Dabei handelt es sich oft nicht um allgemeingültige Gesetzmäßigkeiten; vielmehr werden spezielle Vorgaben, Randbedingungen oder Werkstofftypen vorausgesetzt. Zum Teil werden wichtige Einflußparameter nicht erwähnt.

Für spezielle Anwendungen werden in manchen Arbeiten praktische Hinweise gegeben, wie sie am besten zu realisieren sind. Hierbei gehen die Empfehlungen von der Werkzeugseite über die Werkstoffherstellung und -auswahl bis hin zu dem Platinenzuschnitt bzw. der Richtung, wie die Blechtafeln in das Werkzeug einzulegen sind. Häufig sind derartige Empfehlungen aber nicht verallgemeinerungsfähig.

Viele Veröffentlichungen erwähnen den Einfluß der Textur auf das Ziehergebnis nur beiläufig; dies kann daher rühren, daß die Auswirkungen der Anisotropie von anderen Parametern und Randbedingungen im Herstellungsprozeß überdeckt werden /63/.

Oft sind Ergebnisse verschiedener Autoren kaum vergleichbar, da sie auf unterschiedlichen Annahmen mit verschiedenen Werkstoffarten beruhen. In Einzelfällen werden sogar widersprüchliche

Aussagen gemacht /28, 74-76/.

In einigen Arbeiten wurden neue Kenngrößen vorgeschlagen; diese erweisen sich aber oft nur als bedingt aussagefähig, da sie von speziellen Randbedingungen ausgehen.

In Zusammenhang mit den Auswirkungen des r-Wertes spielt auch der Einfluß des n-Wertes auf das Umformverhalten eine entscheidende Rolle /14, 77-79/. Dieser Zusammenhang wird in manchen Arbeiten nicht klar berücksichtigt. Andererseits wird in keiner bisher veröffentlichten Arbeit der Einfluß des r-Wertes vom n-Wert klar separiert. Dies hängt zum einen davon ab, daß es keine Bleche mit den genau gleichen n-Werten bei verschiedenen anisotropen Eigenschaften gibt und zum anderen in der Umformtechnik von einer differentiellen Größe "n" (siehe Kapitel 4.2.1) bis jetzt kein Gebrauch gemacht worden ist.

Bis heute wird in der Regel von Kennwerten des einachsigen Zugversuches auf die Umformbarkeit von realen Teilen geschlossen, ohne jedoch die Einflüsse bei der Bauteilherstellung zu berücksichtigen. So bleibt die Mischbeanspruchung Tiefziehen / Streckziehen ebenso unberücksichtigt wie der vom Zugversuch abweichende Spannungszustand /14/.

Auch die theoretischen Betrachtungen basieren auf Hypothesen, deren Basis Kennwerte des einachsigen Zugversuches sind /36/. Dadurch kommt es zu Abweichungen der Ergebnisse zwischen Theorie und Praxis.

Für die Kennwertermittlung im einachsigen Zugversuch muß eigentlich sowohl der r-Wert als auch der n-Wert jeweils als Funktion der Dehnung gemessen werden, um insbesondere als differentielle Größe den stark unterschiedlichen Verlauf des n-Wertes, vor allem bei kleinen Dehnungen (Beginn eines Tiefziehprozesses), exakt wiederzugeben (siehe auch /12/).

Möglicherweise übt die ebene Anisotropie einen größeren Einfluß auf das Ziehergebnis als die senkrechte Anisotropie aus /13, 46/. Bei der Berechnung der ebenen Anisotropie sollte nach Dürrschnabel /80/ und anderen Autoren von der Formel

$$\Delta r = r_{max} - r_{min} \tag{7}$$

Gebrauch gemacht werden.

Diese beschreibt die Varianz der senkrechten Anisotropie über der Blechebene in dem Fall besser, in dem $r_{45} \approx \frac{(r_0 + r_{90})}{2}$ ist.

Berechnet man die ebene Anisotropie für diesen Fall nach der bisher üblichen Formel /36/

$$\Delta r = \frac{(r_0 - 2r_{45} + r_{90})}{2}, \tag{8}$$

so ergibt sich ein $\Delta r \approx 0$, obwohl der Werkstoff stark anisotrop ist.

Neuere Veröffentlichungen zeigen, daß die Anisotropie in ihren Auswirkungen vom Spannungszustand abhängt und bei mehrachsigen Zuständen anders als seither erwartet Einfluß ausübt /25, 31/. Bisher ging man davon aus, daß ein hoher r-Wert gleichbedeutend ist mit einer geringen Neigung des Werkstoffes zur Blechdickenänderung. Dies ist aber im Zug-Zug- oder Zug-Druck-Bereich nicht allgemein der Fall /25, 31/.

Die Übertragung von Ergebnissen aus nachahmenden Modellversuchen auf Bauteile scheint ebenfalls problematisch, da die Randeinflüsse, vor allem die tribologischen Verhältnisse, nicht übertragbar sind /50/. Verfahrensunabhängige Zusammenhänge sind eine zwingende Voraussetzung für die Kennzeichnung des Werkstoffes hinsichtlich seiner Umformeignung (Ausschaltung sämtlicher Störgrößen) /67/. Diese sollten laut Yoshida /60/ unter den gleichen Spannungszuständen ermittelt werden, wie sie in der Praxis vorkommen und in Abhängigkeit der Formänderung formuliert werden.

# 3 Aufgabenstellung und Zielsetzung

Die vorliegende Arbeit soll einen Beitrag zur genaueren Beschreibung des Werkstoffverhaltens unter praxisnahen Bedingungen liefern. Bei der Blechumformung bedeutet dies, daß zweiachsige Spannungszustände in ihren Auswirkungen auf die Fließspannung, den Fließort, das Formänderungsverhalten usw. untersucht werden.

Eine Literaturrecherche ergab, daß das makroskopisch auftretende plastische Verhalten eines Blechwerkstoffes nicht nur maßgeblich vom Kristallaufbau bzw. der Beanspruchung, sondern unmittelbar auch von den versuchstechnischen Randbedingungen abhängt. Erst aus neuerer Zeit liegen Veröffentlichungen vor, die konkretere Angaben zu den Versuchsvoraussetzungen machen und diese kritisch auf ihre Allgemeingültigkeit diskutieren. Demnach muß nicht zwingend dort mit einem Bauteilversagen zu rechnen sein, wo die senkrechte Anisotropie ihren kleinsten Wert in der Blechebene aufweist; der Versagensfall hängt vielmehr vom Werkstofftyp ab. Desweiteren wird u.a. der Einfluß der ebenen Anisotropie im Vergleich zur senkrechten Anisotropie und zum Verfestigungsverhalten eines Werkstoffes hinterfragt.

Um Antworten auf Fragen zum reinen Werkstoffverhalten zu finden, sollen in dieser Arbeit Untersuchungen bei verschiedenen Spannungzuständen, möglichst losgelöst von betrieblichen Randbedingungen, erfolgen. Dazu werden reibungsfreie bzw. Versuche mit verminderter Reibung unter gleichzeitiger Verwendung von Tiefziehfolie und Schmierstoff angestrebt. Die dabei ermittelten Kennwerte sollen mit konventionellen Werkstoffkennwerten verglichen werden.

Zu diesem Zweck sollen im ersten Teil der Arbeit Standarduntersuchungen wie der Flachzugversuch u.a. durchgeführt werden, wobei die Erfassung der Kennwerte jeweils in Abhängigkeit des Winkels zur Walzrichtung und des Umformgrades erfolgen soll. Weiterhin sollen Bauteil- und Modellversuche möglichst ohne störende Randbedingungen durchgeführt werden, um den Einfluß der Anisotropie auf das Formänderungsverhalten in Abhängigkeit des Spannungszustandes zu ermitteln. Durch die Untersuchung verschiedener Werkstofftypen soll die Werkstoffabhängigkeit aufgezeigt werden. Die Bestimmung von Grenzformänderungsschaubildern aus verschiedenen reibungsfreien Versuchen soll angestrebt werden, um auch hier verfahrensunabhängige Grenzkurven zu erhalten. Auf die Frage, inwieweit der aus dem einachsigen Zugversuch bestimmte r-Wert das zweiachsige Verhalten zu beschreiben vermag, soll anhand von Vergleichen mit lokalen Formänderungen unter 0°, 45° und 90° zur Walzrichtung an unterschiedlich vorverformten Blechteilen eingegangen werden.

Der zweite Teil der Arbeit soll sich dem Aufbau eines Versuchsstandes zur Ermittlung von Fließortkurven im Zug-Zug-Bereich widmen. Hierzu soll eine aus der Literatur bekannte Kreuzzugprobengeometrie durch Rechensimulation hinsichtlich der größten Zone homogener Formänderung und der Größenverhältnisse optimiert werden. Eine spannungsoptische Untersuchung soll die theoretische Probenoptimierung überprüfen.

Als Versuchsstand für die Kreuzzugversuche soll eine vorhandene CNC-Streckziehanlage dienen. Zur Einspannung der Kreuzzugproben muß ein gelenkiger Adapter konstruiert werden, mit dem die Zugkraft unabhängig von der Maschinensteifigkeit ermittelt werden kann. Die Bestimmung des Fließbeginns bei einer zweiachsigen Belastung im Probenzentrum soll durch berührungslose Temperaturmessung erfolgen. Diese ist aus der Literatur bekannt und soll in Vorversuchen erprobt und bestätigt werden. Zur Ermittlung der Fließspannungkombinationen $\sigma_1$-$\sigma_2$ aus den gemessenen Kräften $F_1$ und $F_2$ soll die wirksame Bezugsfläche (siehe Kapitel 6.4.1.4) diskutiert werden. Die Fließortkurven sollen durch eine mathematische Funktion analytisch angenähert werden.

Ein Vergleich der für verschiedene Werkstoffe gemessenen Fließortkurven mit Fließortkurven nach Hypothesen aus der Literatur soll die Güte des Aufnahmeverfahrens aufzeigen. Gleichzeitig sollen anhand von Texturuntersuchungen (Auftrag an Dritte) Fließortkurven berechnet und mit den experimentell ermittelten verglichen werden.

Anhand von definiert vorverfestigten Kreuzzugproben sollen exemplarisch Folgefließortkurven bestimmt werden. Aus dem Vergleich der Form und Lage der Anfangs- und Folgefließortkurven soll auf das Verfestigungsverhalten des jeweiligen Werkstoffes geschlossen werden.

Abschließend sollen der Verlauf der Fließortkurven im zweiten bis vierten Quadranten diskutiert und weitere Anregungen zur Charakterisierung von Blechwerkstoffen gegeben werden.

# 4 Werkstoffauswahl und Standardversuche

## 4.1 Untersuchte Werkstoffe

Für die Untersuchungen standen Bleche von sechs gut kaltumformbaren Werkstoffen chargengleich aus der Serienproduktion zur Verfügung. Eine Aluminiumlegierung (AlMgSi1 ka) lag in zwei Modifikationen (I und II) vor; diese unterscheiden sich in ihren Herstellparametern. Hieraus ergeben sich für den selben Werkstoff unterschiedliche plastische Eigenschaften.

### 4.1.1 Stahlwerkstoffe

**St14 O5** (Werkstoffnummer 1.0338)

Diese Tiefziehgüte lag mit einer gemittelten Blechdicke von 0,94mm vor. Sie wird in dieser Form hauptsächlich zur Herstellung von PKW-Außenhautteilen eingesetzt. Die chemische Analyse ergab folgenden Aufschluß (Angabe in Gew.-%):

| Werkstoff | C | Si | Mn | Al | P | S | Cr | Ni | Mo | V | N |
|---|---|---|---|---|---|---|---|---|---|---|---|
| St14 O5 | 0,057 | 0,013 | 0,21 | 0,033 | 0,009 | 0,005 | 0,035 | 0,03 | < 0,01 | 0,01 | 0,0045 |

Die Gefügeschliffbilder längs und quer zur Walzrichtung sind in Bild 2 dargestellt. Auffallend sind die langgestreckten Körner in Walzrichtung.

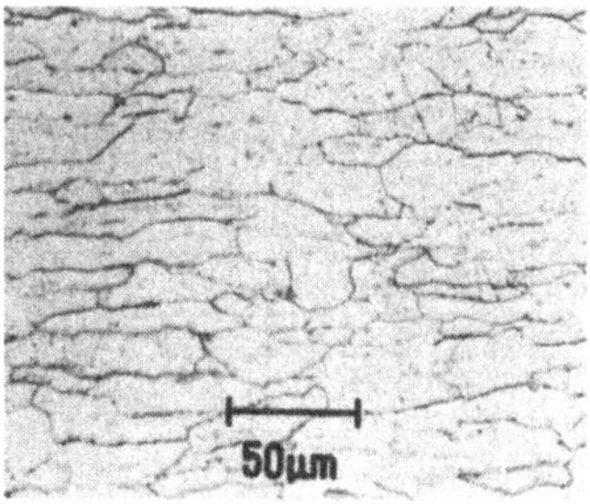


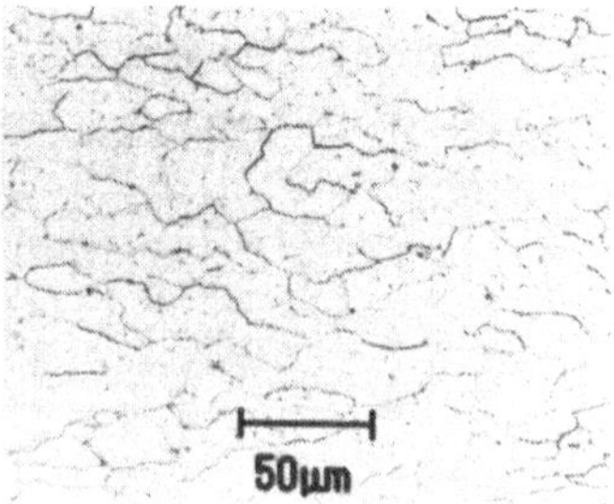


**Bild 2:** Gefügeaufnahmen von St14 O5, links Längsschliff, rechts Querschliff.

**X5CrNi 1810** (Werkstoffnummer 1.4301)

Bei X5CrNi1810 (rost- und säurebeständiger Stahl) findet die hauptsächliche Verarbeitung im Apparate- und Gerätebau der Nahrungsmittelindustrie statt. Dieser sehr gut tiefziehbare Austenit lag lösungsgeglüht mit einer Ausgangsblechdicke von 0,79mm vor. Die Legierung setzt sich aus folgenden Elementen zusammen (Angabe in Gew.-%):

| Werkstoff | C | Si | Mn | P | S | Cr | Ni |
|---|---|---|---|---|---|---|---|
| X5CrNi1810 | 0,037 | 0,57 | 1,10 | 0,027 | 0,006 | 18,11 | 8,50 |

Die Längs- und Querschliffe dieses Werkstoffes sind in Bild 3 zu sehen. Bemerkenswert sind die Seigerungen (schwarze Linien), die auf Entmischungsvorgänge bei dem Erstarrungsprozeß hinweisen. Somit liegen in bestimmten Bereichen Unterschiede im Gehalt an Elementen vor.

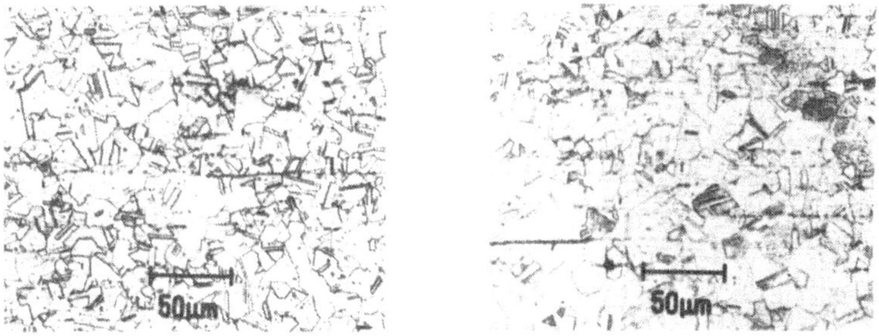


**Bild 3:** Gefügeaufnahmen von X5CrNi1810, links Längsschliff, rechts Querschliff.

**X6Cr 17** (Werkstoffnummer 1.4016)

Dieser ferritische Edelstahl lag mit einer Blechdicke $s_0$ = 0,80 mm lösungsgeglüht vor. Er wird aufgrund seiner sehr hohen Korrosionsbeständigkeit häufig zu Teilen aus dem Lebensmittelbereich (Bestecke, Spültischauskleidungen, etc.) verarbeitet. Der Chromstahl weist folgende chemische Analyse auf (Angabe in Gew.-%):

| Werkstoff | C | Si | Mn | Cr | P | S |
|---|---|---|---|---|---|---|
| X6Cr17 | 0,065 | 0,37 | 0,37 | 15,99 | 0,020 | 0,002 |

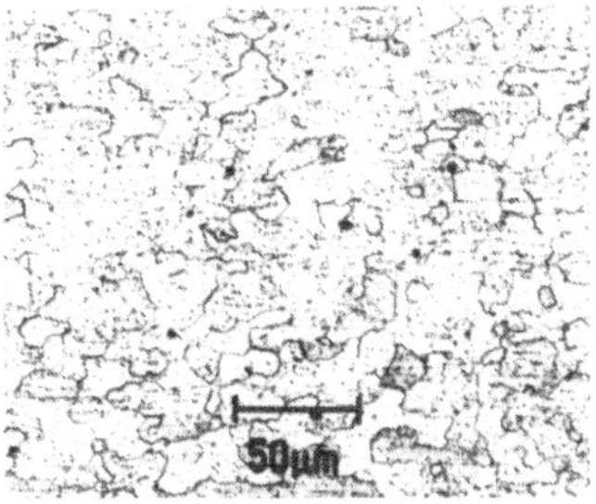


Da die Längs- und Querschliffbilder dieses Werkstoffes identisch aussehen, wird in Bild 4 lediglich der Querschliff abgebildet.

**Bild 4:** Gefügeaufnahme von X6Cr17, Querschliff.

### 4.1.2 Cu-Zn-Legierung

Die Kupfer-Zink-Legierung CuZn37 (Werkstoffnummer 2.0321) lag im Zustand weich (w) vor. Ihre mittlere Blechdicke betrug 1,19mm; die mittlere Korngröße lag zwischen 25µm und 30µm. Dieser Messing-Werkstoff wird zu Tiefzieh-, Drück-, Präge- und Biegeteilen aller Art verarbeitet /134/. Der Kupfergehalt liegt zwischen 63% und 64%; Feinzink bildet den Restanteil dieses Mischkristalls (maximale Beimischungen: Pb 0,01; Fe 0,01; P 0,001; Sn 0,05; Al 0,03; Mn 0,05; Ni 0,3; Sonst. 0,1).

Ein Schliffbild dieser homogenen Legierung ist in Bild 5 zu sehen. Es handelt sich bei den durch eine Ätzung sichtbar gemachten Körnern um α-Messing-Mischkristalle, die sich gut kalt umformen, dagegen schlechter zerspanen lassen.

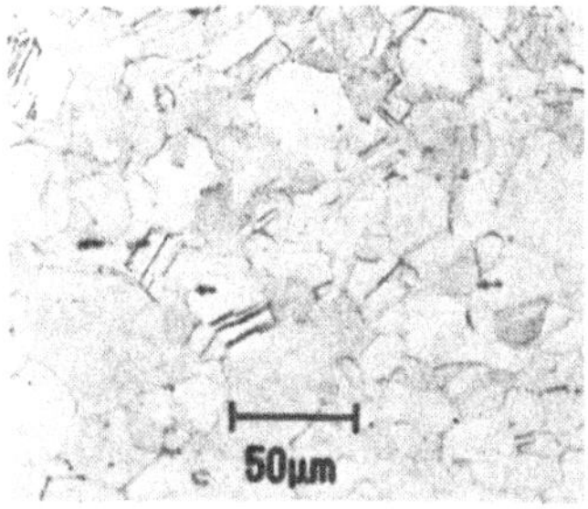


**Bild 5:** Gefügeaufnahme von CuZn37 w, Längsschliff.

### 4.1.3 Aluminiumlegierungen

**AlMg5 w** (Werkstoffnummer 3.3555)

AlMg5 ist eine naturharte Aluminiumlegierung; sie liegt für diese Untersuchungen im Zustand weich (w) mit einer Blechdicke von 1,25mm vor. Aufgrund der ausgeprägten Streckgrenze, die sich bei Umformvorgängen in Lüderslinien (Fließfiguren) äußert, finden Bleche dieses Typs hauptsächlich Verwendung für Innenteile im Fahrzeugbau.

Aus Vertraulichkeitsgründen darf hier nur die chemische Zusammensetzung nach DIN 1725 T1 angegeben werden. Diese sieht wie folgt aus (Angaben der Höchstwerte in Gew.-%):

| Werkstoff | Si | Fe | Cu | Mn | Mg | Cr | Zn | Ti | Mn+Cr | Sonst. | Al |
|---|---|---|---|---|---|---|---|---|---|---|---|
| AlMg5 | 0,40 | 0,50 | 0,10 | 0,1-0,6 | 4,5-5,6 | 0,20 | 0,20 | 0,20 | 0,1-0,6 | 0,15 | Rest |

Zur Aufnahme von Schliffbildern und zur Bestimmung der Korngrößen wurden mit Hilfe einer Barker-Ätzung Längs- und Querschliffe aus einer Blechprobe präpariert. Als mittlere lineare Korngröße wurde für diesen Werkstoff im Durchmesserverfahren eine Korngröße von ca. 13µm ermittelt.

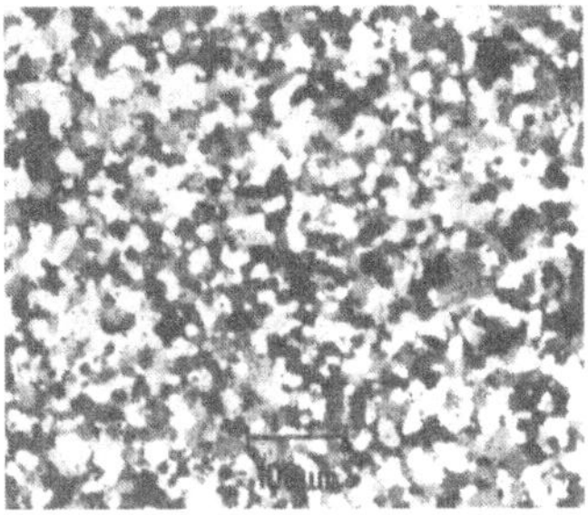


Bild 6 zeigt ein rekristallisiertes Gefüge auf dem Schliffbild der vorliegenden Aluminiumlegierung; es ist gekennzeichnet durch kleine gleichmäßig geformte Körner.

**Bild 6:** Gefügeaufnahme von AlMg5 w, Längsschliff.

**AlMgSi1 ka** (Werkstoffnummer 3.2315)

Diese aushärtbare Aluminiumlegierung wurde nach der Lösungsglühung kaltausgehärtet (ka). Von diesem Halbzeug lagen für die Untersuchungen zwei Varianten (Modifikationen) vor. Bei der Modifikation I (Blechdicke 1,08mm) handelt es sich um ein Blech aus der Serienproduktion; Modifikation II (Blechdicke 1,09mm) erfuhr laut Hersteller eine etwas abgeänderte Walz- und Wärmebehandlung (nähere Angaben liegen dazu nicht vor). Bleche dieser Legierung werden unter anderem zu KFZ-Außenhautteilen verarbeitet.

Wiederum ist aus Vertraulichkeitsgründen nur die Angabe der chemischen Zusammensetzung von AlMgSi1 nach DIN 1725 T1 möglich (Angabe der Höchstwerte in Gew.-%):

| Werkstoff | Si | Fe | Cu | Mn | Mg | Cr | Zn | Ti | Sonst. | Al |
|---|---|---|---|---|---|---|---|---|---|---|
| AlMgSi1 | 0,7-1,3 | 0,50 | 0,10 | 0,4-1,0 | 0,6-1,2 | 0,25 | 0,20 | 0,10 | 0,15 | Rest |

Der Gefügeschliff längs zur Walzrichtung ist für Modifikation I in Bild 7 und für Modifikation II in Bild 8 dargestellt.

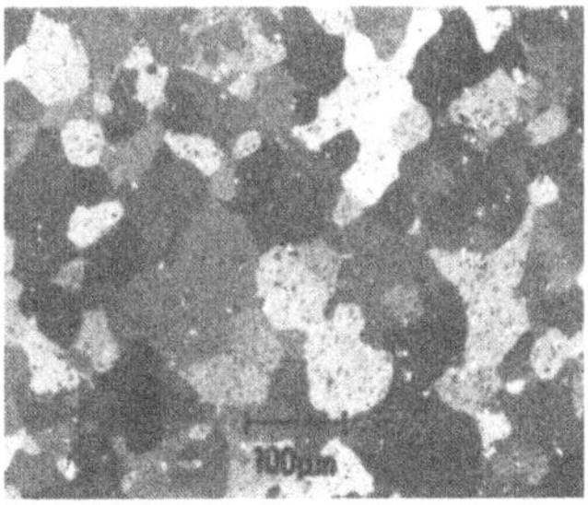


**Bild 7:** Gefügeaufnahme von AlMgSi1 ka/I, Längsschliff.

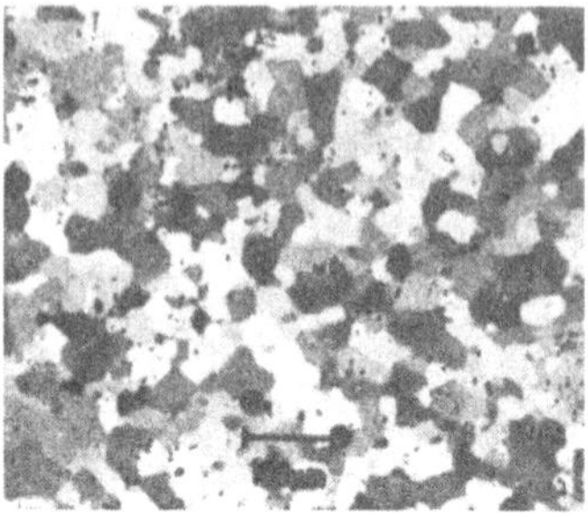

Für die Modifikation I wurde eine mittlere lineare Korngröße von ca. 44µm ermittelt. Modifikation II zeichnet eine wesentlich kleinere mittlere Korngröße aus. Bei beiden Varianten liegt ein rekristallisiertes Gefüge vor.

**Bild 8:** Gefügeaufnahmen von AlMgSi1 ka/II, Längsschliff.

## 4.2 Versuchsdurchführung und Ergebnisse

### 4.2.1 Flachzugversuch

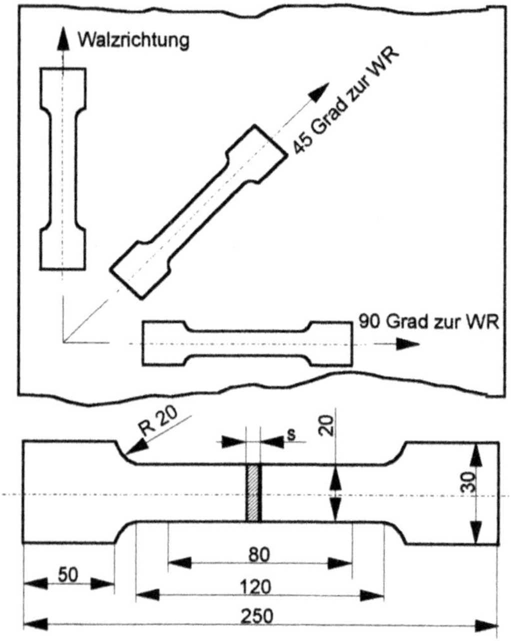


Für die Durchführung der Zugversuche wurden nichtproportionale Flachproben mit Köpfen nach DIN 50114 - 20 * 80 /135/ verwendet (Bild 9). Die Versuche wurden bei Raumtemperatur auf einer Zugprüfmaschine vom Typ RKM 100 der Firma Roell + Korthaus mit der Ziehgeschwindigkeit $v_z$ = 16mm/min durchgeführt.

**Bild 9:** Zugprobengeometrie und Entnahmerichtung aus dem Halbzeug.

Zur statistischen Absicherung wurden jeweils mindestens drei Versuche gefahren; die angegebenen Ergebnisse sind das arithmetische Mittel.

Die Versuchsauswertung nach DIN EN 10002 zur Aufnahme der Fließkurve ist bis zur Gleichmaßdehnung $A_g$ möglich. Ein Nachteil des Zugversuches ist, daß schon bei relativ kleinen Umformgraden eine örtliche Einschnürung eintritt. So liegen die im einachsigen Zugspannungszustand maximal erreichbaren Umformgrade bei $\varphi_{gl} = \ln(1+A_g) < 0,3$.

Im Zugversuch wird das Spannungs-Dehnungs-Diagramm aufgenommen und daraus die mechanischen Werkstoffkennwerte entnommen, die den Berechnungen in der Festigkeitslehre zugrunde liegen. Die gemessene Zugkraft F wird dabei auf den Ausgangsquerschnitt $S_0$ der Probe bezogen. Da sich während des Versuches jedoch der Querschnitt ändert, werden somit nicht die wahren Spannungen $\sigma$ ermittelt:

$$\sigma = \frac{F}{S_0}. \qquad (9)$$

Bei der Ermittlung der Dehnung wird die Längenänderung dL auf die Ausgangslänge $L_0$ bezogen: $d\varepsilon = dL / L_0$. Die Dehnung $\varepsilon$ ergibt sich zu:

$$\varepsilon = \int_{L_0}^{L_1} \frac{dL}{L_0} = \frac{(L_1 - L_0)}{L_0} = \frac{\Delta L}{L_0}. \qquad (10)$$

Mit fortschreitender Probenbelastung tritt in der Kraft-Verlängerungs-Kurve ein Maximum auf, d.h. die mit weiterer Verformung zunehmende Werkstoffverfestigung vermag nicht mehr die Schwächung des Probenquerschnitts auszugleichen. Von diesem Maximalwert an beginnt die Zugprobe sich einzuschnüren (Instabilität).

Der vom Kraftmaximum bis zum Probenbruch reichende Bereich ist geprägt von einem dreiachsigen Spannungzustand sowie einer inhomogenen Spannungs- und Formänderungsverteilung über dem Probenquerschnitt. Die weitere Verformung beschränkt sich nun zunehmend auf die Umgebung des kleinsten Querschnitts; dort nimmt die lokale Umformgeschwindigkeit bis zum Probenbruch schnell zu.

Die Fließspannung $k_f$ eines Werkstoffes hängt von den Einflußgrößen Werkstoff, Temperatur, Umformgrad und Umformgeschwindigkeit ab. Sie ist definiert für einen in der Regel einachsigen Spannungzustand und eine möglichst homogene Umformung. Um plastisches Fließen des Werkstoffes einzuleiten, bzw. aufrecht zu erhalten, müssen die tatsächlich wirkenden Spannungen eine bestimmte charakteristische Größe erreichen. Deshalb ist es üblich, die wirkende Kraft F auf die tatsächliche Fläche S zu beziehen. Die Spannung

$$k_f = \frac{F}{S} \qquad (11)$$

heißt im Bereich des plastischen Fließens Fließspannung. Zur Beschreibung der Fließkurve wird sie über dem Umformgrad φ aufgetragen.

Den Umformgrad φ erhält man durch

$$\varphi = \int_{L_0}^{L_1} \frac{dL}{L} = \ln\frac{L_1}{L_0}. \tag{12}$$

Aus dem Spannungs-Dehnungs-Diagramm kann die Fließkurve über folgende Zusammenhänge berechnet werden:

$$k_f = \sigma \cdot (1+\varepsilon) \qquad \text{und} \qquad \varphi = \ln \cdot (1+\varepsilon). \tag{13}$$

Bei den meisten Werkstoffen ist ein Einfluß der Orientierung der Probe zur Walzrichtung auf die Kennwerte zu erkennen, deshalb werden hier sämtliche Kennwerte unter 0°, 22,5°, 45°, 67,5° und 90° zur Walzrichtung bestimmt (Bild 9).

Eine besondere Aussage bzgl. dem anisotropen Formänderungsverhalten eines Blechwerkstoffes hat die senkrechte bzw. ebene Anisotropie r bzw. Δr (siehe Kapitel 2 und 2.9). Häufig wird für die senkrechte Anisotropie ein Mittelwert $r_m$ angegeben, der sich allgemein wie folgt berechnen läßt:

$$r_m = \frac{1}{\alpha_{ges}} \cdot \int_0^{\alpha_{ges}} r(\alpha)\, d\alpha, \qquad \text{wobei} \qquad 0 \le \alpha_{ges} \le 2\pi \tag{14}$$

In diesem Falle liegt eine Anzahl n äquidistanter (Winkel-) Intervalle vor; somit kann die Berechnung nach der Trapezformel /136/ wie folgt erfolgen:

$$r_m = \bar{r} = \frac{1}{n} \cdot \sum_{i=0}^{n-1} \frac{1}{2} \cdot \left[ r_i + r_{(i+1)} \right], \tag{15}$$

wobei $r_i$ der gemessene Wert bei $i\alpha_{ges}/n$ ist. In Bild 10 wird dies verdeutlicht.

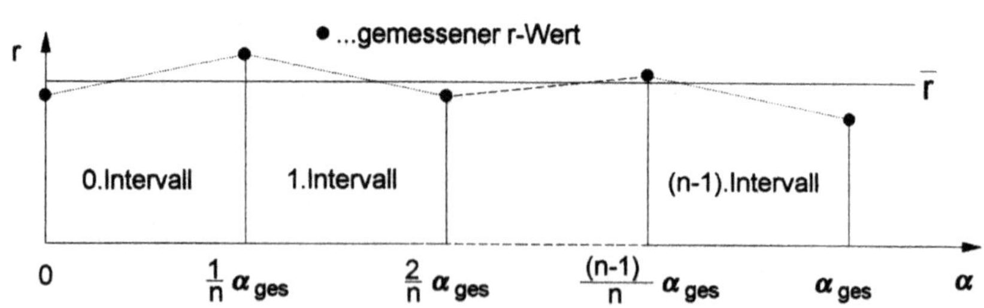


**Bild 10:** Zur Berechnung der mittleren senkrechten Anisotropie.

Die Werte der Anisotropie, wie auch der Verfestigungsexponent n (siehe Kapitel 2.2) sind keine konstanten Größen, sondern vielmehr abhängig von der Dehnung des Werkstoffes; sie werden deshalb in dieser Arbeit als Funktion des Umformgrades angegeben. Diese Art der Darstellung weicht speziell beim Verfestigungsexponenten von der bisher üblichen Definition nach dem Stahl-Eisen-Prüfblatt 1125 /5/ ab. Dort wird er als konstante Steigung der Fließkurve aus dem einachsigen Flachzugversuch üblicherweise im Bereich zwischen 10%- und 20%-Gesamtdehnung mittels linearer Regressionsrechnung berechnet. Betrachtet man jedoch das Verfestigungsverhalten verschiedener Werkstoffe ab kleinen Dehnungen, was zur Charakterisierung der Tiefzieh- und Streckziehfähigkeit sehr wichtig ist, so erweist sich aus dem "differentiellen n-Wert" das tatsächliche Verfestigungsverhalten des Werkstoffes in Abhängigkeit der Formänderung für viele Werkstoffe als nicht linear. Dabei ist der differentielle n-Wert (aus Gleichung (3) )definiert durch

$$n = \frac{dk_f}{d\varphi} \cdot \frac{\varphi}{k_f} . \qquad (16)$$

Alle mittelbaren und unmittelbaren Ergebnisse, die aus Flachzugversuchen gewonnen wurden, werden im Anschluß dargestellt und diskutiert.

#### 4.2.1.1 Mechanische Kennwerte

Als mechanische Kennwerte werden die Zugfestigkeit $R_m$, die obere Streckgrenze $R_{eH}$ bzw. die Ersatzstreckgrenze $R_{p0,2}$, der E-Modul, die Gleichmaßdehnung $A_g$ bzw. der Umformgrad bei Gleichmaßdehnung $\varphi_{gl}$ und die Bruchdehnung $A_{80}$ erfaßt. Da alle diese Kennwerte in der Blechebene aufgrund der Textur variieren, wurden sie unter Winkeln von 0°, 22,5°, 45°, 67,5° und 90° zur Walzrichtung bestimmt.

Eine Aufstellung in tabellarischer Form für sämtliche Werkstoffe findet sich im Anhang A1. Nähere Angaben zu den r- und n-Werten, die ebenfalls in diesen Tabellen enthalten sind, finden sich in den Abschnitten 4.2.1.3 und 4.2.1.4 .

#### 4.2.1.2 Fließkurven

Die Fließkurven sind auf den folgenden Seiten für sechs Werkstoffe dargestellt (Bilder 11 und 12). Da zwischen AlMgSi1 ka/I und AlMgSi1 ka/II qualitativ kein Unterschied festzustellen war, wurde auf die Darstellung der Fließkurve von AlMgSi1 ka/II verzichtet. Quantitativ liegen die Fließkurven von AlMgSi1 ka/II bei geringfügig niedrigeren Spannungs- und Dehnungswerten. Wie bei allen anderen Kennwerten erfolgt auch hier die Darstellung der Fließkurven eines Werkstoffes für fünf verschiedene Richtungen in der Blechebene. Aus den unterschiedlichen Fließkurvenverläufen ist die anisotrope Eigenschaft der Fließspannungen zu erkennen. Dies fällt besonders bei den Werkstoffen AlMg5 w, X6Cr17 und X5CrNi1810 auf. Bei CuZn37 w und X5CrNi1810 wurden im Flachzugversuch Umformgrade bis etwa 0,4 erreicht; bei den restlichen Werkstoffen konnten die Fließkurven bis zu Umformgraden zwischen 0,15 und 0,2 ausgewertet werden.

Auf die Fließkurven aus dem hydraulischen Tiefungsversuch (Darstellung in denselben Diagrammen) wird in Kapitel 4.2.2.2 näher eingegangen.

#### 4.2.1.3 Verfestigungsexponenten

Das Stahl-Eisen-Prüfblatt 1125 /5/ enthält eine Vorschrift zur Bestimmung des n-Wertes. Zu beachten ist hierbei allerdings, daß sich die Bestimmung des n-Wertes nach dieser Definition auf un- bzw. niedriglegierte (ferritische) Stähle beschränkt. Abweichend davon erfolgte in dieser Arbeit für alle Werkstoffe die Bestimmung des differentiellen n-Wertes. Exemplarisch ist der n-Wert als Funktion des Umformgrades von AlMgSi1 ka/I in Bild 13 dargestellt. Hierbei sind keine Einzelwerte, sondern ein Kurvenzug durch die errechneten differentiellen n-Werte eingezeichnet. In Bild 13 ist zu sehen, daß der n-Wert vor allem im Bereich kleiner Umformgrade sehr niedrige Werte annimmt. Qualitativ weisen sämtliche Blechwerkstoffe in dieser Arbeit n-Wert-Verläufe wie in Bild 13 auf. Bei AlMg5 w ist der Verlauf des n-Wertes aufgrund der ausgeprägten Streckgrenze nicht sehr gleichförmig; ebenso tritt ein etwas zackiger Verlauf bei CuZn37 w aufgrund der Reckalterung auf. Tendentiell steigt der n-Wert, beginnend quasi bei Null (idealplastisches Verhalten) /129/ für den Umformgrad Null bis zu einem Höchstwert an und verläuft dann mit zunehmendem Umformgrad konstant oder leicht fallend. Bei den absoluten Höchstwerten unterscheiden sich allerdings die Werkstoffe stark. So erreichen z.B. AlMg5 w, CuZn37 w und X5CrNi1810 maximale differentielle n-Werte um 0,4, während z.B. X6Cr17 einen größten differentiellen n-Wert deutlich unter 0,2 aufweist. Bei den verbleibenden Werkstoffen erreicht der n-Wert bei 0,2 bis 0,25 seinen Höchstwert.

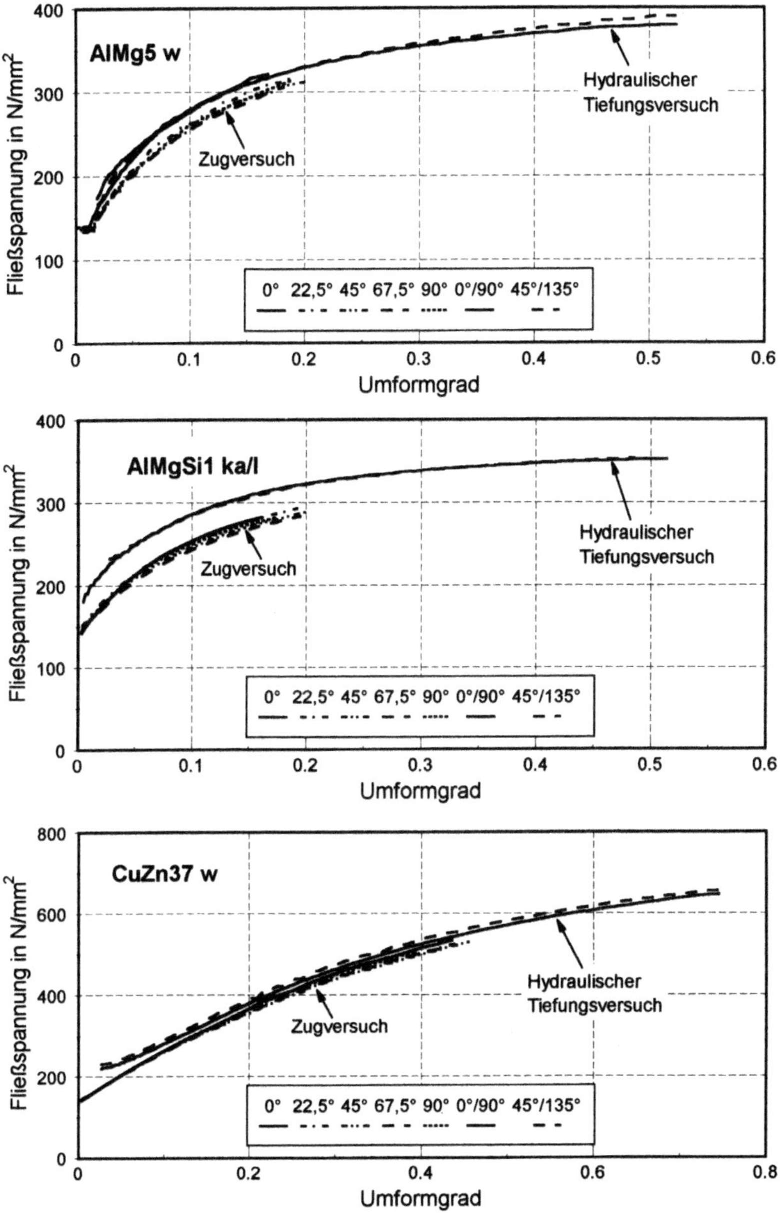


**Bild 11:** Fließkurven der Werkstoffe AlMg5 w, AlMgSi1 ka/I und CuZn37 w.

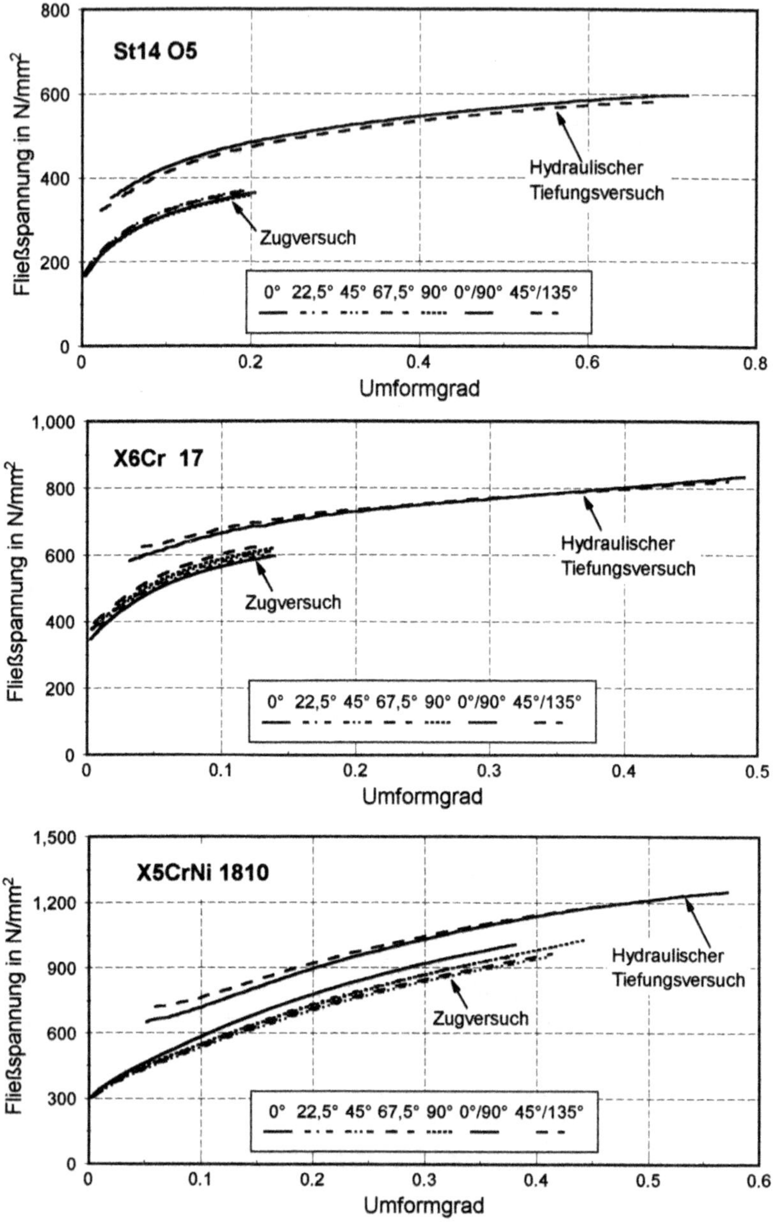


**Bild 12:** Fließkurven der Werkstoffe St14 O5, X6Cr17 und X5CrNi1810.

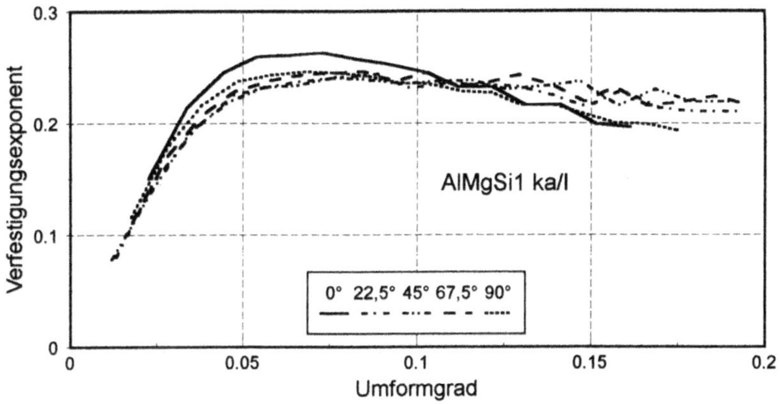


**Bild 13:** Verfestigungsexponent als Funktion des Umformgrades für AlMgSi1 ka/I.

Den Werkstofftabellen im Anhang A1 sind die ermittelten n-Werte explizit zu entnehmen. Diese wurden abweichend vom Stahl-Eisen-Prüfblatt 1125 in den angegebenen Dehnungsintervallen bestimmt. Damit wurde auch der für die Praxis wichtige Bereich der Dehnungen < 10% erfaßt. Den Tabellen sind die aus den einzelnen differentiellen n-Werten berechneten arithmetischen Mittelwerte in Abhängigkeit vom Winkel zur Walzrichtung zu entnehmen. Zusätzlich wurde der n-Wert nach dem Ludwik-Ansatz in dem angegebenen Dehnungsintervall berechnet. Prinzipiell stellt sich in den zwei für einen Winkel zur Walzrichtung angegebenen Werten kein großer Unterschied heraus; hierbei ist aber zu beachten, daß nach dem Ludwik-Ansatz der n-Wert als konstante Größe über dem Umformgrad angenommen und damit der tatsächliche Verlauf nicht berücksichtigt wird (vgl. Bild 13). Aufgrund der Abhängigkeit des Verfestigungsverhaltens vom Umformgrad wird auf Vergleiche eines "n-Wertes" mit anderen Werkstoffkennwerten verzichtet. Sowohl Mäde /96/, wie auch Salam /126/ konnten bei verschiedenen Werkstoffen keine Relation des n-Wertes zu Kennwerten aus dem Zugversuch feststellen.

#### 4.2.1.4 Anisotropie-Kennwerte

Die Darstellung der im Flachzugversuch ermittelten r-Werte sämtlicher Werkstoffe erfolgt in Diagrammen mit Polarkoordinaten (Bilder 14 und 15). Dabei sind in diesen Diagrammen jeweils die r-Werte für eine Dehnung von 12% angegeben.

Bei allen Werkstoffen wurde eine ausgeprägte Liniensymmetrie zur 0°- und 90°-Achse zur Walzrichtung festgestellt, wobei die größten und kleinsten r-Werte der verschiedenen Werkstoffe unter 0°, 45° oder 90° zur Walzrichtung gemessen wurden. Über die Dehnung gemittelte r-Werte der einzelnen Werkstoffe sind in Abhängigkeit vom Winkel zur Walzrichtung den Tabellen im Anhang

A1 zu entnehmen. Bei dem Vergleich der r-Werte der verschiedenen Werkstoffe fallen z.T. große Unterschiede in den größten und kleinsten Werten auf. So erstreckt sich das Spektrum vom kleinsten r-Wert bei AlMgSi1 ka/I mit $r_{45} = 0{,}30$ bis zum größten r-Wert bei St14 O5 mit $r_{90} = 1{,}94$. Für jeden Werkstoffe variieren die r-Werte in Abhängigkeit vom Winkel zur Walzrichtung mehr oder weniger stark.

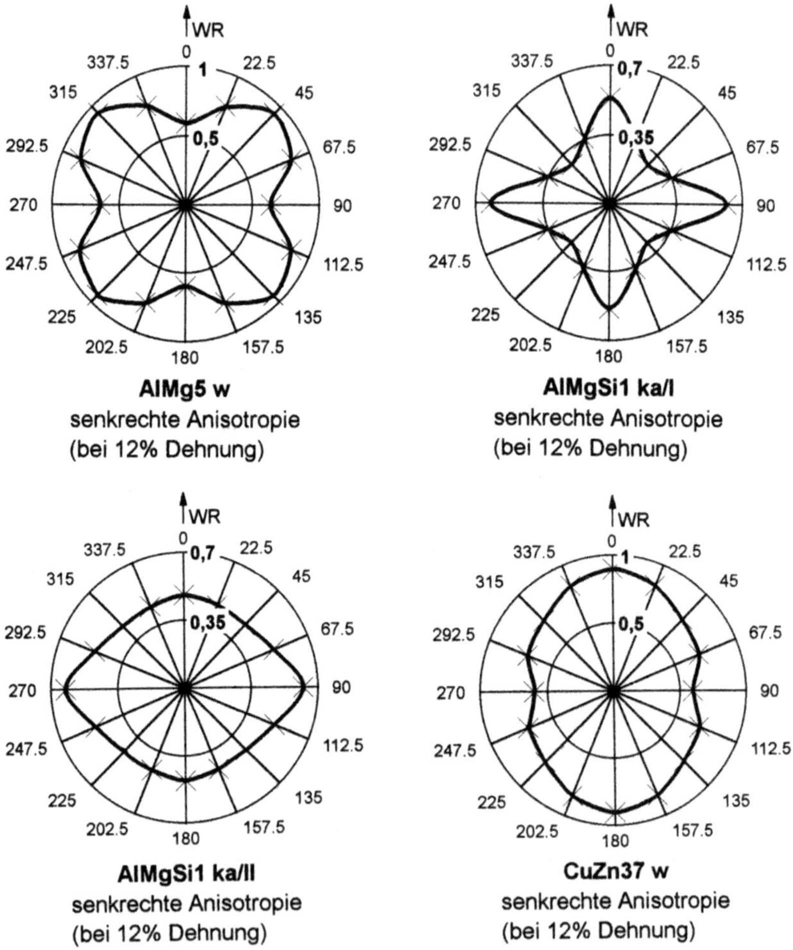


**Bild 14:** Senkrechte Anisotropie für verschiedene Werkstoffe in Abhängigkeit vom Winkel zur Walzrichtung, X... Meßpunkte.

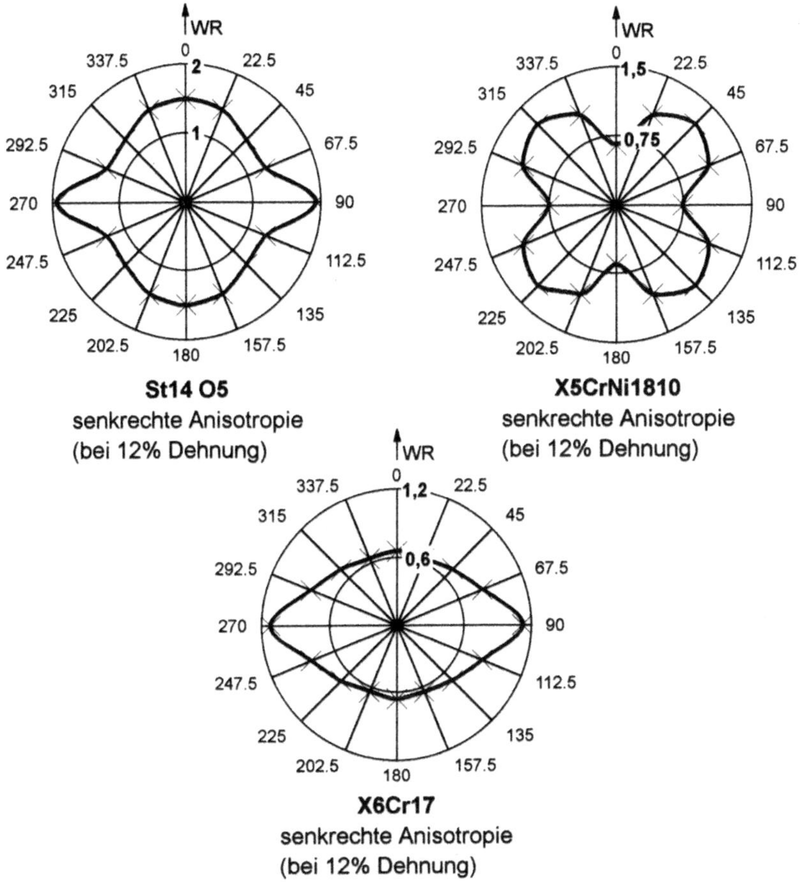


**Bild 15:** Senkrechte Anisotropie für verschiedene Werkstoffe in Abhängigkeit vom Winkel zur Walzrichtung, X... Meßpunkte.

In Bild 16 wird dies verdeutlicht. Hier werden für zwei Aluminiumlegierungen und den Tiefziehstahl die r-Werte als Funktion der Dehnung und der Entnahmerichtung aus dem Blech dargestellt.

Die r-Werte in Bild 16 sind ab einer Gesamtdehnung von 2% abgebildet; für kleinere Dehnungswerte wird der Fehler bei der Ermittlung des r-Wertes aufgrund seiner Definition (elastische Formänderungen werden bei der Definition vernachlässigt) zu groß.

Mit steigender Dehnung wird bei den drei gewählten Werkstoffen ein unterschiedliches Verhalten des r-Wertes festgestellt. Während bei AlMgSi1 ka/I alle r-Werte mit steigender Dehnung asymptotisch gegen einen Wert von ca. 0,5 streben, verhalten sie sich bei AlMgSi1 ka/II konstant. Bei St14 O5 wird generell eine Abnahme aller r-Werte mit zunehmender Dehnung gemessen.

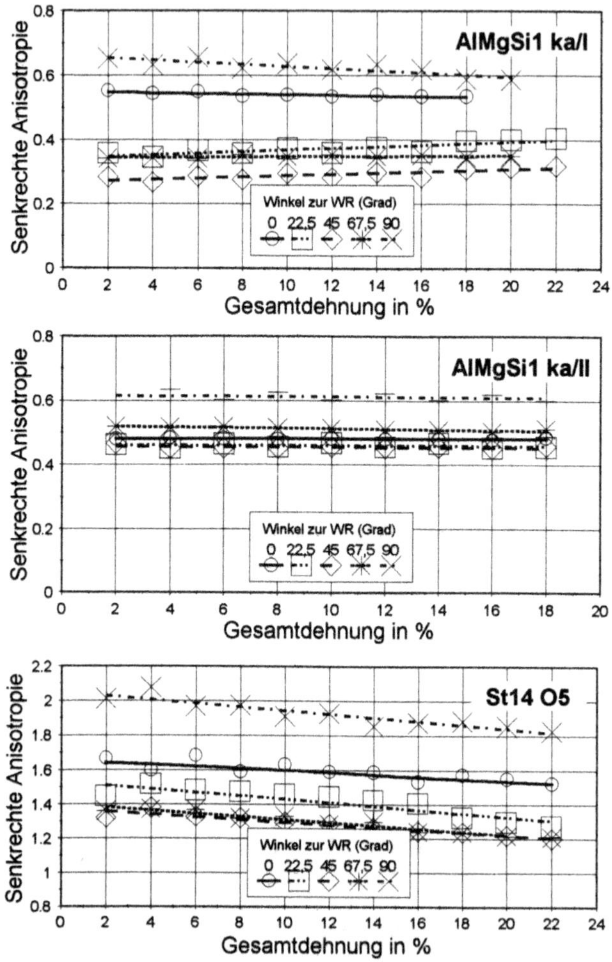


**Bild 16:** Senkrechte Anisotropie für verschiedene Werkstoffe in Abhängigkeit von der Dehnung.

Dieses Verhalten steht für beide Aluminiumlegierungen im Gegensatz zu den Angaben in /47/. Dort wurde für Werkstoffe mit r < 1 ein mit der Dehnung zunehmender r-Wert festgestellt. Für St14 O5 wird der abnehmende Verlauf für Werkstoffe mit r > 1 bestätigt.

Berechnet man die ebene Anisotropie nach der Formel $\Delta r = r_{max} - r_{min}$, so wird für alle hier untersuchten Werkstoffe beim Flachzugversuch eine Abnahme dieses Wertes mit steigender Dehnung gemessen (Bild 17).

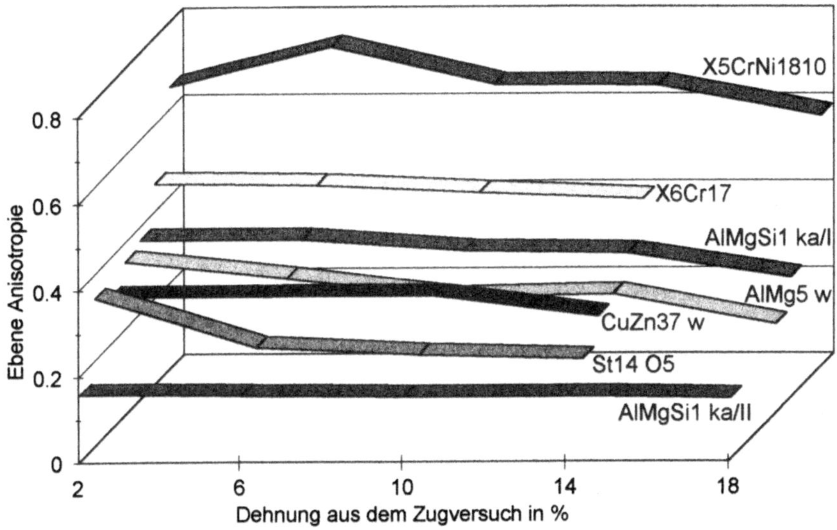


**Bild 17:** Verlauf der ebenen Anisotropie in Abhängigkeit von der Dehnung für verschiedene Werkstoffe.

Inwieweit dieses Phänomen relevant für die praktische Umformtechnik (mehrachsige Beanspruchung) ist, kann bisher nicht abgeleitet werden; Untersuchungen in Kapitel 5.2.2 können hierbei eventuell aufschlußreich sein.

Eine tabellarische Aufstellung der senkrechten, mittleren senkrechten und ebenen Anisotropie für alle Werkstoffe findet sich im Anhang A1.

Theoretisch kann der r-Wert in Bezug auf eine beliebige Richtung zur Walzrichtung aus der Hill'schen Fließbedingung /72/ ermittelt werden. Iemoto /118/ berechnete den r-Wert nach dieser Theorie gemäß:

$$r_\alpha = \frac{H + (2N - G - 4H) \cdot \sin^2 \alpha \cdot \cos^2 \alpha}{F \cdot \sin^2 \alpha + G \cdot \cos^2 \alpha} \quad . \tag{17}$$

Hierin sind F, G, H und N die bei ebenen Beanspruchungen auftretenden Anisotropie-Parameter. Da F, G und N proportional zu H sind /118/, kann für H ohne Verlust der Allgemeingültigkeit der Wert Eins angenommen werden. Die drei weiteren Parameter berechnen sich dann wie folgt:

$$F = \frac{1}{r_{90}}; \quad G = \frac{1}{r_0} \quad \text{und} \quad N = \left(\frac{1}{r_0} + \frac{1}{r_{90}}\right) \cdot \left(r_{45} + \frac{1}{2}\right) \tag{18}$$

Wendet man Gleichung (17) auf Werkstoffe dieser Arbeit an, so erhält man theoretische r-Wert-Verläufe, wie in den Bildern 18 und 19 dargestellt.

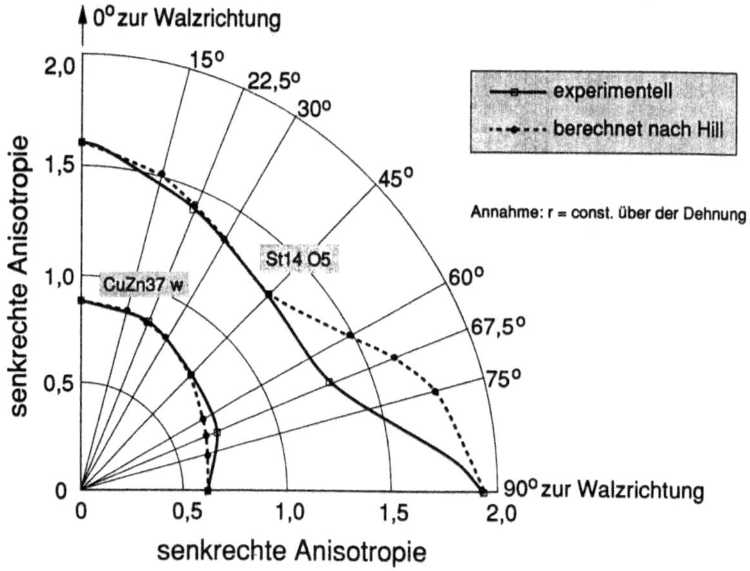


**Bild 18:** Vergleich des theoretischen (nach Iemoto /118/) und experimentellen r-Wert-Verlaufes in Abhängigkeit des Winkels zur Walzrichtung für die in dieser Arbeit untersuchten Werkstoffe.

Bemerkenswert ist die relativ gute Übereinstimmung des berechneten und experimentell ermittelten r-Wert-Verlaufes im Winkelintervall 0° bis 45° zur Walzrichtung bei AlMg5 w, CuZn37 w und St14 O5. Bei der aushärtbaren AlMgSi1 ka/I-Legierung wird der r-Wert-Verlauf in diesem Winkelintervall theoretisch nicht gut beschrieben. Bei allen Werkstoffen weicht im Bereich zwischen 45° und 90° zur Walzrichtung der berechnete vom experimentell bestimmten r-Wert deutlich ab. Diese Unterschiede stellte auch Iemoto /118/ fest; er folgerte daraus, daß eine allgemeine Gültigkeit der Hill'schen Fließbedingung für alle Werkstoffe nicht gegeben sei.

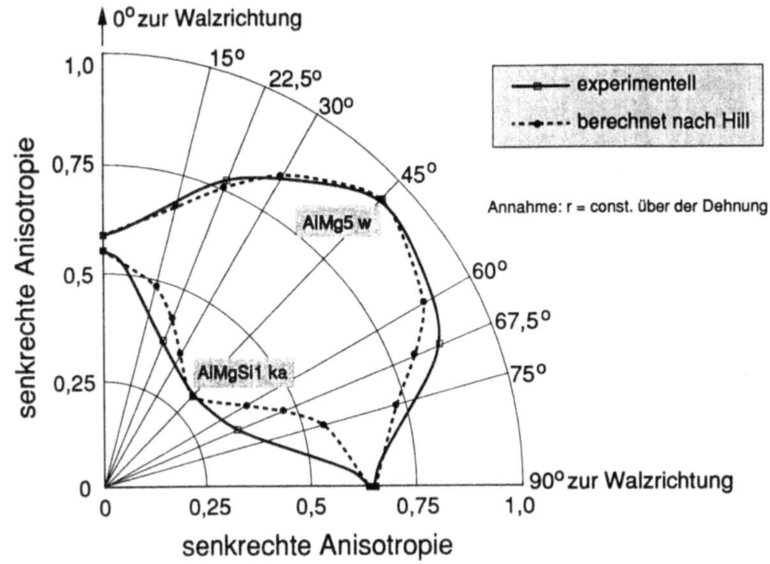


**Bild 19:** Vergleich des theoretischen und experimentellen r-Wert-Verlaufes in Abhängigkeit des Winkels zur Walzrichtung für die in dieser Arbeit untersuchten Werkstoffe.

### 4.2.2 Hydraulischer Tiefungsversuch

#### 4.2.2.1 Versuchsbeschreibung

Das hydraulische Tiefen zählt aufgrund seiner Beanspruchung zu den Verfahren des Zugumformens nach DIN 8585, wobei der plastische Zustand im wesentlichen durch eine ein- oder mehrachsige Zugbeanspruchung herbeigeführt wird /137/.

Die prinzipielle Vorgehensweise beim hydraulische Tiefungsversuch wurde bereits in Kapitel 2.8 beschrieben. Mit diesem Versuch können neben Fließkurven auch reibungsfrei Formänderungsanalysen im zweiachsigen Zugspannungsbereich ermittelt werden.

Zur Berechnung der Fließkurven nach Gologranc /70/ werden neben dem Hydraulikdruck p die radialen und vertikalen Formänderungen nahe der Polkuppe benötigt. Diese werden während des Versuches kontinuierlich von vier Meßschneiden erfaßt (Bild 20).

Gologranc setzt bei seinen Berechnungen einen zweiachsigen Spannungzustand sowie homogene Umformung voraus; er sieht diese Annahme für ein größeres Verhältnis des Matrizendurchmessers zur Blechdicke ($d_m/s_0 > 100$) als gerechtfertigt an. Die Berechnung der Fließspannung $k_f$ erfolgt nach dem Fließkriterium von v.Mises, der Vergleichsumformgrad $\varphi_V$ unter Berücksichtigung der von Mises'schen Fließbedingung /70/. Die Fließkurven aus dem hydraulischen Tiefungsversuch werden zusammen mit denen des Flachzugversuches in Kapitel 4.2.1.2 und 4.2.2.2 dargestellt und diskutiert. Die Auswertung der Fließkurven ist nach Panknin /69/ erst ab Umformgraden zwischen 0,03 und 0,05 sinnvoll, da sich bei Versuchsbeginn bzw. kleinen Umformgraden die elastischen Verformungen sowie Meßungenauigkeiten störend auf die Versuchsergebnisse auswirken können.

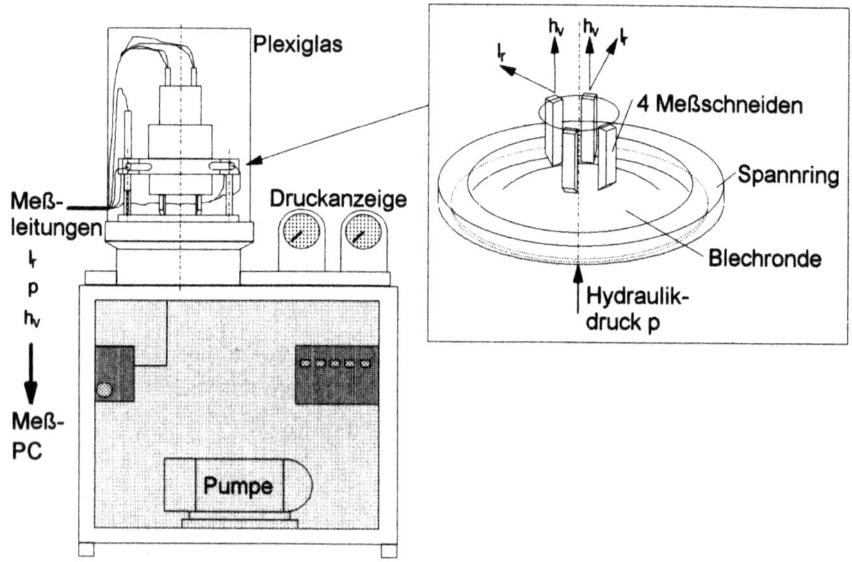


**Bild 20:** Versuchsaufbau beim hydraulischen Tiefungsversuch.

Zur experimentellen Bestimmung der Fließkurven wird ein kreisrunder Spannring (Matrize) mit einem Öffnungsdurchmesser von 100mm eingesetzt. Elliptische Ziehringe (Bild 21) erzeugen in den Versuchsblechen unterschiedliche Spannungs- bzw. Formänderungszustände.

Bei der Verwendung von Blechproben, auf die zuvor ein Kreisraster aufgeätzt wurde, können verschiedene Meßpunkte für das modifizierte Grenzformänderungsschaubild (siehe Kapitel 5.3) im Zug-Zug-Bereich ermittelt werden. Die Aufbringung eines feinen "Spinnenrasters" (Bild 22) auf Blechproben ermöglicht die Bestimmung des Einflusses der Anisotropie auf die Formänderungen in radialer und tangentialer Richtung in Abhängigkeit des Winkels zur Walzrichtung. Über das Gesetz der Volumenkonstanz kann hieraus die betragsmäßig größte Formänderung (Blechdickenrichtung) berechnet werden. Zur Bestimmung der Formänderungen wurden vor und nach dem Tiefungsvorgang (Versuchsende bei Probenbruch) dieselben Streckenabschnitte in radialer und tangentialer Richtung unter 0°, 45° und 90° zur Walzrichtung mit einer Meßlupe ausgemessen. Die Meßstellen lagen dabei auf einem Kreis mit dem Durchmesser 25mm. Dieser Abstand war notwendig, da innerhalb eines Kreisdurchmessers von ca. 20mm die Versagensstellen auftraten und hier der Fehler beim Ausmessen der Linienabschnitte zu groß wäre. Da bei diesen Messungen nicht die absoluten Werte der Formänderungen interessant waren, sondern nur qualitativ der Einfluß der ebenen Anisotropie auf das Umformverhalten unter Zug-Zug-Beanspruchung untersucht werden sollte, wurden jeweils die Sekanten der Kreisbogenabschnitte bei den ebenen und verformten Blechplatinen ausgemessen. Die Ergebnisse dieser Untersuchungen werden in Kapitel 5.1.1.2 und 5.1.2.2 diskutiert.

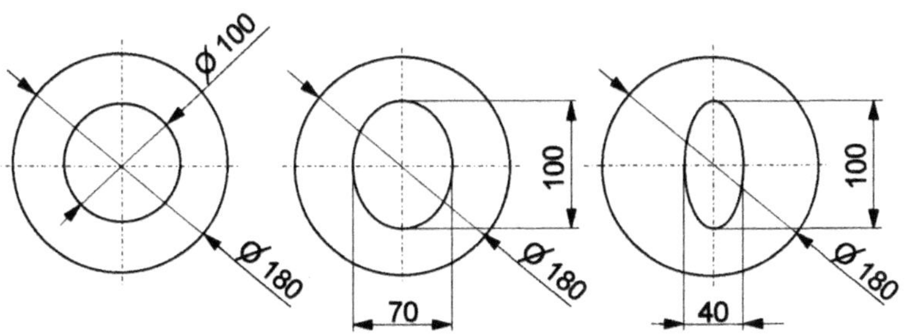


**Bild 21:** Ziehringformen für den hydraulischen Tiefungsversuch.

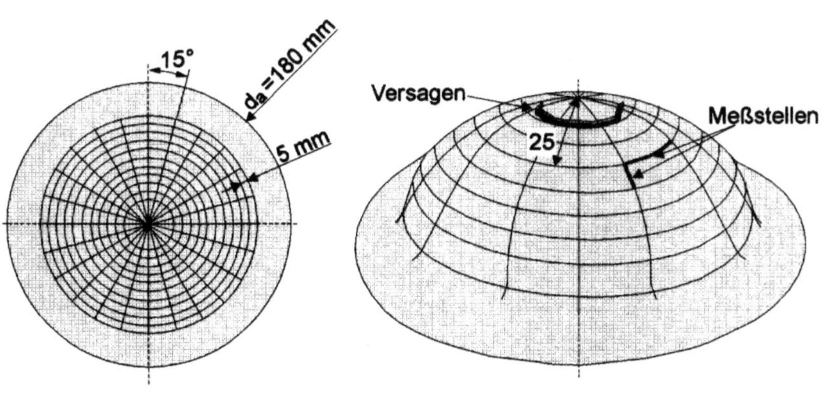


**Bild 22:** Spinnenraster und Meßstellen für die Formänderungsanalyse.

#### 4.2.2.2 Fließkurven aus dem hydraulischen Tiefungsversuch

Aus Gründen der Vergleichbarkeit wurden die Fließkurven aus dem Bulge-Test mit den Fließkurven aus den Flachzugversuchen für jeden Werkstoff in das selbe Diagramm eingezeichnet (Bilder 11 und 12).

Prinzipiell liegen bei allen Werkstoffen die zweiachsig bestimmten Fließkurven bei höheren Spannungswerten als die im Flachzugversuch ermittelten. Weiter wird allgemein festgestellt, daß die Fließkurven aus dem hydraulischen Tiefungsversuch bis zu höheren Umformgraden ermittelt werden können. Diese Ergebnisse werden in /48/ bestätigt.

Bei der Meßschneidenanordnung beim hydraulischen Tiefungsversuch (Bild 20) unter 0°/90° oder 45°/135° erhält man zwei quasi gleichwertige Fließkurven. Ob der geringe Unterschied dieser Kurven auf Einflüsse der Anisotropie oder auf die Meßgenauigkeit bei der Versuchsdurchführung zurückzuführen ist, kann nicht mit Sicherheit angegeben werden. Aus dem Vergleich der Fließkurven, die mittels des Flachzugversuches und des hydraulischen Tiefungsversuches gewonnen wurden, wird auch deutlich, daß zur Berechnung von Umformvorgängen mit höheren Umformgraden nicht ohne größere Fehler Fließkurven aus dem Flachzugversuch extrapoliert werden dürfen.

### 4.2.3 Erichsen-Tiefungsversuch

Der Tiefungsversuch nach Erichsen wurde nach DIN 50101, Teil 1 (für Blechdicken zwischen 0,2mm und 3mm) auf einer Erichsen-Universalprüfmaschine Modell 142/20 durchgeführt (Bild 23).

Die Blechstreifen werden in das Werkzeug eingelegt, mit dem Niederhalter abgeklemmt und danach mit einem Kugelstempel (∅ 20mm) mechanisch getieft. Dabei wird die Eindringtiefe bis zum Auftreten von Rissen auf 0,1mm genau gemessen. Ein Riß gilt erst dann als gegeben, wenn es zu einer Materialtrennung über die ganze Dicke des Bleches kommt.

Da die Tiefung durch die feste Randeinspannung allein durch zweiachsigen Zug aus der Blechdicke heraus erfolgt, übt die Dicke einen entscheidenden Einfluß auf das Prüfergebnis aus. Die durch Blechdickenunterschiede entstehenden Streuungen sind teilweise so groß wie die Unterschiede zwischen einzelnen Blechqualitäten. Die angegebenen Erichsen Tiefungswerte $I_E$ ergeben sich deshalb durch Mittelwertbildung aus mindestens drei identischen Versuchen /36/.

Als Streckziehverfahren bietet die Erichsen-Tiefung laut /42/ die Möglichkeit, Zusammenhänge zu den Ergebnissen aus dem Zugversuch und zum Verfestigungsexponenten herzustellen.

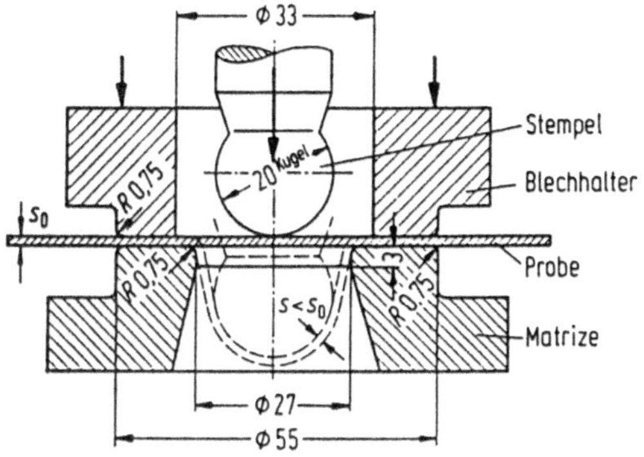


Die Ergebnisse aus dem Erichsen-Tiefungsversuch sind in Tabelle 1 zusammengestellt.

**Bild 23:** Prinzipskizze des Erichsen-Tiefungsversuches, nach /36/.

**Tabelle 1:** Erichsen-Tiefungswerte $I_E$ für verschiedene Werkstoffe.

| Werkstoff | AlMg5 w | AlMgSi1 ka/I | AlMgSi1 ka/II | CuZn37 w | St14 O5 | X6Cr17 | X5CrNi1810 |
|---|---|---|---|---|---|---|---|
| $I_E$ [mm] | 9,4 | 9,1 | 8,9 | 13,0 | 11,9 | 9,0 | 12,0 |

Die Größenordnung der Werte von X6Cr17 und X5CrNi1810 werden von /26/ bestätigt. Eine Korrelation von $I_E$ zu Kennwerten aus dem Zugversuch konnte nicht festgestellt werden. In /126/ wurde $I_E$ mit $r_{min}$ und $r_m$ aus dem Zugversuch verglichen; es konnte auch dort kein Zusammenhang aufgezeigt werden. Mit großen Streuungen korrelierten in /126/ die Erichsen-Tiefungswerte verschiedener Werkstoffe mit den über verschiedene Umformgrade gemittelten n-Werten.

### 4.2.4 Grenzformänderungsschaubild

#### 4.2.4.1 Versuchsbeschreibung

Eine Einführung zur Erstellung von Grenzformänderungsschaubildern /36/ findet sich in Kapitel 2.7 . Bild 24 zeigt schematisch die gesamte Vorgehensweise zur Herstellung der notwendigen Blechproben. Dieses Verfahren wurde von Hasek /138/ entwickelt und eingeführt. Mit ihm erhält man positive und negative Hauptumformgrade $\varphi_2$ und kann somit beide Seiten der Grenzformänderungsschaubilder ermitteln.

Für den Durchmesser 100mm des Halbkugelstempels wurden Blechronden mit dem Ausgangsdurchmesser 200mm eingesetzt. Die sieben Ausschnittradien reichten von 0mm bis 80mm. Auf alle gefrästen Platinen der Bleche AlMg5 w und AlMgSi1 ka/I wurde elektrochemisch ein Meßraster mit 8mm großen Kreisen aufgeätzt.

Um den Einfluß des Schmierstoffes auf die Grenzformänderungskurven zu ermitteln, wurden die

Platinen zum einen stempelseitig mit einer Tiefziehfolie beklebt und zusätzlich mit M 100 (unlegiertes Mineralöl) geschmiert, zum anderen nur mit M 100 beölt. Der Einfluß der Entnahmerichtung zur Walzrichtung wurde insofern berücksichtigt, als Proben unter 0° und 90° zur Walzrichtung vorbereitet wurden.

Die Versuche wurden auf einer Universalprüfmaschine durchgeführt, wobei für alle Varianten die Verfahrensparameter konstant gehalten wurden. Der mechanische Tiefungsvorgang wurde stetig so lange fortgesetzt, bis in den Platinen ein Anriß auftrat.

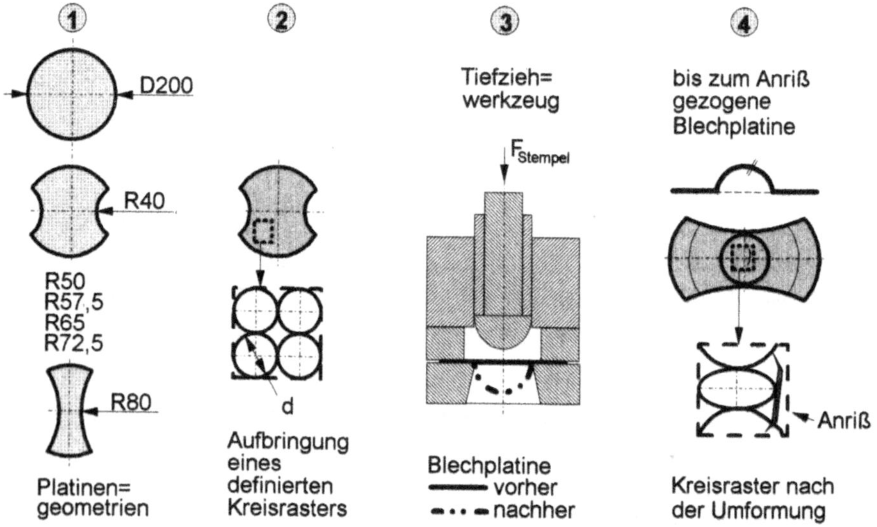


**Bild 24:** Vorgehensweise zur Erstellung eines Grenzformänderungsschaubildes.

In Bild 25 sieht man die Veränderungen eines Liniennetzkreises, wie sie bei der Ermittlung des Grenzformänderungsschaubildes bei verschiedenen Beanspruchungsbedingungen auftreten. Zu sehen sind ausgehend von der linken Seite des Bildes für $\varphi_1 = -\varphi_2$, Formänderungen, wie sie unter dem Niederhalter beim Tiefziehen gegeben sind, bis $\varphi_1 = \varphi_2$ (Formänderungen beim hydraulischen Tiefen). Die Umformung $\varphi_1 = -2\varphi_2$ ist beim einachsigen Zugversuch gegeben. Die Umformung $\varphi_2 = 0$ ergibt sich bei behinderter Querdehnung, z.B. beim Biegen breiter Bleche. Man spricht bei $\varphi_2 = 0$ von einer ebenen Formänderung (plane strain). Deutlich ist zu sehen, daß sich die Kreislinie in Abhängigkeit vom Spannungzustand zu verschiedenen Ellipsen verformt. Die Umformgrade $\varphi_1$ und $\varphi_2$ können mit Hilfe des Ausgangsdurchmessers des Kreises $l_0$, der längeren Ellipsenachse $l_1$ und der kürzeren $l_2$ bestimmt werden. Es gilt immer $\varphi_1 \geq \varphi_2$. Der Umformgrad $\varphi_3$

(Blechdickenrichtung) ergibt sich aus der Volumenkonstanz zu $\varphi_3 = -(\varphi_1+\varphi_2)$. Die dargestellten Diagramme gelten für ein konstantes Verhältnis $\varphi_1/\varphi_2$. Ist der Formänderungweg (strain-path) nicht durch ein konstantes Verhältnis $\varphi_1/\varphi_2$ gekennzeichnet, so ergeben sich je nach Formänderungsweg unterschiedliche Grenzformänderungskurven.

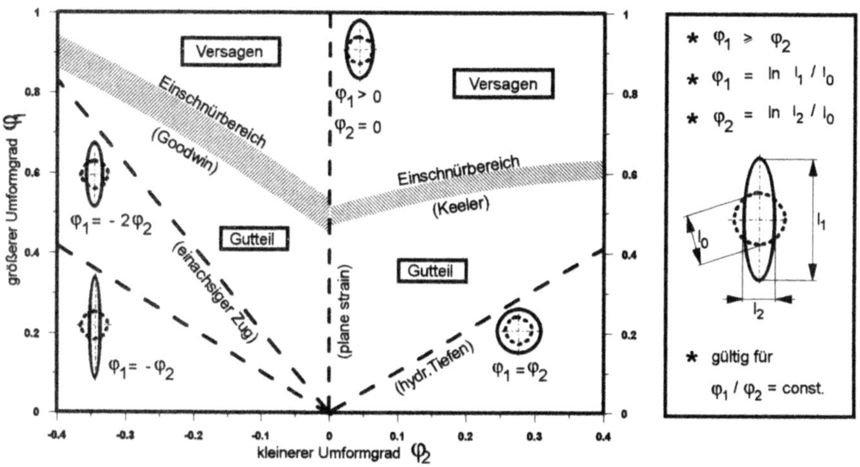


**Bild 25:** Schematische Darstellung eines Grenzformänderungsschaubildes.

#### 4.2.4.2 Schaubilder

Untersuchungen zur Erstellung von Grenzformänderungsschaubildern wurden mit den beiden Aluminiumlegierungen AlMg5 w und AlMgSi1 ka/I durchgeführt. Die Ergebnisse sind in den Bildern 26 und 27 dargestellt.

Bei AlMg5 w (Bild 26) werden bei einer Probenentnahme von 90° zur Walzrichtung unabhängig vom Schmierstoff größere Umformgrade $\varphi_1$ und $\varphi_2$ erreicht, als bei Entnahme in Walzrichtung. Hier zeigt sich ein deutlicher Einfluß der Anisotropie auf das Formänderungsverhalten. Bei AlMgSi1 ka/I (Bild 27) ist dieser Einfluß nicht erkennbar, hier spielt die Entnahmerichtung praktisch keine Rolle.

Die erreichbaren Grenzformänderungen liegen bei AlMgSi1 ka/I mit Folienschmierung höher als bei AlMg5 w. Die Kurvenminima werden bei AlMgSi1 ka/I für alle Konstellationen im wenig positiven $\varphi_2$-Bereich erreicht, wohingegen bei AlMg5 w keine eindeutige Tendenz anzugeben ist.

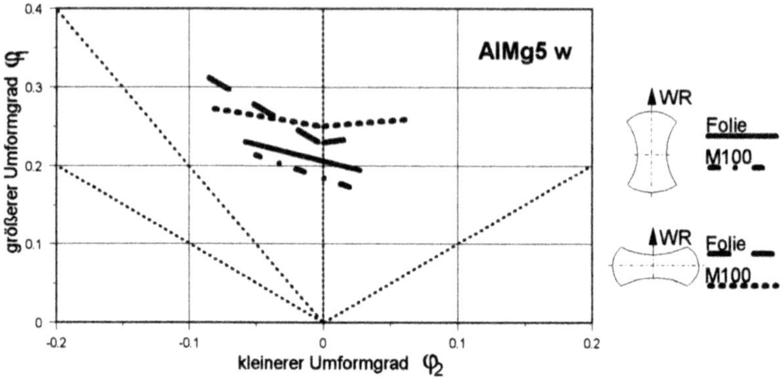


**Bild 26:** Grenzformänderungskurven für den Werkstoff AlMg5 w.

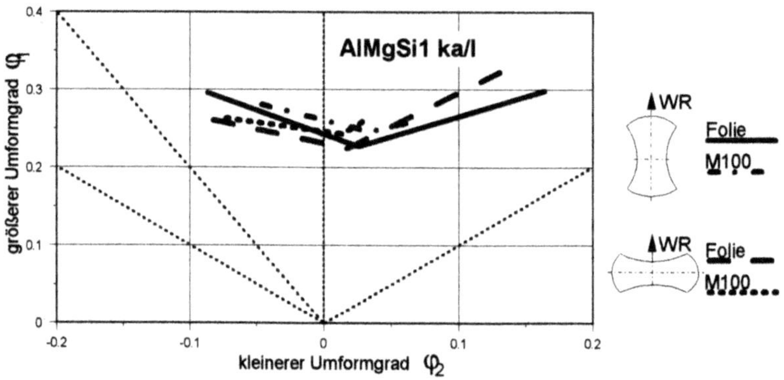


**Bild 27:** Grenzformänderungskurven für den Werkstoff AlMgSi1 ka/I.

Die Bilder 26 und 27 bestätigen, daß diese Methode nicht das vollständige Grenzformänderungsdiagramm liefern kann; sie sind aber hilfreich zur Charakterisierung der verwendeten Werkstoffe. Prinzipiell gestaltet sich die Aufnahme von Grenzformänderungsschaubildern mit diesem Verfahren stark abhängig von dem tribologischen System des jeweiligen Prüfbleches. Der Einfluß der Reibbedingungen läßt keine eindeutige Abhängigkeit der Grenzkurven von dem reinen Werkstoffverhalten ableiten. Um diese Randbedingungen zu eliminieren, wurde ein abgewandeltes Verfahren angewandt, das in Kapitel 5.3 näher vorgestellt wird.

# 5 Weiterführende Untersuchungen

## 5.1 Hydraulischer Tiefungsversuch

Der hydraulische Tiefungsversuch wurde nicht nur zur Aufnahme von Fließkurven unter zweiachsiger Beanspruchung eingesetzt, sondern darüberhinaus auch zu Untersuchungen der lokalen Umformgrade unter 0°, 45° und 90° zur Walzrichtung. Hierzu wurden runde Blechplatinen, auf denen ein "Spinnenraster" aufgeätzt war, fest eingespannt und mit Hydraulikflüssigkeit durch runde und elliptische Ziehringe gedrückt. Eine Auswertung der radialen und tangentialen Umformgrade erlaubt Rückschlüsse auf den Einfluß der ebenen Anisotropie auf die Blechdickenänderung unter Zug-Zug-Beanspruchung.

### 5.1.1 Formänderungen bei kreisrunden Ziehringen

Zur Feststellung des Einflusses der anisotropen Blecheigenschaften wurden Untersuchungen an Ziehringen mit der Durchmesseröffnung D=100mm durchgeführt. Zum Vergleich wurde der theoretisch ermittelte lokale Umformgrad in Dickenrichtung herangezogen.

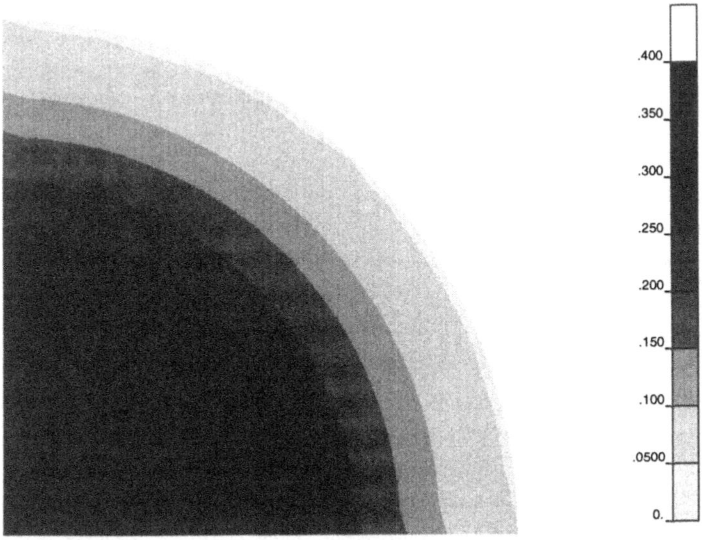


**Bild 28:** Numerische Berechnung des Umformgrades in Dickenrichtung, kreisrunder Ziehring, St14 O5.

#### 5.1.1.1 Numerische Berechnung der Dickenformänderung

Mit dem Verfahren der Finite-Elemente-Simulation (vgl. Kap. 6.2.2.1) wurde unter der Annahme eines isotropen Stoffverhaltens der hydraulische Tiefungsversuch simuliert. In Bild 28 ist der berechnete Umformgrad in Dickenrichtung bei St14 O5 aus Symmetriegründen in Form eines Viertelkreises dargestellt.

Wie anzunehmen war, verhält sich ein isotroper Werkstoff bei einer rotationssymmetrischen Belastung in allen Richtungen der Ebene gleich. Für den Versagensfall liegt bei St14 O5 im Abstand von ca. 25mm von der Polkuppe ein theoretischer Umformgrad in Dickenrichtung (Dickenabnahme) von ca. $|\varphi_s| = 0{,}35$ vor.

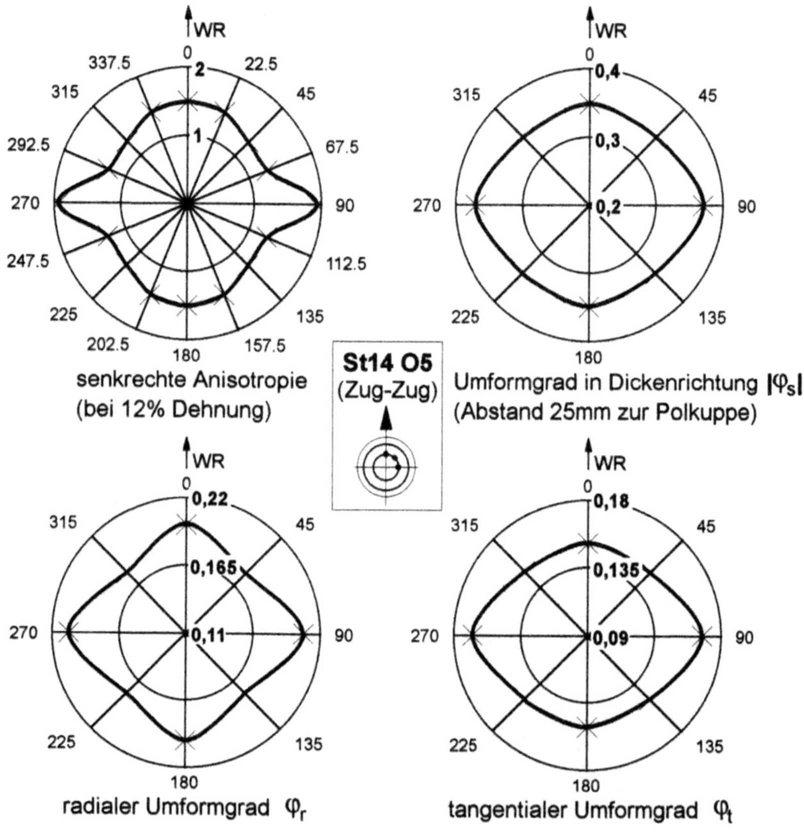


**Bild 29:** Lokale Umformgrade unter Zug-Zug-Beanspruchung, kreisrunder Ziehring, St14 O5.

### 5.1.1.2 Experimentelle Bestimmung der Dickenformänderung

Aus Gründen der Meßgenauigkeit werden zur Bestimmung der lokalen Blechdickenänderung die lokalen Umformgrade in radialer und tangentialer Richtung ausgemessen. Daraus errechnet sich über die Volumenkonstanz der jeweilige Umformgrad in Dickenrichtung. Die Darstellung der

Ergebnisse für die Werkstoffe AlMg5 w, AlMgSi1 ka/II und St14 O5 erfolgt in den Bildern 29, 30 und 31.

Solche Ergebnisse wurden qualitativ auch für den Werkstoff AlMgSi1 ka/I ermittelt. Die mittels der Simulation berechnete Dickenformänderung bei St14 O5 (Bild 28) wird im Experiment quantitativ bestätigt. Eindeutig ist der Zusammenhang zwischen der senkrechten Anisotropie und des Umformgrades in Dickenrichtung bei allen Werkstoffen (Bilder 29, 30 und 31) in Abhängigkeit vom Winkel zur Walzrichtung zu erkennen.

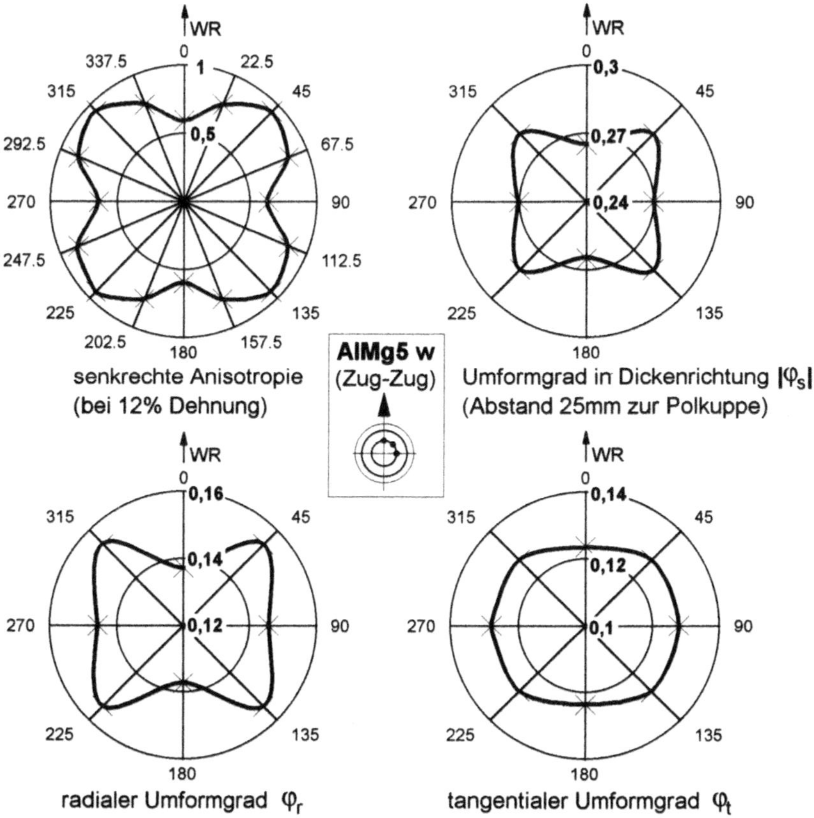


**Bild 30:** Lokale Umformgrade unter Zug-Zug-Beanspruchung, kreisrunder Ziehring, AlMg5 w.

Dort wo die senkrechte Anisotropie ihre Maximalwerte einnimmt, ist der Umformgrad in Dickenrichtung unter Zug-Zug-Beanspruchung ebenfalls maximal. Genau dasselbe Verhalten wird für den Umformgrad in radialer Richtung beobachtet. Dieser Zusammenhang konnte bei allen untersuchten Werkstoffen festgestellt werden (Bilder 29, 30 und 31). Diese Untersuchungen wurden für sämtliche Werkstoffe durchgeführt, aus Gründen der Übersichtlichkeit werden hier nur einige Beispiele exemplarisch dargestellt.

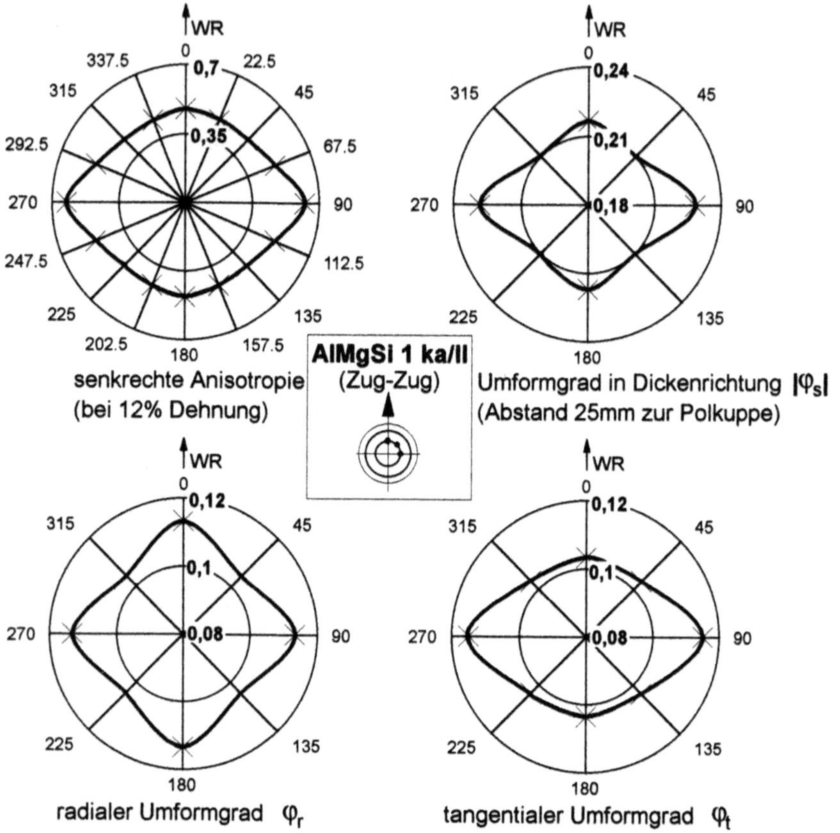


**Bild 31:** Lokale Umformgrade unter Zug-Zug-Beanspruchung, kreisrunder Ziehring, AlMgSi1 ka/II.

### 5.1.2 Formänderungen bei elliptischen Ziehringen

Um den Einfluß unterschiedlich großer Zugbeanspruchungen auf das Formänderungsverhalten zu studieren, wurden Experimente mit einem elliptischen Ziehring (Maskenöffnung 100mm x 70mm) durchgeführt. Aufgrund der unterschiedlich großen Halbachsen des Ziehringes kommt es zu unterschiedlich großen Lastspannungen in den verschiedenen Richtungen zur Walzrichtung. Der Einfluß der Anisotropie wurde insofern berücksichtige, als daß die große Ellipsenhalbachse des Ziehringes unter 0° und unter 90° zur Walzrichtung des Bleches eingelegt wurde. Auch hier wurden die experimentell ermittelten Ergebnisse mit denen aus der Simulationsrechnung verglichen.

### 5.1.2.1 Numerische Berechnung der Dickenformänderung

In Bild 32 ist die berechnete lokale Dickenformänderung des Werkstoffes AlMgSi1 ka/II dargestellt. Diese Berechnung wurde unter der Annahme ebener Isotropie mit einer mittleren senkrechten Anisotropie von $r_m$=0,50 durchgeführt. Aus dem Ergebnis wird ein schwacher Einfluß der Ziehringgeometrie auf die lokalen Dickenformänderungen in der Form deutlich, daß sich der Bereich mit der größeren Formänderung beginnend bei der Polkuppe in die Richtung der größeren Halbachse weiter fortsetzt als senkrecht dazu. Als maximal erreichbare Dickenformänderung im Polbereich wurde ein Wert von ca. 0,18 berechnet.

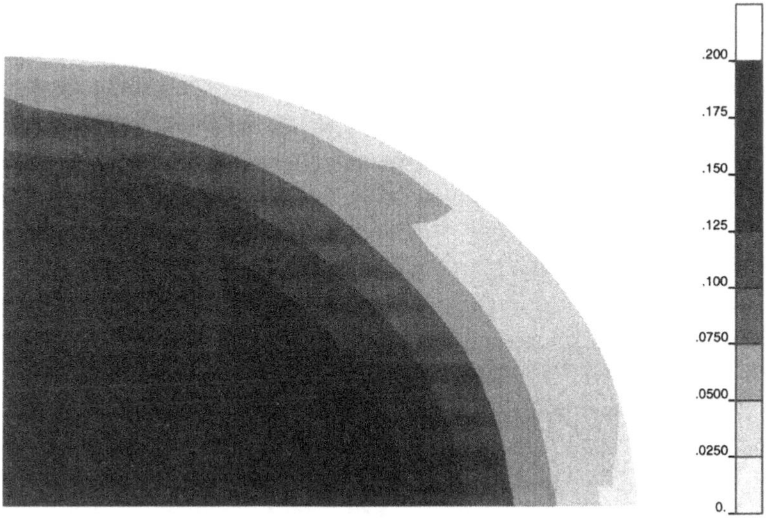


**Bild 32:** Numerische Berechnung des Umformgrades in Dickenrichtung, elliptischer Ziehring, AlMgSi1 ka/II.

### 5.1.2.2 Experimentelle Bestimmung der Dickenformänderung

Die Darstellung aller Ergebnisse für die Werkstoffe AlMg5 w und AlMgSi1 ka/II erfolgt in den Bildern 33 und 34. Dort sind in Abhängigkeit des Winkels zur Walzrichtung jeweils die senkrechte Anisotropie, der radiale und der tangentiale Umformgrad sowie der Umformgrad in Dickenrichtung dargestellt. Der obere Teil der Bilder gibt den Fall wieder, in dem die Walzrichtung des Bleches parallel zur kürzeren Halbachse des Ziehringes lag; unten stand die Walzrichtung parallel zur größeren Halbachse. Diese Ergebnisse wurden exemplarisch dargestellt; sie bestätigten sich qualitativ auch für die Werkstoffe AlMgSi1 ka/I und St14 O5.

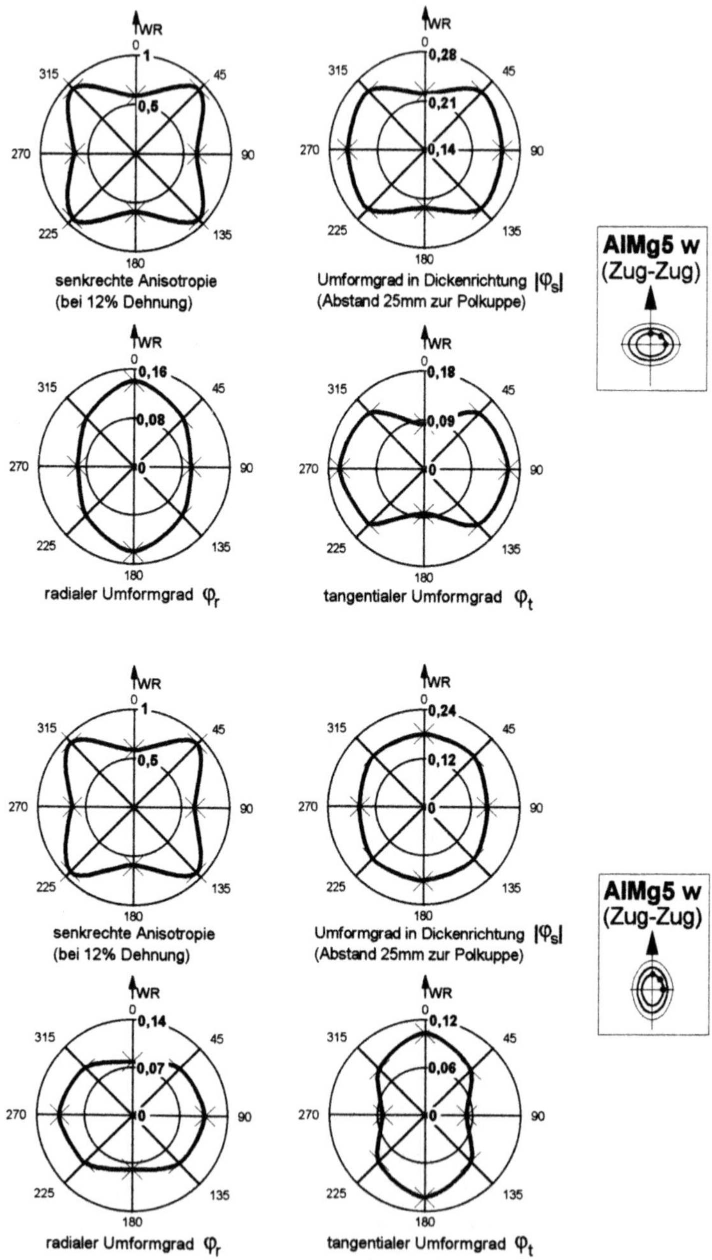


**Bild 33:** Lokale Umformgrade unter Zug-Zug-Beanspruchung, elliptischer Ziehring, AlMg5 w.

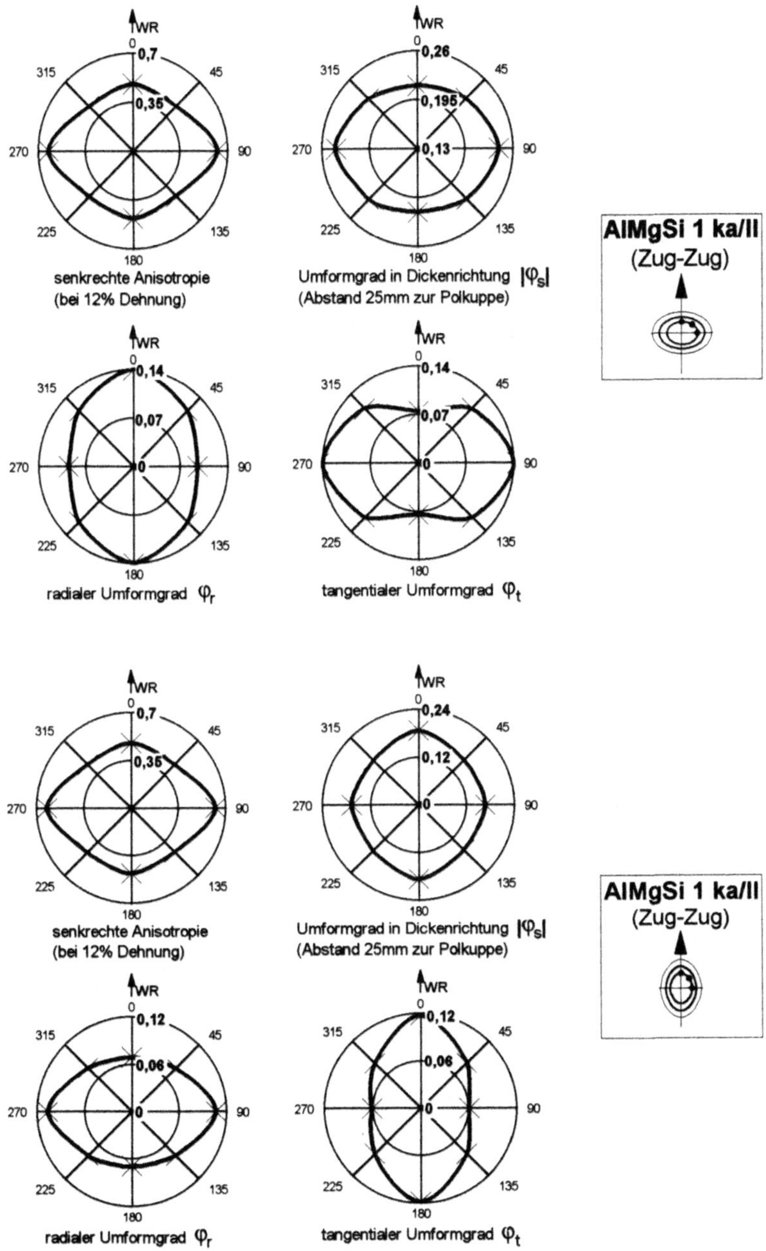


**Bild 34:** Lokale Umformgrade unter Zug-Zug-Beanspruchung, elliptischer Ziehring, AlMgSi1 ka/II.

Völlig unabhängig von der ebenen Anisotropie verhalten sich die Umformgrade in radialer und tangentialer Richtung. Hier wird der Geometrieeinfluß des Ziehringes dominant; das heißt, daß unabhängig von der größten oder kleinsten senkrechten Anisotropie stets unter 0° zur Walzrichtung $\varphi_r$ für den Fall maximal wird, in dem die Walzrichtung parallel zur kleineren Ziehringachse verläuft. $\varphi_t$ weist in diesem Falle ein Minimum auf. Der Umformgrad $\varphi_t$ nimmt aber in dem Fall ein Maximum an, in dem die größere Halbachse des Ziehringes parallel zur Walzrichtung des Bleches liegt. Dieses eindeutige Ergebnis resultiert wohl aus dem jeweils größeren Spannungsgradienten, der für die radiale Formänderung in Richtung der kürzeren Halbachse und für den tangentialen Umformgrad in Richtung der größeren Halbachse auftritt.

Der aus diesen gemessenen Umformgraden in radialer und tangentialer Richtung berechnete Umformgrad in Dickenrichtung zeigt keine offen erkennbare Abhängigkeit von der ebenen Anisotropie. Dies, sowie die Größenordnung von $\varphi_s$ des AlMgSi1 ka/II-Bleches im Polbereich wird durch die Simulationsrechnung bestätigt. Somit kann für die Werkstoffe AlMg5 w, AlMgSi1 ka/I, AlMgSi1 ka/II und St14 O5 bei Zug-Zug-Beanspruchung festgehalten werden, daß für eine rotationssymmetrische Beanspruchung (kreisrunder Ziehring) dort mit dem größten Umformgrad in Dickenrichtung zu rechnen ist, wo die senkrechten Anisotropie ihren größten Wert annimmt, wohingegen bei unsymmetrischer Belastung (elliptischer Ziehring) der Einfluß der ebenen Anisotropie durch den Geometrieeinfluß überdeckt wird. Suzuki /31/ stellte bei vergleichbaren Untersuchungen an einem Kupferwerkstoff das gleiche Verhalten fest.

Eine weitere Information, die aus den experimentellen Untersuchungen abgeleitet werden kann, wird durch die Simulationsrechnungen für den kreisrunden und den elliptischen Ziehring sowie in /139/ und /140/ bestätigt (Bilder 35 und 36). In diesen Bildern ist $\varphi_s$ für die Werkstoffe AlMg5 w und AlMgSi1 ka/II bei drei verschiedenen Ziehringen bzw. Ziehringanordungen in Abhängigkeit des Abstandes von dem Kuppenpol dargestellt. Die innere Meßstelle liegt 25mm, die äußere 40mm von der Polkuppe entfernt. Je größer der Abstand von dem am meisten beanspruchten Pol, desto geringer ist die Blechdickenänderung. Der qualitativ gleiche Dickenverlauf in der Ebene für die äußere und innere Meßstelle bestätigt die experimentellen Ergebnisse und zeigt, daß mit zunehmendem Abstand vom Kuppenpol der Einfluß der ebenen Anisotropie bzw. der Ziehringgeometrie auf den Umformgrad in Dickenrichtung erhalten bleibt.

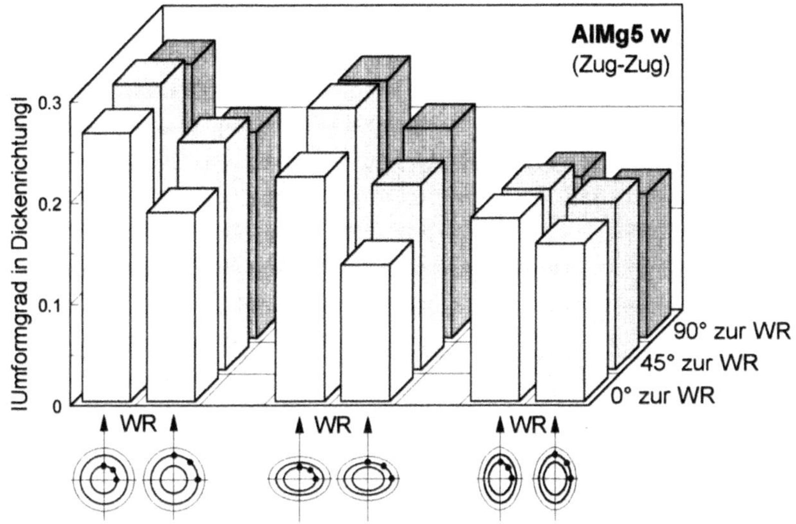


**Bild 35:** Umformgrad in Dickenrichtung beim hydraulischen Tiefungsversuch in verschiedenen Abständen zur Polkuppe, kreisrunder und elliptische Ziehringe, AlMg5 w.

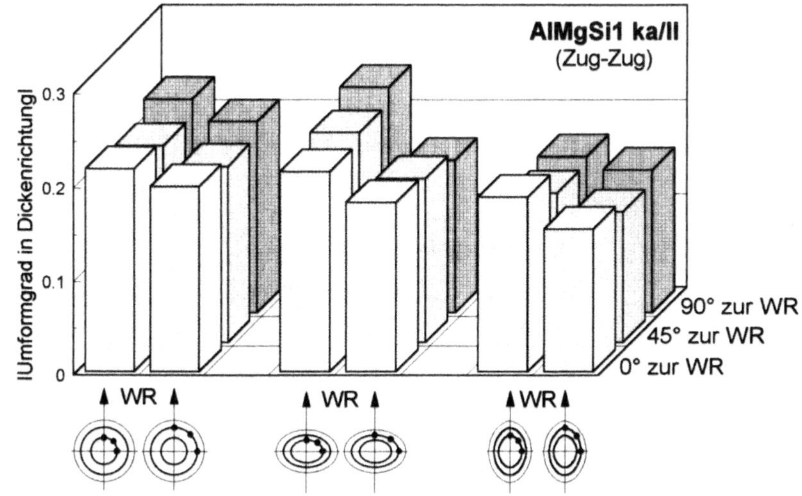


**Bild 36:** Umformgrad in Dickenrichtung beim hydraulischen Tiefungsversuch in verschiedenen Abständen zur Polkuppe, kreisrunder und elliptische Ziehringe, AlMgSi1 ka/II.

## 5.2 Näpfchenziehversuch

Die Näpfchenziehversuche (Einführung siehe Kapitel 2.6) wurden mit drei unterschiedlich großen Ziehwerkzeugen durchgeführt. Durch Variation des Stempeldurchmessers (33mm, 50mm und 100mm) kann der Geometrieeinfluß auf die zu ermittelnden Kenngrößen untersucht werden. In Bild 37 ist der schematische Versuchsaufbau dargestellt.

Außer den Geometrieeinflüssen und Radien üben die tribologischen Bedingungen (Oberflächentopographie, Schmierstoff, etc.) beim Ziehvorgang einen wesentlichen Einfluß auf die Versuchsergebnisse aus.

Für Untersuchungen des reinen Werkstoffverhaltens müssen diese "Störgrößen" ausgeschaltet oder zumindest für alle Versuche vergleichbar werden. Dies erfolgte durch Verwendung einer selbstklebenden Tiefziehfolie und zusätzliche Beölung sämtlicher Blechteile mit dem unlegierten Mineralöl M 100. Ansonsten wurden alle Verfahrensparameter innerhalb einer Versuchsreihe konstant gehalten.

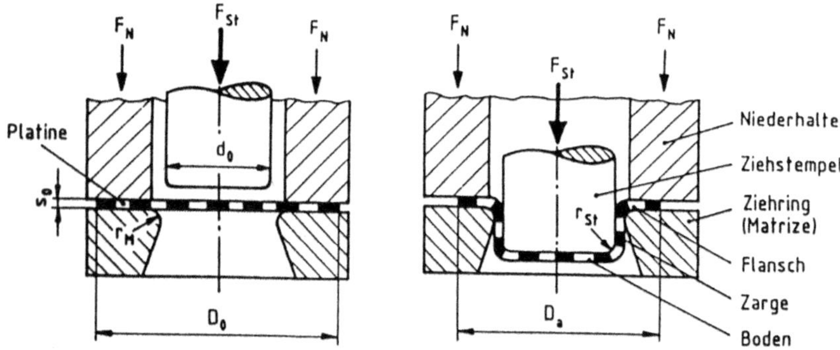


**Bild 37:** Prinzipieller Versuchsaufbau für den Näpfchenziehversuch.

Das Näpfchenprüfverfahren kann auch zur Bestimmung der Zipfligkeit Z verwendet werden. Zipfel (Bild 38) bilden sich aufgrund der ebenen Anisotropie /141/.

Zur Bestimmung der Zipfligkeit (prozentuale Zipfelhöhe nach DIN 50155 /142/) werden durchgezogene Näpfe mit flachem Boden vermessen. Die Strecke vom Ziehteilboden zum Zipfelberg wird mit $h_{max}$ (gemittelt $\bar{h}_{max}$), die zum Zipfeltal mit $h_{min}$ (gemittelt $\bar{h}_{min}$), bezeichnet. Die Zipfligkeit läßt sich nach Gleichung (19) oder (20) berechnen /23, 36/. Dabei ergeben sich leicht unterschiedliche Werte. In dieser Arbeit wurde der Wert nach DIN 50155 (vgl. Gleichung (20)) angegeben.

$$Z = \frac{h_{max} - h_{min}}{0{,}5 \cdot (h_{max} + h_{min})} \cdot 100, \qquad \text{in } \%, \qquad (19)$$

$$Z = \frac{\bar{h}_{max} - \bar{h}_{min}}{\bar{h}_{min}} \cdot 100, \quad \text{in \%, nach DIN 50155.} \qquad (20)$$

Je kleiner Z ist, desto geringer ist die Neigung des Werkstoffes zur Zipfelbildung.

Die lokale Blechdickenbestimmung vor und nach dem Tiefzug unter 0°, 45° und 90° zur Walzrichtung erfaßt den Einfluß der ebenen Anisotropie auf den Wanddickenverlauf in Umfangsrichtung. Die Meßstellen wurden in dieser Arbeit bei Versuchsbeginn in den Flanschbereich gelegt, sodaß sie einer Zug-Druck-Beanspruchung unter dem Niederhalter ausgesetzt waren. Beim durchgezogenen Napf befanden sich diese Meßstellen im Zargenbereich (vgl Bild 41.)

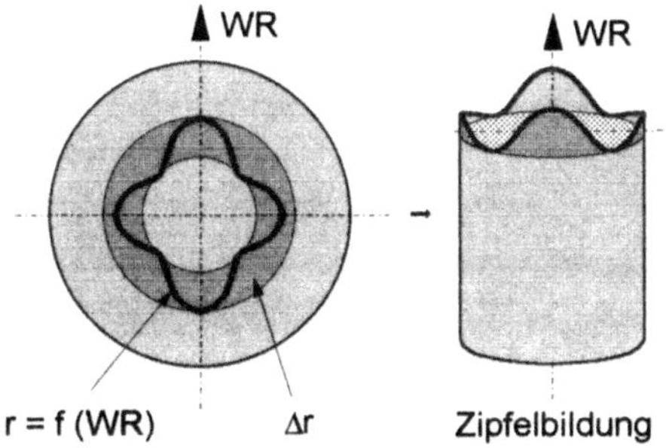


**Bild 38:** Zipfelbildung infolge der ebenen Anisotropie.

Dort wurden die korrespondierenden Koordinaten der Napfaußen- und -innenseite unter 3,5°-Winkelintervallen mit einer hochgenauen 3D-Meßmaschine bestimmt. Somit können neben dem Wanddickenverlauf auch Aussagen über die Rundheit der Näpfe gemacht werden.

Die Ermittlung des Grenzziehverhältnisses nach Schmidt-Kapfenberg /42/ nutzt die Tatsache aus, daß bei einem gegebenen Ziehstempeldurchmesser eine nahezu lineare Abhängigkeit zwischen der maximalen Ziehkraft und dem Logarithmus des Rondendurchmessers besteht. Die sich hieraus ergebende Gerade läßt sich durch zwei Versuchspunkte festlegen. Wird dazu noch die Bodenreißkraft durch Ziehen eines Näpfchens mit einem zu großen Ziehverhältnis ermittelt, so kann der größte gerade noch ziehbare Rondendurchmesser als Schnittpunkt der Geraden mit der Bodenreißkraft bestimmt werden. Damit ist eine schnelle Ermittlung des Grenzziehverhältnisses möglich (Bild 39).

Eine Abwandlung des Näpfchen-Tiefzieh-Prüfverfahrens stellt das Prüfverfahren nach Engelhardt /36/ dar. Diese Tiefzieh- und Abreißprüfung ist ein kombiniertes Verfahren der Blechprüfung. Für die Untersuchung eines Bleches ist lediglich eine Probe erforderlich. Die kreisrunde Probe (hier wurden für die drei oben erwähnten Stempeldurchmesser mit einem Ziehverhältnis von $\beta = 2$ Blechproben mit dem Durchmesser 65mm, 100mm und 200mm untersucht) wird im Ziehwerkzeug bis zur Überschreitung der maximalen Ziehkraft $F_{zmax}$ tiefgezogen. Danach wird der Restflansch durch den Niederhalter fest eingespannt, sodaß bei der Fortsetzung der Stempelbewegung die Formänderung nur noch aus der Blechdicke erfolgen kann. Das Blechteil versagt bei der Bodenreißkraft $F_{BR}$ durch Rißbildung im Bereich des Bodenradius. Bild 40 zeigt diesen Vorgang im Kraft-Weg-Schaubild. Bei konstanten Versuchsbedingungen stellt die Tiefziehsicherheit T eine Werkstoffkenngröße dar.

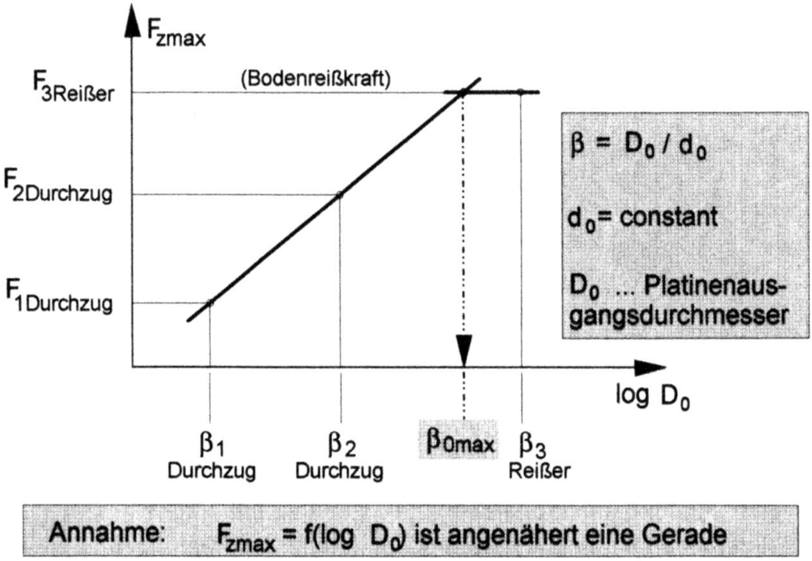


**Bild 39:** Ermittlung des Grenzziehverhältnisses nach Schmidt-Kapfenberg.

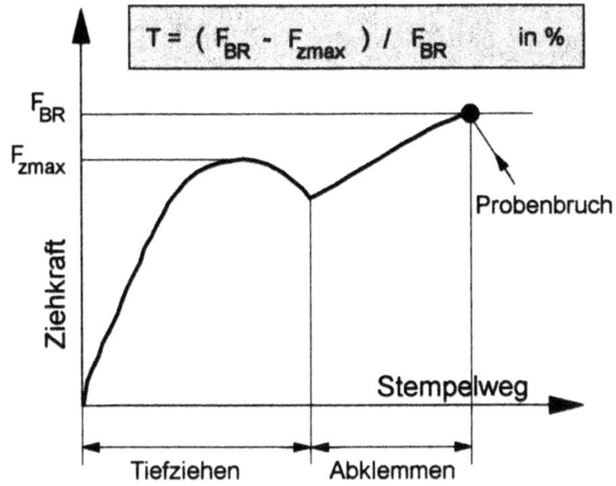


**Bild 40:** Ermittlung der Tiefziehreserve T nach Engelhardt.

### 5.2.1 Kennwerte

Mit drei verschiedenen Stempeldurchmessern (33mm, 50mm und 100mm) wurden an sämtlichen Werkstoffen Näpfchenziehversuche durchgeführt. Bei allen Versuchen wurden außer dem Stempeldurchmesser und dem Werkstoff alle Verfahrensparameter konstant gehalten, so daß die Ergebnisse in Abhängigkeit dieser beiden Parameter diskutiert werden können. Zum Teil konnten mit den bestehenden Versuchsanlagen nicht alle Kennwerte für alle Werkstoffe experimentell bestimmt werden. Eine Zusammenfassung der Ergebnisse findet sich in Tabelle 2.

Da es sich bei dem Grenzziehverhältnis $\beta_{0max}$ und der Tiefziehsicherheit T um integrale Größen handelt, kann hieraus kein lokaler Einfluß der ebenen Anisotropie abgeleitet werden. Es kann auch kein eindeutiger Zusammenhang zwischen den Kenngrößen und dem Stempeldurchmesser festgestellt werden. Es kann aufgrund der Versuchsergebnisse lediglich vermutet werden, daß mit steigendem Stempeldurchmesser die Zipfligkeit abnimmt (bei allen Werkstoffen außer bei AlMg5 w).

Im Vergleich zu Werkstoffkennwerten aus dem Anhang A1 können nur sehr vage allgemeine Tendenzen formuliert werden. Mit zunehmender mittlerer senkrechten Anisotropie $r_m$ wie auch mit zunehmender minimaler senkrechten Anisotropie $r_{min}$ wird eine schwache Zunahme des Grenzziehverhältnisses vermutet (vgl. /29/ u.a.); ebenso kann in Übereinstimmung mit Literaturangaben, z.B. /17, 32/ aus einer zunehmenden ebenen Anisotropie $\Delta r$ eine Zunahme der Zipfligkeit erkannt werden. Alles in allem können solche z.T. unsicheren Korrelationen entweder daraus resultieren, daß es tatsächlich keine eindeutigen Zusammenhänge gibt und die Ergebnisse mit

Meßunsicherheiten behaftet sind, oder daß selbst bei verminderter Reibung und konstanten Versuchsbedingungen durch die tribologischen und geometrischen Randbedingungen (für unterschiedliche $d_{st}$ lagen unterschiedliche Stempelkantenradien vor) der Einfluß der lokalen Textur verwischt bzw. überdeckt wird. Problematisch erweist sich auch ein Vergleich des Verfestigungsexponenten mit den erhaltenen Ergebnissen. Dieser kann aufgrund seiner Abhängigkeit vom Umformgrad nicht als konstante Größe aufgefaßt und diskutiert werden.

**Tabelle 2:** Kennwerte aus den Näpfchenziehversuchen für alle Werkstoffe.

| Werkstoff | $d_{st} = d_0$ in mm | $\beta_{0max}$ | $T_{(\beta=2,0)}$ in % | $Z_{(\beta=2,0)}$ in % | Zipfel z. WR in Grad |
|---|---|---|---|---|---|
| AlMg5 w | 33 | 2,01 | 8,5 | 2,55 | 45 / 135 |
| | 50 | 2,15 | 4,9 | 3,30 | 45 / 135 |
| | 100 | 2,12 | 13,8 | -- | -- |
| AlMgSi1 ka/I | 33 | 2,02 | 7,3 | 4,79 | 0 / 90 |
| | 50 | 2,1 | -- | 4,58 | 0 / 90 |
| | 100 | 2,1 | 14,2 | -- | -- |
| AlMgSi1 ka/II | 33 | 1,97 | 9,6 | 1,74 | 0 / 90 |
| | 50 | 2,12 | 2,4 | 1,02 | 0 / 90 |
| | 100 | 2,05 | 18,1 | -- | -- |
| X5CrNi1810 | 33 | 2,13 | 6,4 | 7,93 | 45 / 135 |
| | 50 | 2,14 | -- | 6,58 | 45 / 135 |
| | 100 | -- | -- | -- | -- |
| CuZn37 w | 33 | 2,16 | 3,4 | 0,36 | 0 / 90 |
| | 50 | 2,2 | 8,6 | 0,19 | 0 / 90 |
| | 100 | 2,15 | 14,4 | -- | -- |
| X6Cr17 | 33 | 2,09 | 3,2 | 3,18 | 0 / 90 |
| | 50 | 2,17 | -- | 1,68 | 0 / 90 |
| | 100 | -- | -- | -- | -- |
| St14 05 | 33 | 2,41 | 13,8 | 5,61 | 0 / 90 |
| | 50 | 2,49 | -- | 2,95 | 0 / 90 |
| | 100 | -- | -- | -- | -- |

### 5.2.2 Formänderungen und Maßhaltigkeit

An Tiefziehteilen, die im Näpfchenziehversuch hergestellt wurden, wurden Formänderungsuntersuchungen unter 0°, 45° und 90° zur Walzrichtung durchgeführt. Dazu wurden drei Meßstellen im Flanschbereich (Zug-Druck-Beanspruchung) von nicht durchgezogenen Näpfen sowie eine Meßebene in der Zarge ausgewählt (Bild 41).

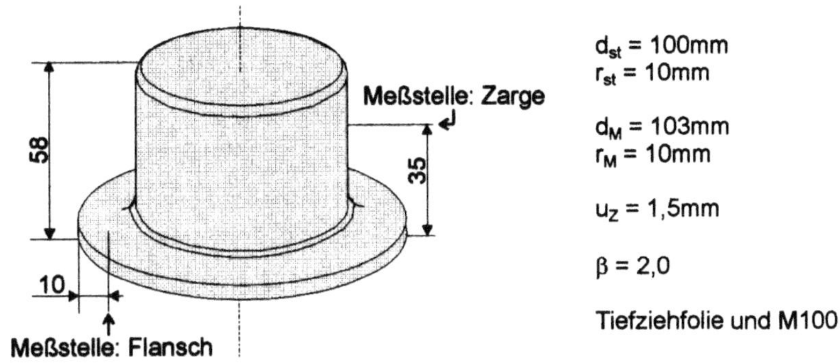


**Bild 41:** Geometrie und Meßstellen beim Näpfchenziehversuch.

Mit einem werkzeugbedingten Ziehspalt $u_z = 1{,}5$mm ergaben sich für die Werkstoffe AlMg5 w, AlMgSi1 ka/I, AlMgSi1 ka/II, CuZn37 w und St14 O5 relative Ziehspalte $u_z/s_0$ von ca. 1,3 bis 1,6. Für relative Ziehspalte dieser Größenordnung kann kein Abstrecken des Werkstoffes und somit keine Egalisierung der unterschiedlichen Wanddicken in Zargenumfangsrichtung erwartet werden (s.a. /107/). Einige ausgewählte Ergebnisse der Formänderungsuntersuchungen im Flanschbereich werden für die Werkstoffe St14 O5, CuZn37 w und AlMgSi1 ka/I dargestellt. Für die beiden anderen Aluminiumlegierungen ergaben sich qualitativ gleiche Verläufe wie bei AlMgSi1 ka/I und St14 O5. In den Bildern 42, 43 und 44 ist mit den Umformgraden in radialer, tangentialer und Dickenrichtung zu Vergleichszwecken die senkrechte Anisotropie in Abhängigkeit des Winkels zur Walzrichtung abgebildet.

Bisherige Annahmen, daß bei kleinen r-Werten eine große Dickenformänderung (hier: Aufdickung unter dem Niederhalter) zu erwarten ist, wurden von allen Werkstoffen mit Ausnahme der Messinglegierung (Bild 43) bestätigt. Sowohl bei den Aluminiumlegierungen wie auch bei dem Tiefziehstahl verläuft die Dickenformänderung gegenläufig zur senkrechten Anisotropie (Bilder 42 und 44). Dieser Zusammenhang zwischen der senkrechten Anisotropie und der Dickenformänderung bei Zug-Druck-Beanspruchung wurde von Küppers /26/ auch für ferritische und austenitische Edelstähle beobachtet. Bei CuZn37 w wird bei diesem Tiefziehversuch unter dem Niederhalter eindeutig eine größere Dickenzunahme in der Richtung zur Walzrichtung festgestellt, in der auch die senkrechte Anisotropie ihren größten Wert annimmt (Bild 43).

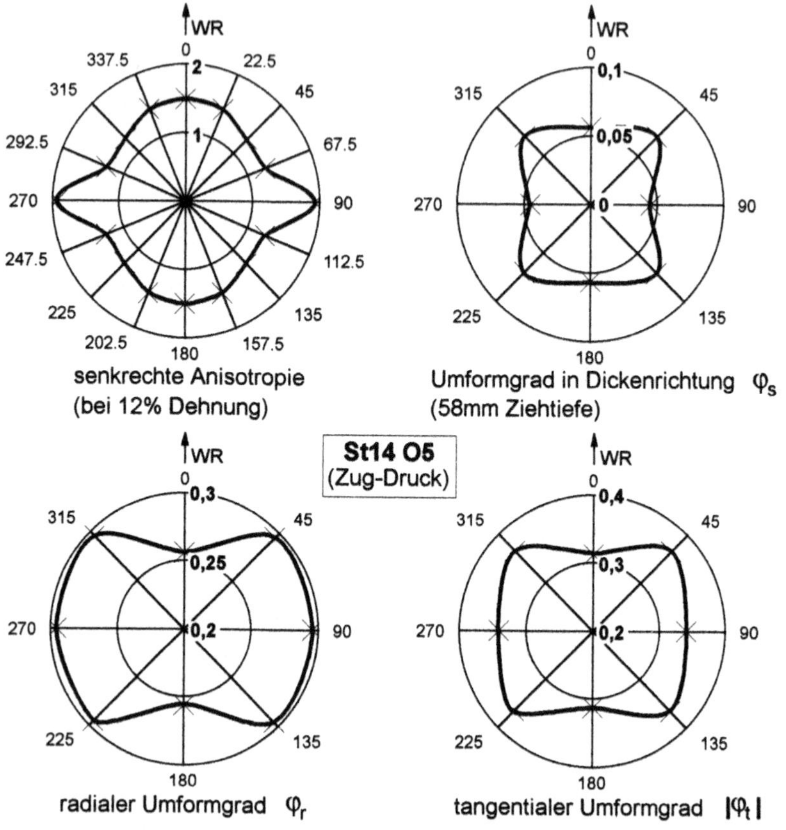


**Bild 42:** Umformgrade im Flanschbereich eines Tiefziehnapfes, St14 O5, vgl. Bild 41.

Für den Werkstoff AlMgSi1 ka/I wurden bei drei verschiedenen Ziehstadien (36mm, 48mm und 58mm Ziehtiefe) die lokalen Umformgrade gemessen (Bild 44). Hieraus ist deutlich die Entwicklung der einzelnen Umformgrade zu sehen. Sowohl der Umformgrad in tangentialer Richtung als auch in Dickenrichtung weist bereits bei 36mm Ziehtiefe seinen charakteristischen Verlauf in Abhängigkeit vom Winkel zur Walzrichtung auf. Während sich der Umformgrad in tangentialer Richtung im Verlauf des Ziehvorganges relativ gleichmäßig weiterentwickelt, verhalten sich die Umformgrade in radialer sowie Dickenrichtung nicht sehr stetig. Zu Beginn des Tiefziehvorganges wird ein relativ großer Umformgrad in der Blechdicke gemessen; erst innerhalb der letzten 10mm des Ziehweges nimmt dann der Umformgrad in radialer Richtung überraschend stark zu.

Um den Einfluß der ebenen Anisotropie auf die Rundheit (Zylindrizität) eines Tiefziehnapfes festzustellen, wurden Messungen im Zargenbereich von Näpfen aus den Werkstoffen AlMg5 w,

AlMgSi1 ka/I, AlMgSi1 ka/II, CuZn37 w und St14 O5 durchgeführt. Die Ergebnisse sind für die drei Aluminiumlegierungen in Bild 45 und für den Tiefziehstahl und die Messinglegierung in Bild 46 dargestellt.

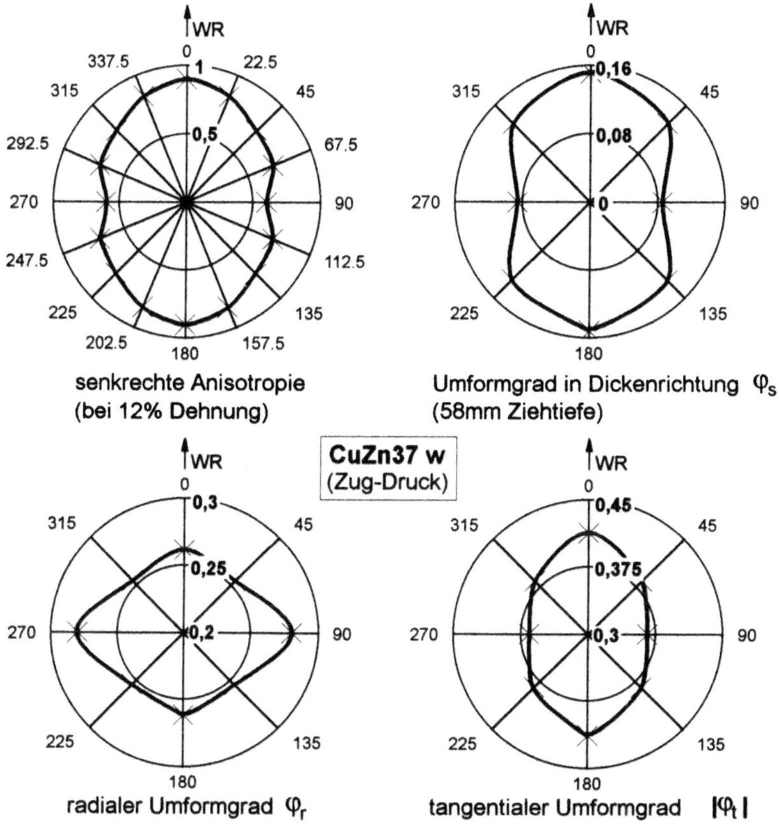


**Bild 43:** Umformgrade im Flanschbereich eines Tiefziehnapfes, CuZn37 w, vgl. Bild 41.

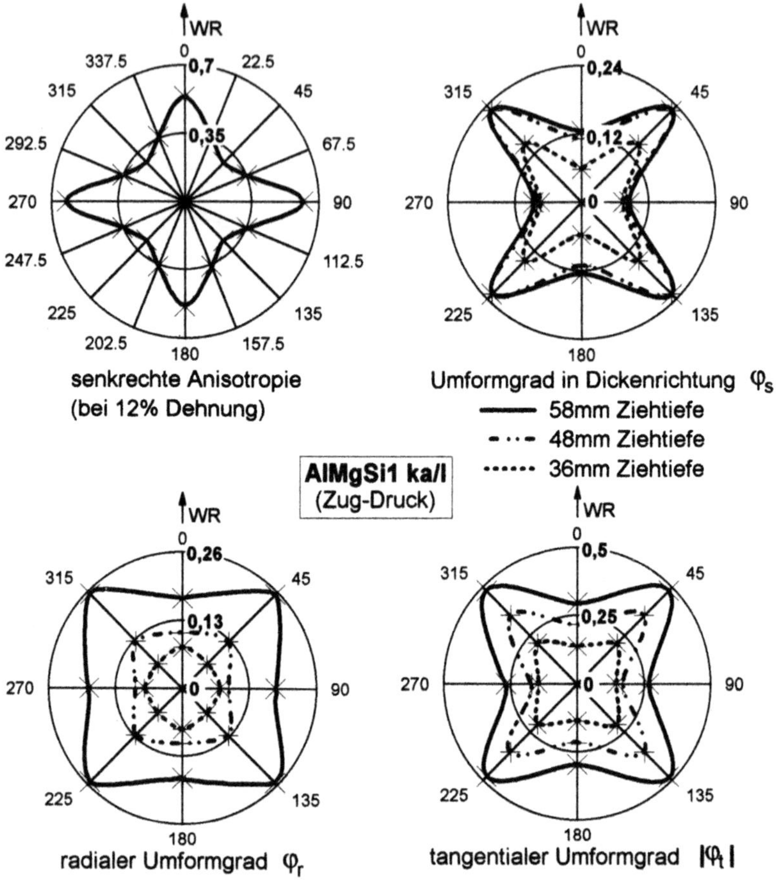


**Bild 44:** Umformgrade im Flanschbereich eines Tiefziehnapfes, AlMgSi1 ka/I, vgl. Bild 41.

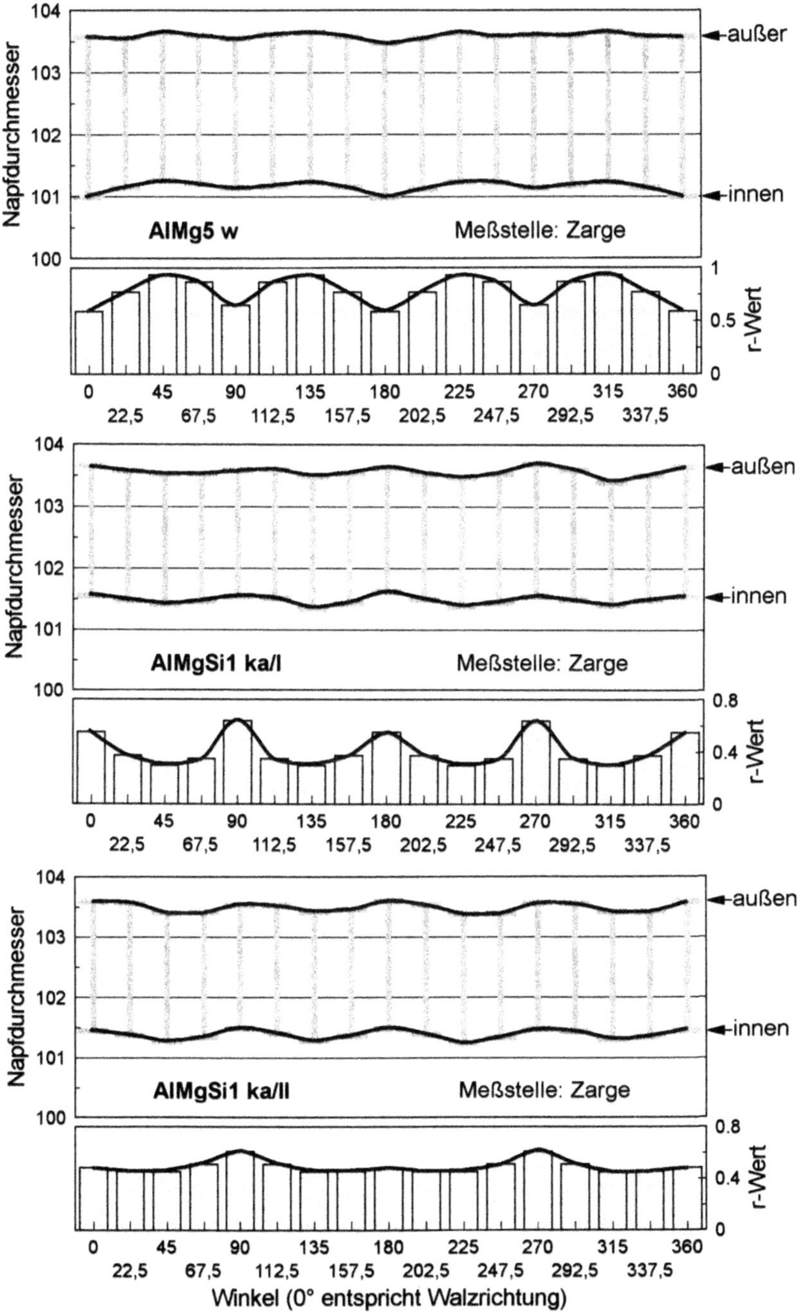


**Bild 45:** Napfdurchmesser in Zargenumfangsrichtung, Aluminiumlegierungen.

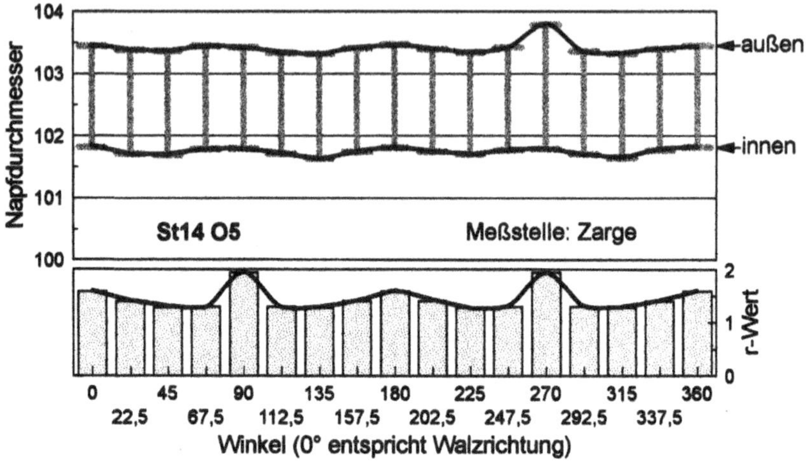


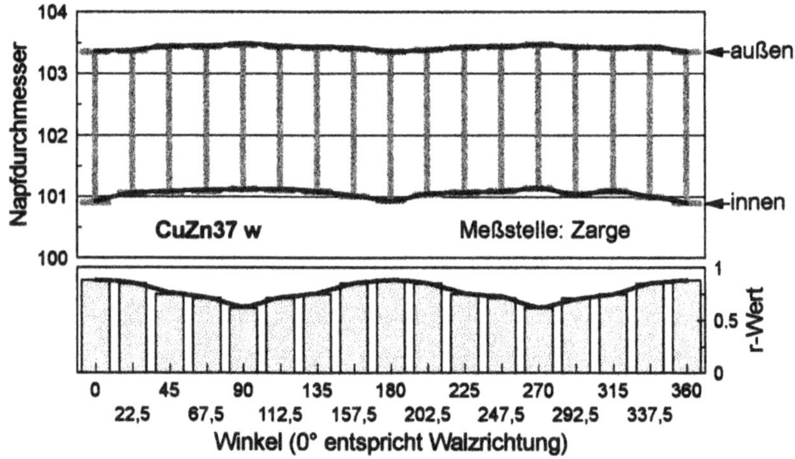


**Bild 46:** Napfdurchmesser in Zargenumfangsrichtung, St14 O5 und CuZn37 w.

Qualitativ kann für jede der drei Aluminiumlegierungen sowie für St14 O5 festgestellt werden, daß in der Richtung zur Walzrichtung mit dem größten r-Wert auch die größte Formabweichung (Stempeldurchmesser = Solldurchmesser Tiefziehteil = 100mm) auftritt. Messing verhält sich hier entgegengesetzt. Bei kleineren relativen Ziehspalten (AlMg5 w, CuZn37 w) ist ein genauerer Innendurchmesser als bei größeren relativen Ziehspalten zu erreichen. (AlMgSi1 ka/I, AlMgSi1 ka/II, St14 O5). Bei allen Näpfen konnte festgestellt werden, daß jeweils die Innenkontur größeren Schwankungen unterliegt als die äußere Kontur. Deshalb wurden die Blechdickenänderungen für diese Näpfe im Zargenbereich vermessen und der Umformgrad in Dickenrichtung in Bild 47 aufgezeichnet.

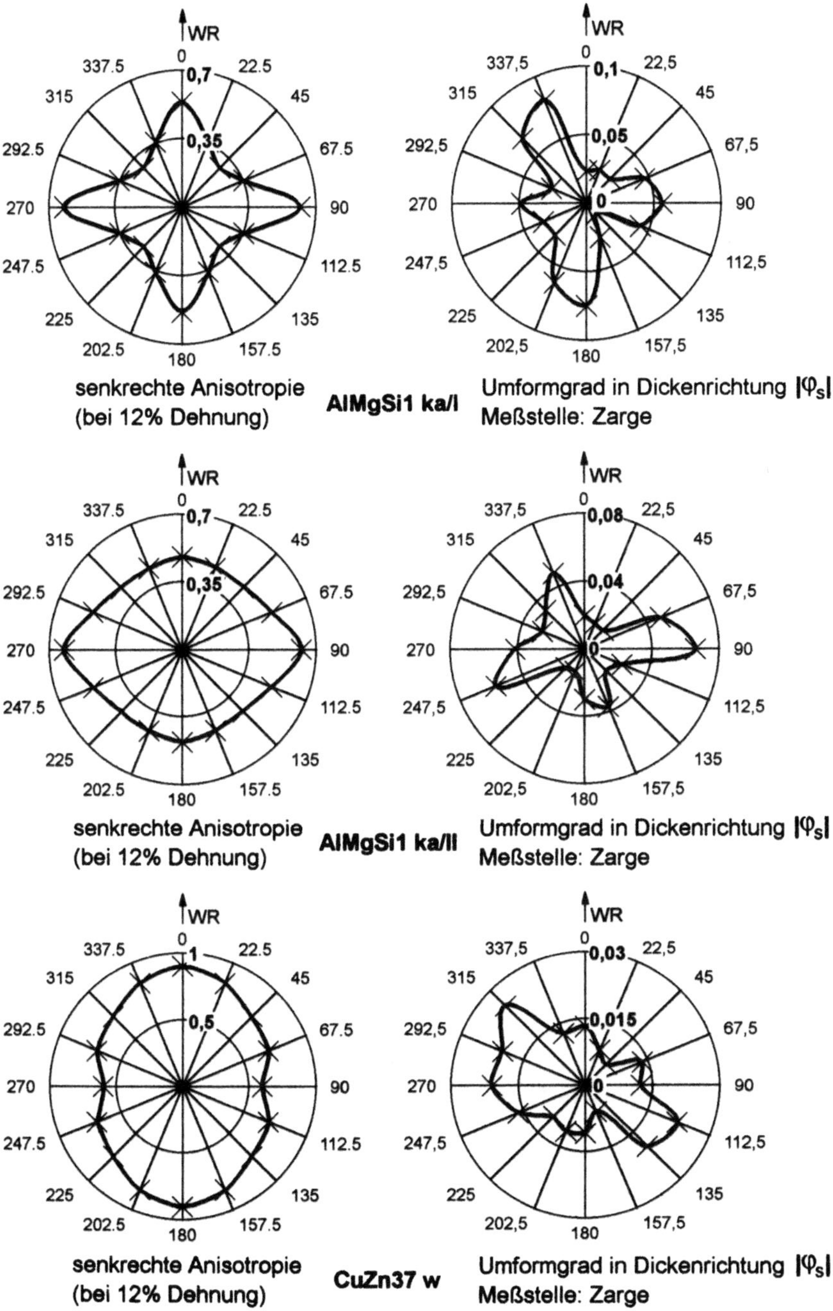


**Bild 47:** Umformgrade in Dickenrichtung im Zargenbereich eines Tiefziehnapfes, vgl. Bild 41.

Bild 47 zeigt (exemplarisch wurden nur drei Werkstoffe dargestellt), daß auch der Umformgrad in Dickenrichtung im Zargenbereich noch mit der senkrechten Anisotropie in Abhängigkeit vom Winkel zur Walzrichtung korreliert. Dies wurde auch von Schlosser /23/ festgestellt. Während bei den Aluminiumlegierungen in den Richtungen mit großem r-Wert auch eine große Dickenformänderung auftritt, ist bei CuZn37 w eine entgegengesetzte Tendenz zu erkennen. Die nicht exakte Symmetrie der Formänderungskurvenzüge zu den 0°/90°-Achsen kommt vermutlich daher, daß beim Einbau der Näpfe in die Koordinatenmeßmaschine die 0°-Meßachse nicht exakt mit der Walzrichtung des Bleches übereinstimmte.

Der Verlauf des Umformgrades $\varphi_s$ in der Zargenumfangsrichtung erklärt auch die Unterschiede der Außen- zur Innenkontur. In Richtung eines größeren r-Wertes weicht zwar die Innenkontur stärker von dem Sollmaß ab, gleichzeitig weist in dieser Richtung aber die Blechdickenabnahme ein Maximum auf, was insgesamt einer gleichmäßigeren Außenkontur des Napfes in Umfangsrichtung dient. Mit zunehmender Napftiefe (größere Ziehtiefe) wurde qualitativ der gleiche Wanddickenverlauf in Umfangsrichtung gemessen; nur betragsmäßig lagen die Umformgrade in Dickenrichtung und die Rundheitsabweichungen bei kleineren Werten. Dies könnte die Ursache darin haben, daß der Einfluß der ebenen Anisotropie mit zunehmender Dehnung schwächer wird (vgl. Kap. 4.2.1.4).

## 5.3 Modifiziertes Grenzformänderungsschaubild

Bei der herkömmlichen Art der Erstellung von Grenzformänderungsschaubildern (vgl. Kap. 4.2.4) wirken sich neben dem Aufnahmeverfahren die tribologischen Randbedingungen auf die Lage der Grenzkurven aus. Die erhaltenen Grenzkurven sind somit nicht werkstoffspezifisch, sondern verfahrensabhängig. Voraussetzung zur Charakterisierung des Werkstoffverhaltens sind aber verfahrensunabhängige Grenzkurven /143/. Deshalb wurden in dieser Arbeit in Anlehnung an Hasek /144/ Grenzformänderungskurven für die drei Aluminiumlegierungen aus reibungsfreien Versuchen erstellt (Bild 48).

### 5.3.1 Vorstellung des Verfahrens

Im einachsigen Zugversuch wird der Formänderungsbereich um $\varphi_2 \approx -\varphi_1/2$ erfaßt. Durch die unterschiedlichen Entnahmerichtungen der Zugproben zur Walzrichtung kann zusätzlich die Abhängigkeit der Grenzformänderungen von der senkrechten Anisotropie festgestellt werden. Mit dem Flachzugversuch mit behinderter Querkontraktion kann der Bereich $\varphi_1 > 0$ und $\varphi_2 \approx 0$ erfaßt werden. Dazu wurde eine Probengeometrie in Anlehnung an Weist /145/ verwendet. Auch bei der gekerbten Flachzugprobe kann durch verschiedene Entnahmerichtungen der Einfluß der Anisotropie auf die Grenzformänderung studiert werden. Die geometrischen Probendaten zeigt Bild 49.

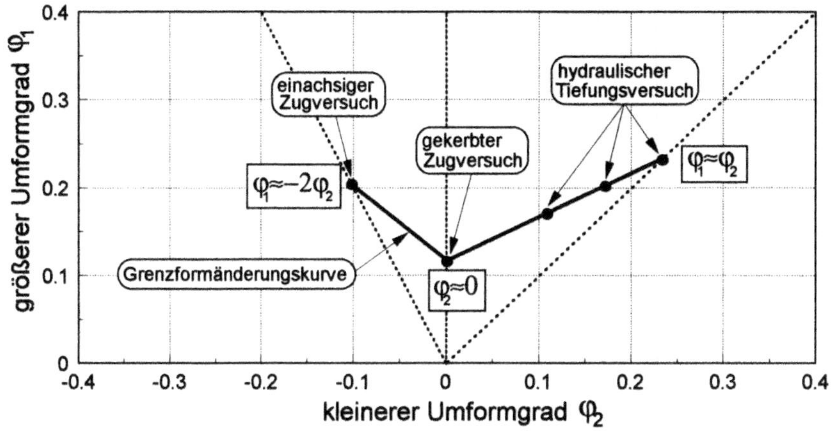


**Bild 48:** Versuche zur Erstellung eines Grenzformänderungsschaubildes.

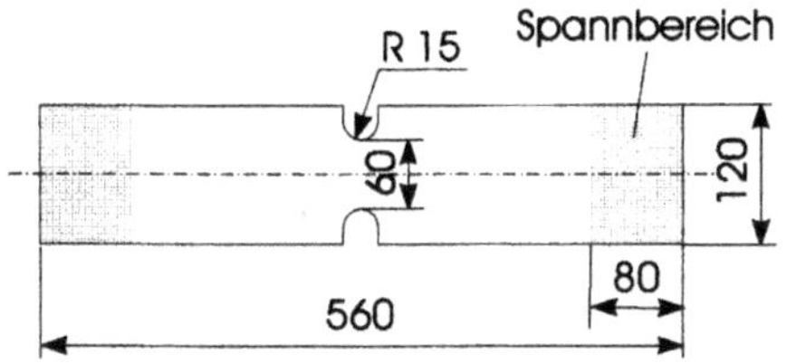


**Bild 49:** Probengeometrie der gekerbten Flachzugprobe.

Der Bereich, in dem die Umformgrade $\varphi_1$ und $\varphi_2$ positive Werte annehmen, kann durch Versuche mittels hydraulischer Tiefung abgedeckt werden. Um mehrere Formänderungskombinationen zu ermöglichen, finden zwei elliptische und eine kreisrunde Ziehmaske Verwendung (Bild 48).

In Bild 50 ist eine Übersichtsaufnahme der verwendeten Blechproben zur Erstellung des verfahrens- und reibungsunabhängigen Grenzformänderungsschaubildes abgebildet.

### 5.3.2 Schaubilder

Aufgrund der Volumenkonstanz kann nach der Gridanalyse für die Formänderungen $\varphi_1$ und $\varphi_2$ in der Blechebene die dritte Formänderung $\varphi_3$ berechnet werden. Da der Umformgrad in Blechdikkenrichtung bei einer Zug-Zug-Beanspruchung betragsmäßig am größten ist, wird auch der Verlauf von $\varphi_3$ über $\varphi_2$ in den Diagrammen eingetragen (Bilder 51 und 52) /146/.

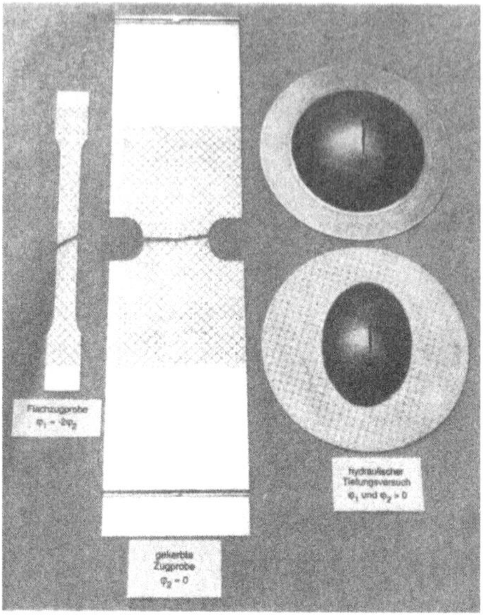


**Bild 50:** Blechproben zur Erstellung des modifizierten Grenzformänderungsschaubildes.

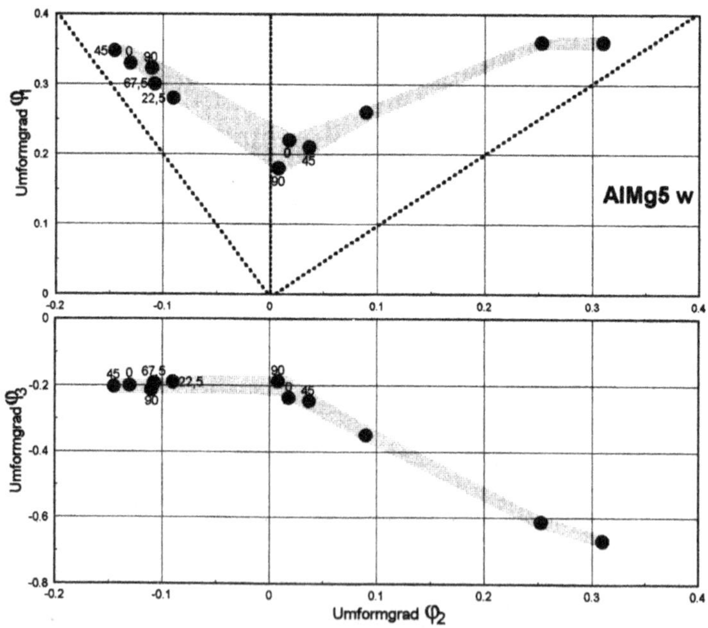


**Bild 51:** Modifiziertes Grenzformänderungsschaubild, AlMg5 w, in Anlehnung an /146/.

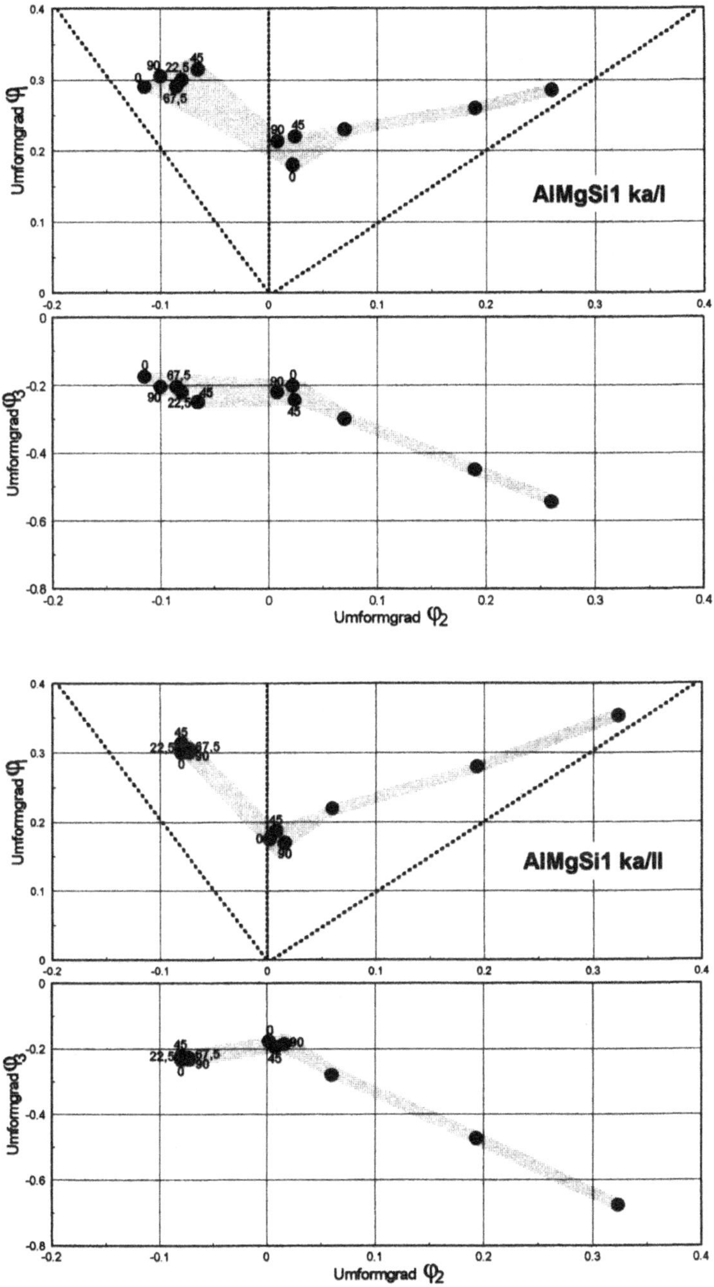


**Bild 52:** Modifizierte Grenzformänderungsschaubilder, AlMgSi1 ka/I und AlMgSi1 ka/II, in Anlehnung an /146/.

Bei allen drei Werkstoffen wurde das Minimum von $\varphi_1$ der Grenzformänderungskurven im Zug-Zug-Bereich bei sehr kleinen $\varphi_2$-Beträgen erreicht. Je größer die ebene Anisotropie in der Blechebene ausfällt, desto größere Abweichungen werden im Zugversuch und gekerbten Zugversuch für die Grenzpunkte ermittelt. Das heißt, daß bei einer geringen ebenen Anisotropie (Bild 52 unten) die Versagenspunkte in einem engen Bereich zusammenliegen, so daß mit einer höheren Fertigungssicherheit zu rechnen ist. Die Unterschiede der ebenen Anisotropie eines Bleches waren nicht groß genug, um ihren Einfluß auf die Höhenlage der Grenzformänderungskurve unabhängig von Meßunsicherheiten ermitteln zu können.

Im Vergleich zu den mit der herkömmlichen Methode ermittelten Grenzformänderungsschaubildern (Bilder 26 und 27) kann festgestellt werden, daß mit der verfahrens- und reibungsunabhängigen Methode sowohl für AlMg5 w wie auch für AlMgSi1 ka/I vor allem ein wesentlich größerer Bereich auf der positiven $\varphi_2$-Achse erfaßt werden kann. Somit können für diese schärfere Beanspruchung beide Werkstoffe in ihrer Verformungseigenschaft vollständiger berschrieben werden.

## 5.4 Tiefzug eines quadratischen Napfes

### 5.4.1 Versuchsbeschreibung

Um den Einfluß der ebenen Anisotropie für die Aluminiumwerkstoffe AlMg5 w und AlMgSi1 ka/I auf ein praktisches Tiefziehergebnis herauszuarbeiten, wurden Versuche mit einem Werkzeug zum Ziehen von Näpfen mit quadratischem Querschnitt und ebenem Boden durchgeführt (Bild 53; die auf diesem Bild eingezeichneten Ziehleisten wurden bei den Versuchen in dieser Arbeit nicht eingebaut).

Hierzu wurden quadratische Blechplatinen (Kantenlänge 333mm mit um 70mm abgeschnittenen Ecken) so aus den Blechtafeln entnommen, daß zum einen die Walzrichtung parallel und zum anderen unter einem Winkel von 45° zur Stempelkante lag.

Der quadratische Ziehstempel hatte für alle Versuche eine konstante Geometrie; die Kantenlänge betrug 200mm, der Stempelkantenradius sowie der Eckenradius betrug jeweils 20mm.

Der Ziehringradius wurde zur Parameterstudie mit 5mm und 15mm gewählt. Alle Versuche wurden mit M 100 (unlegiertes Mineralöl) sowie mit handelsüblicher Tiefziehfolie durchgeführt.

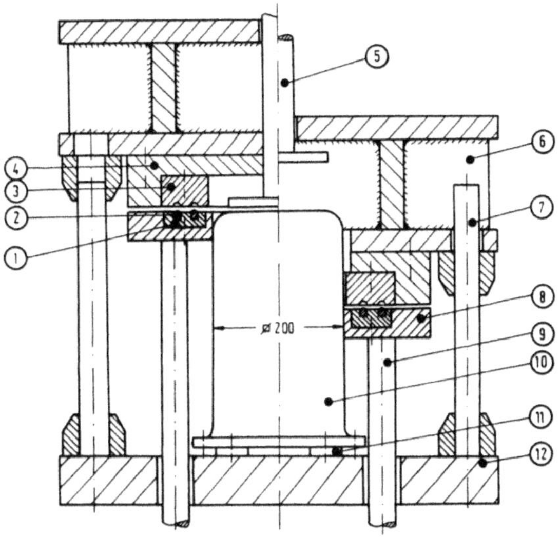


**Bild 53:** Werkzeug zum Ziehen quadratischer Näpfe /147/.

1...Ziehleistenaufnahme,
2...Ziehleisten, 3...Matrize,
4...Matrizenaufnahme,
5...Auswerfer,
6...Werkzeugoberteil,
7...Führungsstangen,
8...Niederhalter,
9...Druckstifte, 10...Stempel,
11...Ziehkraftaufnehmer,
12...Grundplatte.

Die Versuchsreihen zielten darauf ab, das Tiefziehverhalten anhand maximal erreichbarer Ziehtiefen in Abhängigkeit vom Niederhalterdruck, Ziehringradius, Schmiermittel und der senkrechten Anisotropie zu ermitteln.

Für den Niederhalterdruck wurden die Werte $p_N = 2 / 4 / 6 / 8$ N/mm$^2$ gewählt. Mit zunehmender Ziehtiefe steigt bei konstant gehaltenem Niederhalterdruck die Flächenpressung auf den Ziehteilflansch, da sich die Flanschfläche dabei verringert.

Die Stempel- und Niederhalterkräfte wurden mit piezoelektrischen Kraftaufnehmern (für die Stempelkräfte zwischen Stempelboden und Grundplatte montiert) gemessen. Der Ziehweg wurde mit einem induktiven Wegaufnehmer gemessen. Gearbeitet wurde auf einer einfachwirkenden Hydraulikpresse (mit Zieheinrichtung im Pressentisch) mit einer maximalen Stößelkraft von 2000 kN und einer maximalen Ziehkissenkraft von 600 kN. Die Meßergebnisse wurden mindestens 2-fach bestimmt und gemittelt.

### 5.4.2 Ergebnisse

Inhalt der folgenden drei ausgewählten Bilder 54, 55 und 56 sind jeweils die maximal notwendige Ziehkraft und die maximal erreichbare Ziehtiefe bei der Herstellung der quadratischen Tiefziehteile in Abhängigkeit von der Ausgangsflächenpressung.

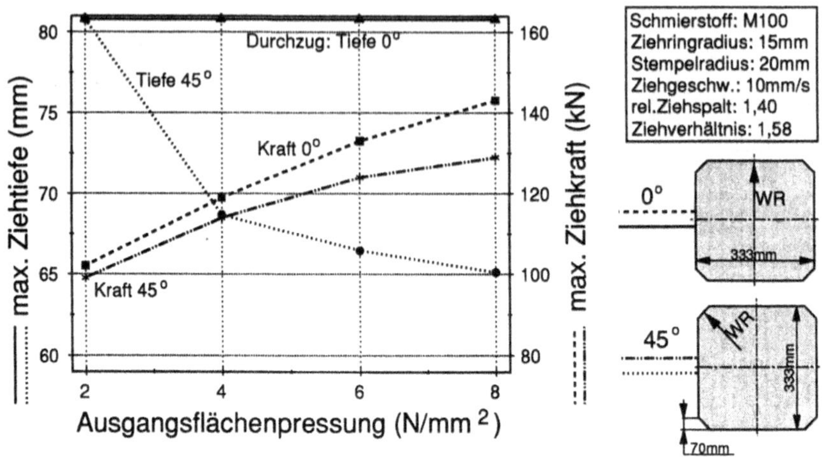


**Bild 54:** Herstellung quadratischer Näpfe aus AlMg5 w, Schmierstoff M100.

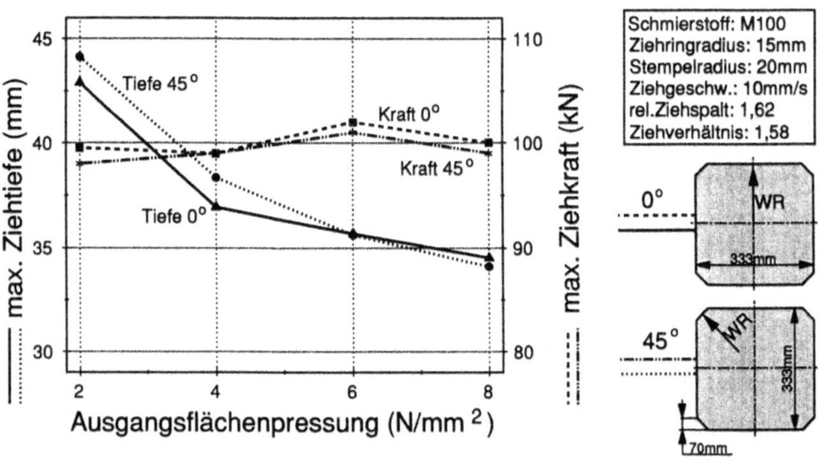


**Bild 55:** Herstellung quadratischer Näpfe aus AlMgSi1 ka/I, Schmierstoff M100.

Bei AlMg5 w (Bild 54) wurde für alle untersuchten Parameterkombinationen beobachtet, daß die Ziehkraft mit steigender Niederhalterkraft wächst. Wie erwartet liegt dabei die Ziehkraft bei Einsatz einer Tiefziehfolie deutlich unter der bei Schmierung mit M100.

Bei einem Ziehringradius von 15mm wird eine geringere Ziehkraft als bei einem Radius von 5mm benötigt. Ein Einfluß der Anisotropie auf die Ziehkraft konnte insofern festgestellt werden, als die Ziehkraft bei einer 0°-Platineneinlage ($r_{min}$ liegt in Richtung Stempellängsseite) bei allen Versuchsergebnissen höher als bei einer 45°-Einlage ($r_{min}$ liegt in Richtung Stempeldiagonale) liegt. Die Kraftdifferenzen zwischen der 0°- und 45°-Lage sind gering, jedoch qualitativ eindeutig festzustellen.

Für bestimmte Parameterkonstellationen erhält man einen Durchzug der Platinen bei allen eingestellten Niederhalterkräften. Tendenziell nimmt die maximal erreichbare Ziehtiefe mit zunehmendem Niederhalterdruck ab. Bei einem Ziehringradius von 15mm erhält man größere Ziehtiefen als bei 5mm, wobei sich eine Schmierung mit Tiefziehfolie besser (Durchzug aller Platinen) als eine Schmierung mit M100 eignet.

Ein Einfluß der Einlegerichtung der Platinen ist bei dem Werkzeug mit einem Ziehringradius von 15mm bei einer Schmierung mit M100 insofern zu erkennen, als ein Platinendurchzug zu erreichen ist, wenn $r_{min}$ in der Stempelkantenmitte liegt (0°-Lage) und mit steigendem Niederhalterkraft die maximal erreichbare Ziehtiefe t für $r_{min}$ in der Stempelkantenecke (Stelle maximaler Beanspruchung; 45°-Lage) abnimmt.

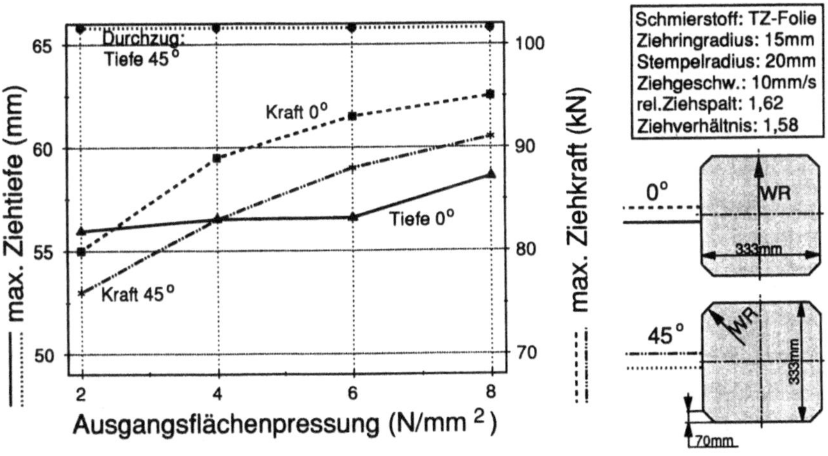


**Bild 56:** Herstellung quadratischer Näpfe aus AlMgSi1 ka/I, Schmierstoff Tiefziehfolie.

Wie bei AlMg5 w steigt auch bei AlMgSi1 ka/I (Bilder 55 und 56) die Ziehkraft mit steigender Niederhalterkraft. Sie ist beim Ziehen mit Folie ebenfalls geringer als bei Schmierung mit M100. Eine deutlich höhere Ziehkraft wird benötigt, wenn die Platinen über den kleineren Ziehringradius (5mm) gezogen werden. Auffallend ist auch hier, daß für alle Parameterkombinationen die Ziehkraft bei einer 0°-Platineneinlage stets größer ist als bei einer Einlage der Platinen unter 45° ($r_{min}$ zeigt auf die Stempelkantenmitte).

Für eine Parameterkonstellation (Tiefziehfolie, $r_M$=15mm, 45°-Lage) erhält man bei allen Niederhalterdrücken einen Platinendurchzug; alle weiteren Untersuchungen zeigen eine gleichbleibende bis fallende Tendenz für die erreichbare maximale Ziehtiefe mit steigendem Niederhalterdruck. Grundsätzlich liegt die maximal erreichbare Ziehtiefe beim Ziehen mit Tiefziehfolie wie auch bei dem größeren Ziehringradius (15mm) höher als bei Schmierung mit M100 und $r_M$=5mm.

Ein Einfluß der Anisotropie auf die maximal erreichbare Ziehtiefe ist qualitativ zu erkennen. Bis auf eine Konstellation (M100, $r_M$=5mm) zeigen die Ergebnisse aller anderen Parameterkombinationen eine größere maximale Ziehtiefe für den Fall, in dem die Platinen so eingelegt werden, daß $r_{min}$ in der Stempelkantenmitte lag. Hierbei waren jeweils die größten r-Werte in den Stempelkantenecken, wo die Beanspruchung beim Tiefziehen am größten ist.

Grosch /8/ bestätigt am Beispiel eines Tiefziehstahles, Hegazy /110/ anhand von Untersuchungen mit St 14, Ms 63 und Al 99,5 bei rechteckigen Ziehteilen den Zusammenhang für die Lage des größten r-Wertes im Bereich des Eckenradius und der damit erreichbaren größten Ziehtiefe. Hegazy weist in seiner Arbeit darauf hin, daß für die Fälle, in denen auch der größte n-Wert in der Richtung der schärfsten Beanspruchung liegt, erst bei einer größeren Ziehtiefe mit einem Eckenbodenreißer zu rechnen sei.

In Tiefziehuntersuchungen an quadratischen Teilen aus ferritischen und austenitischen Edelstählen stellte Küppers /26/ fest, daß für die Fälle, in denen die Richtung von $r_{max}$ in die Richtung der Ecken wies, die Ziehkräfte wie auch die maximal erreicharen Nutzhöhen minimal werden.

**Beurteilung der eigenen Untersuchungen**

Bei Tiefziehvorgängen erweist sich der Ziehringradius $r_M$ (mit) als eine dominierende Größe für das Ziehergebnis. Je größer $r_M$, desto repräsentativer wird ein Ziehereignis zur Beurteilung der Tiefziehfähigkeit eines Werkstoffes. Demgegenüber "überdeckt" ein kleinerer Ziehringradius Einflüsse des Blechwerkstoffes auf ein Ziehergebnis. Er stellt werkzeugseitig eine schärfere Beanspruchung für das Blech dar. Untermauert wird dies auch durch die Tatsache, daß bei dem größeren Ziehringradius ($r_M$=15mm) bei einer kleineren maximalen Ziehkraft $F_{max}$ eine größere Ziehtiefe $t_{max}$ als bei dem kleineren Ziehringradius von $r_M$=5mm zu erreichen war.

Maßgeblich wird ein Tiefziehergebnis auch durch den Einfluß des verwendeten Schmierstoffes bzw. des wirkenden Tribosystems mitbestimmt. Man stellt fest, daß für grundsätzlich alle Parameterkombinationen jeweils die Ziehkraft bei einer 0°-Platinenlage (d.h. Walzrichtung parallel zur Stempelkante) höher als bei einer 45°-Einlage (Walzrichtung zeigt zum Stempelkanteneck) liegt. Hier wird der Einfluß der Anisotropie auf ein Ziehergebnis ebenfalls offensichtlich durch Reibungsbedingungen "überdeckt", nachdem bei AlMg5 w die kleinste Anisotropie $r_{min}$ unter einem Winkel von 0° zur Walzrichtung, bei AlMgSi1 ka/I unter einem Winkel von 45° zur Walzrichtung auftritt. Zu bemerken ist weiterhin, daß bei beiden Blechwerkstoffen die "isomatte Oberfläche" /148/ von der Struktur her gleich ist und sich dementsprechend beim gleichen Umformvorgang ähnlich verhalten wird. Dies verdeutlicht, daß bei der Auswertung hinsichtlich des Einflusses der Anisotropie auf ein Tiefziehergebnis der Einfluß der Reibbedingungen berücksichtigt werden muß.

Für das Versagen eines Blechwerkstoffes beim Tiefziehvorgang ist prinzipiell der Ort wesentlich, für den die senkrechte Anisotropie ihren kleinsten Wert $r_{min}$ annimmt. Dieser liegt in Abhängigkeit vom Werkstoff, der Walz- und Wärmebehandlungsgeschichte unter 0° bzw. 90° oder unter 45° zur Walzrichtung. Wird nun bewußt dieser "schwächste Ort" ($r_{min}$) genau auf die am meisten beanspruchte Stelle eines Blechteiles gelegt, so müßte unter Berücksichtigung der oben erwähnten weiteren Einflußgrößen eine Beurteilung des Einflusses der Anisotropie auf die maximale Ziehtiefe von Blechwerkstoffen möglich sein.

Betrachtet man nun in Anbetracht dieser Konstellationen hauptsächlich die Versuchsergebnisse mit der Tiefziehfolie (hierbei wird der Einfluß der Reibung minimiert) sowie bei einem Ziehringradius $r_M$=15mm (hierbei steht die Tiefziehcharakteristik im Vordergrund), so stellt man einen Einfluß der minimalen Anisotropie $r_{min}$ auf die maximal erreichbare Ziehtiefe $t_{max}$ fest. Liegt $r_{min}$ in der Stempelkantenmitte (weniger stark beanspruchte Stelle), so ist eine größere maximale Ziehtiefe $t_{max}$ zu erzielen als für den Fall, daß $r_{min}$ im Stempelkanteneck (stark beanspruchte Stelle) liegt.

Alles in allem bestätigen die Versuchsergebnisse die Theorie, jedoch nicht ausgeprägt genug. Es wirken zu viele Einflußgrößen, die nicht einfach zu trennen sind, auf ein Tiefziehergebnis von Blechwerkstoffen ein.

## 5.5 Texturuntersuchungen

### 5.5.1 Grundlagen

Viele Eigenschaften kristalliner Werkstoffe sind anisotrop /149/. Als Ursache kommen die Kristallanisotropie und die Gefügeanisotropie in Betracht. Bei der Gefügeanisotropie weisen Korngrenzen oder Zweitphasen Vorzugsorientierungen auf. Die größte Bedeutung für das anisotrope Werkstoffverhalten hat jedoch die Kristallanisotropie. In einem Vielkristall führen unterschiedlich orientierte Kristallite zu einer makroskopischen Anisotropie, wenn die Kristallite eine Vorzugsorientierung haben. Eine ausgeprägte Vorzugsorientierung bezeichnet man auch als Textur, sie kennzeichnet die Häufigkeit einer Kristallorientierung /150/.

Die Textur eines vielkristallinen Materials wird quantitativ durch den Volumenanteil dV/V der Kristallite, die eine bestimmte kristallographische Orientierung g innerhalb der "Toleranz" dg besitzen, beschrieben:

$$\frac{dV}{V} = f(g) \cdot dg \tag{21}$$

Dabei ist f(g) die Orientierungsverteilungsfunktion (ODF). In Gleichung (21) geht nur die kristallographische Orientierung g der Kristallite des Materials ein, unabhängig davon, wo sich die Kristallite dieser Orientierung innerhalb des Materials befinden. Insbesondere gehen die Größe und Form der Kristallite und ihre Nachbarschaftsbeziehungen nicht in die Definition ein (was zweifellos eine Vereinfachung der realen Verhältnisse ist).

Der direkte Weg zur Messung der Orientierungsverteilungsfunktion f(g) wäre die Messung der Orientierung jedes einzelnen Kornes der Probe (Einzelorientierungsmessung). Diese Art zur Konstruktion der Orientierungsverteilungsfunktion ist zwar eindeutig, dafür aber sehr mühsam und zeitaufwendig /151/.

Die größte praktische Bedeutung hat die Ermittlung von Polfiguren. Diese ermöglichen eine quantitative Beschreibung von Texturen und entstehen auf folgende Weise:

Man denkt sich alle Körner im Mittelpunkt einer Kugel und errichtet sodann die Lote (Richtung [hkl]) auf einer bestimmten kristallographischen Ebene z.B. (100)-Ebene der verschiedenen Körner. Bei einer regellosen Orientierung sind die Durchstoßpunkte der Normalen auf der Kugeloberfläche gleichmäßig verteilt. Im Falle einer Textur dagegen werden die Durchstoßpunkte an manchen Stellen gehäuft auftreten. Als Polfigur bezeichnet man nun die stereographische Projektion der Durchstoßpunkte einer Halbkugel auf eine der Walzebene parallele Ebene (Bild 57). Die "Belegungsdichte" der Polfigur gibt dann ein quantitatives Bild der Orientierungsverteilung der Körner bzw. der Textur des Werkstoffes an. Zur besseren Kennzeichnung werden die Gebiete gleicher Belegungsdichte durch Linien begrenzt /152/.

Eine einzelne Polfigur beschreibt jedoch die Textur nicht vollständig, da bei der Projektion in eine Ebene die Information eines Parameters der dreidimensionalen Verteilungsfunktion f(g) verloren geht. Allerdings ist es möglich, rechnerisch aus mehreren Polfiguren von verschiedenen Netzebenen die vollständige Orientierungsverteilungsfunktion zu bestimmen /153/. Dies entspricht der Methode der Tomographie, wo ebenfalls aus mehreren Projektionen eine räumliche Verteilung rekonstruiert wird. Für dieses als Polfigurinversion oder ODF-Analyse bezeichnete Verfahren sind vier verschiedene mathematische Lösungsverfahren möglich:

1. das Reihenentwicklungsverfahren,
2. die Vektormethode (oder Matrixmethode),
3. die Inversionsformel,
4. eine Wahrscheinlichkeitsmethode.

Alle diese Verfahren sind im Prinzip mathematisch äquivalent. Sie ergeben die exakte Lösung für die Texturfunktion f(g), wenn unendlich viele Polfiguren verwendet werden. Mit endlich vielen Polfiguren erhält man Näherungslösungen /151/.

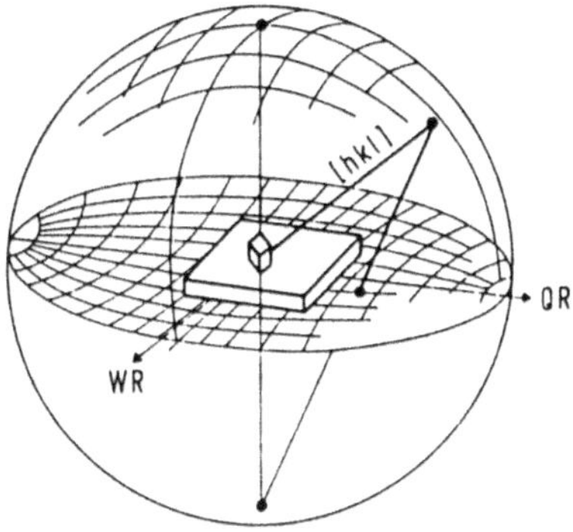


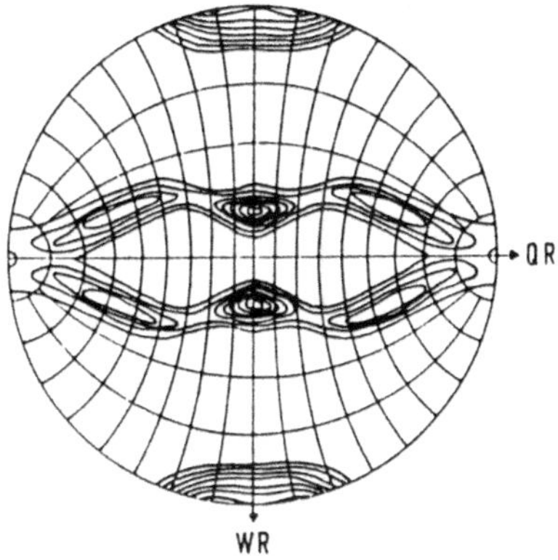


**Bild 57:** Polfiguren (schematisch) /154/.

Da die plastische Anisotropie von der vollständigen Kristallorientierung abhängt, ist es bedeutsam, die tatsächliche dreidimensionale Verteilungsfunktion (ODF), die alle drei Raumrichtungen eines Kristallites beschreibt, zu kennen /155/. Die Verteilungsfunktion wird durch die Texturkoeffizienten (C-Koeffizienten) genau beschrieben. Diese beinhalten in komprimierter Form die gesamte Texturinformation. Aus ihnen läßt sich mittels mehrerer Modelle die Richtungsabhängigkeit der verschiedensten physikalischen Materialeigenschaften berechnen, wie z.B. das elastische oder plastische Verhalten eines vielkristallinen, texturierten Werkstoffes /156/.

Das hier verwendete theoretische Modell basiert auf der Taylor-Theorie /157/. Diese geht davon aus, daß sich bei der Verformung eines Kristalliten im Polykristall mindestens fünf voneinander unabhängige Gleitsysteme betätigt werden müssen, damit der Kornverbund erhalten bleibt (Volumenkonstanz) /153/. Dabei gilt die Annahme, daß in jedem Gleitsystem die kritische Schubspannung den gleichen Wert hat und eine wechselfreie Überlagerung der Einkristalleigenschaften gewährleistet ist. Nach der Taylor-Theorie erfolgt die Auswahl dieser fünf Gleitsysteme nach dem Prinzip der minimalen Verformungsarbeit /137/. Das Verhältnis der Abgleitsumme aus den fünf Gleitsystemen zu der äußeren Verformung eines Kristalles wird als Taylorfaktor bezeichnet. Dieser ist gleich dem reziproken Schmidfaktor aus dem Schmid'schen Schubspannungsgesetz /153/. Über die bekannte Textur (Koeffizienten der ODF) eines Polykristalls kann nun ein mittlerer Taylorfaktor berechnet werden; er ist eine entscheidende Größe für die Berechnung verschiedener richtungsabhängiger Eigenschaften (z.B. Streckgrenze, Fließort, r-Wert, usw.) eines polykristallinen Materials.

Um Polfiguren bestimmen zu können, bieten sich Verfahren der Elektronen-, Röntgen- und Neutronenbeugung an, wobei das röntgenographische Verfahren am häufigsten angewandt wird. Zur Bestimmung von Polfiguren haben sich Zählrohrverfahren mit Texturgoniometern durchgesetzt. Die neue Generation von Texturgoniometern ist mit Schrittmotoren ausgerüstet, die sehr kleine Winkelschritte ausführen können. Da die Steuerung des Goniometers durch Computer erfolgt, sind durch entsprechende Software beliebige Abtastschemata realisierbar /154, 158/

### 5.5.2 Experimentelle Bestimmung der Polfiguren

Die in Kapitel 5.5 und 7.1.3 beschriebenen Texturuntersuchungen wurden als Auftrag an Dritte am Institut für Metallkunde und Metallphysik der TU Clausthal-Zellerfeld durchgeführt.

Die Texturmessungen wurden mit $Cu_{K_\alpha}$-Strahlung auf dem 4-Kreisgoniometer ATEMA-C durchgeführt. Als Detektor wurde ein konventioneller Szintillationszähler eingesetzt. Zur Vergrößerung des bestrahlten Probenvolumens (bessere Mittelwertbildung) wurde eine Probentranslation von ±8mm gewählt. Die Schrittweiten in den beiden Polfigurwinkeln betrugen $\Delta\alpha = 5°$ und $\Delta\beta = 3{,}6°$.

Aufgrund der geringen Eindringtiefe der Röntgenstrahlen erhält man lediglich eine Texturinformation über die oberflächennahen Werkstoffschichten. Aus Texturmessungen an der Blechoberfläche und in der Probenmitte (zur Hälfte abgeschliffene Blechproben) erhielt man qualitativ gleiche Texturverläufe, jedoch mit unterschiedlichen Texturintensitäten. Um Vergleiche mit den im Zugversuch ermittelten r-Werten und den im Kreuzzugversuch bestimmten Fließortkurven zu ermöglichen, wurden die Texturuntersuchungen an sogenannten Schrägschnittproben /159, 160/ durchgeführt. Die Ergebnisse dieser Untersuchungen sind integrale Größen, die die Textur über den gesamten Blechquerschnitt repräsentieren /161/.

Es wurden für die beiden Aluminiumlegierungen AlMgSi1 ka/I (Modifikation I) und AlMgSi1 ka/II (Modifikation II) jeweils vier Polfiguren der Kristallflächen (Netzebenen) (111), (200), (220) und (311) in Reflexionstechnik aufgenommen. Dabei ergab sich ein abgetasteter Bereich von $0° \leq \alpha \leq 70°$ und $0° \leq \beta \leq 360°$. Über den Winkelbereich $\Delta\beta$ wurde integrierend gemessen.

Die Texturen beider Proben zeigen nahezu die gleichen Komponenten, die sich hauptsächlich in ihren Intensitäten unterscheiden. Daher sind in Bild 58 nur Polfiguren der Modifikation I dargestellt. Die hier vorliegende Würfeltextur ((001)⟨110⟩) ist charakteristisch für rekristallisierte Aluminiumbleche /1/. Diese Probe zeigt eine Würfellagentextur der Intensität 20-fach regellos (vgl. Bild 59); für die Modifikation II (AlMgSi1 ka/II) wurde eine Intensität von 15-fach regellos festgestellt, wobei hier zusätzlich eine äußerst schwache Goss-Lage /162/ auftritt.

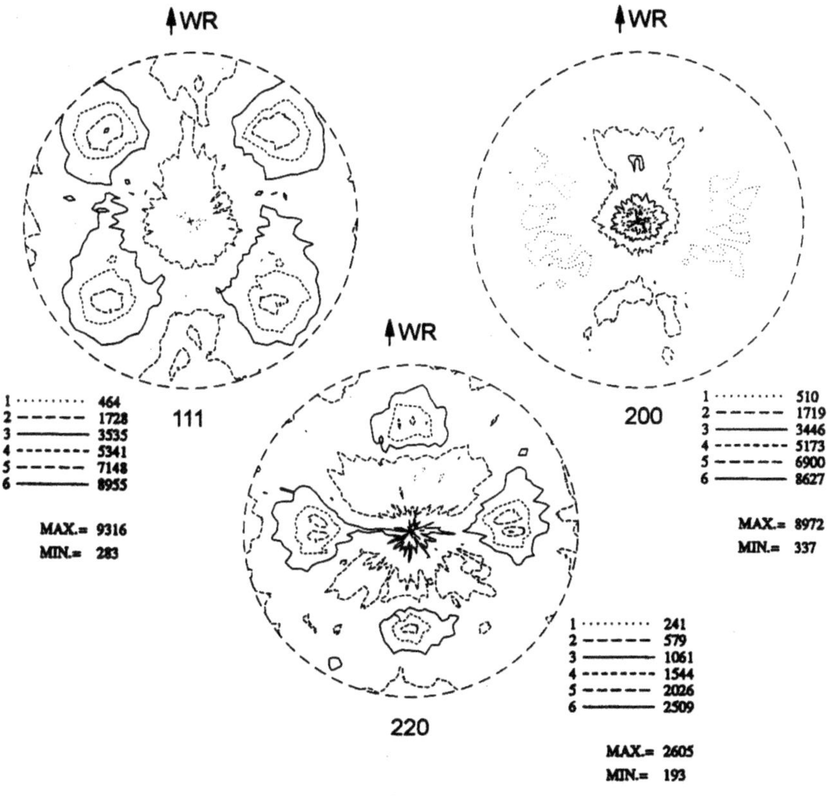


**Bild 58:** Polfiguren des Werkstoffes AlMgSi1 ka/I, 1...6: Intensitäten.

### 5.5.3 Berechnung der Orientierungsverteilungsfunktion

Aus den vier an Schrägschnittproben (vgl Kap. 5.5.2) gemessenen Polfiguren wurde die Orientierungsverteilungsfunktion (ODF) nach der Reihenentwicklungsmethode mit symmetrisch verallgemeinerten Kugelfunktionen berechnet /163, 164/. Es wurde ein Reihenentwicklungsgrad von $L_{max} = 22$ gewählt. Der ungerade Teil der Reihenentwicklungskoeffizienten wurde mit Hilfe der Positivitätsmethode bestimmt /164/. Die ODF ist in $\varphi_2$-Schritten des dreidimensionalen Eulerraumes ($\varphi_1$, $\varphi_2$, $\Phi$) dargestellt, dies ist eine für kubisch-flächenzentrierte (kfz) Materialien übliche Art der Auftragung. Die Funktionswerte werden auf einem 5°-Gitter angegeben (Bild 59). Zur graphischen Darstellung werden Schnitte mit konstantem $\varphi_2$ im Bereich $0° \leq \varphi_2 \leq 90°$ in 5°-Schritten aneinandergereiht. Bei den einzelnen Schritten ist auf der Abszisse der Wert $\varphi_1$ von 0° bis 90° und auf der Ordinate der Wert $\Phi$ von 0° bis 90° aufgetragen.

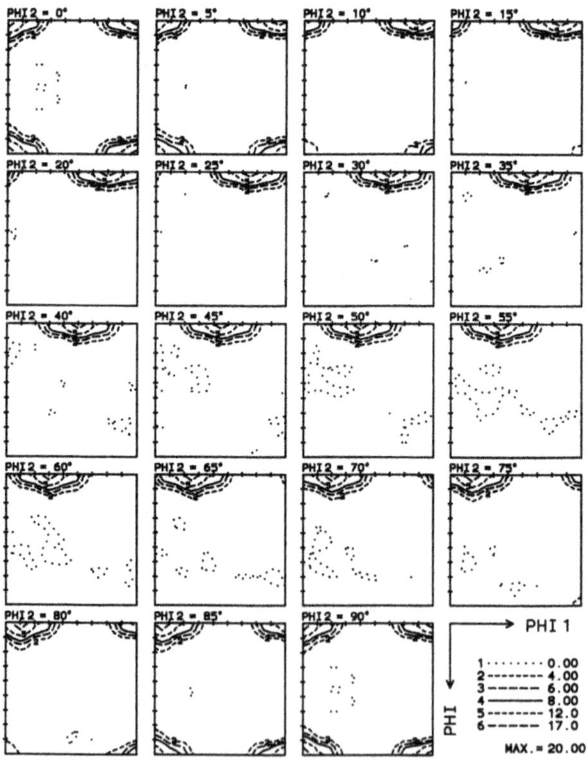


**Bild 59:** Orientierungsverteilungsfunktion des Werkstoffes AlMgSi1 ka/I.

### 5.5.4 Ermittlung des r-Wert-Verlaufes aus Texturuntersuchungen

Durch die Berechnung des mittleren Taylorfaktors aus den Textur-Koeffizienten der Orientierungsverteilungsfunktion kann der theoretische r-Wert in Abhängigkeit des Winkels zur Walzrichtung ermittelt werden (vgl. Kap. 5.5.1). Dies erfolgte für beide Modifikationen von AlMgSi1 ka, die Kurvenzüge sind zu Vergleichszwecken zusammen mit den im Zugversuch ermittelten r-Wert-Verläufen in den Bildern 60 und 61 dargestellt.

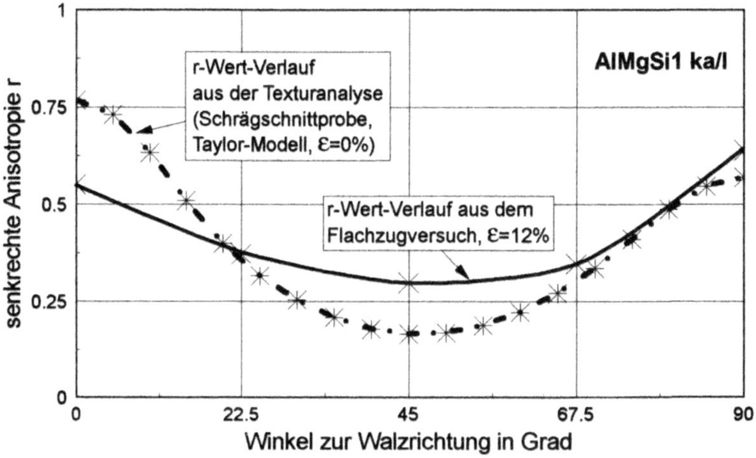


**Bild 60:** Vergleich des r-Wert-Verlaufes aus der Texturuntersuchung mit dem im Zugversuch ermittelten, AlMgSi1 ka/I.

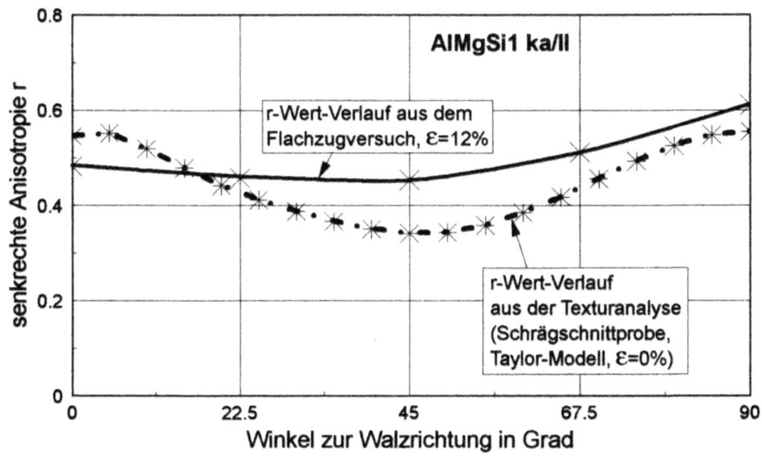


**Bild 61:** Vergleich des r-Wert-Verlaufes aus der Texturuntersuchung mit dem im Zugversuch ermittelten, AlMgSi1 ka/II.

Bei beiden Werkstoffen wird eine qualitativ gute Übereinstimmung der r-Wert-Verläufe aus der Texturanalyse und dem Experiment festgestellt (Bilder 60 und 61). Die quantitativen Unterschiede können sowohl in den experimentellen Texturuntersuchungen, den Annahmen bei der Auswertung mit der Taylor-Theorie sowie in Meßunsicherheiten beim Zugversuch begründet sein.

# 6 Neuausgelegter Kreuzzugversuch

## 6.1 Fließortkurven

### 6.1.1 Einführung und Grundlagen

Als Fließspannung $k_f$ eines Werkstoffes ist die Spannung definiert, die zur Einleitung des Fließens bei in der Regel einachsigem Spannungzustand erforderlich ist. Da der einachsige Spannungzustand einen Spezialfall darstellt, sind Fließbedingungen erforderlich, die für den allgemeinen Fall eines mehrachsigen Spannungszustandes den Fließbeginn angeben /137/. Bezeichnet man die Vergleichsspannung im Werkstück mit $\sigma_V$, so ergibt sich:

$\sigma_v < k_f$ Werkstoff verhält sich elastisch

$\sigma_v \geq k_f$ Werkstoff verhält sich plastisch

Am häufigsten werden in der Umformtechnik die Schubspannungshypothese nach Tresca und die Gestaltänderungsenergiehypothese nach v.Mises eingesetzt /137/.

Nach Tresca tritt Fließen dann ein, wenn die Differenz zwischen der größten und der kleinsten Hauptspannung gleich der Fließspannung ist (vereinfachte Form).

$$k_f = \sigma_{max} - \sigma_{min} \qquad (22)$$

Nach der Gestaltänderungsenergiehypothese erreicht der Werkstoff die Fließgrenze $k_f$ wenn gilt:

$$k_f = \sqrt{\frac{\left[(\sigma_1 - \sigma_2)^2 + (\sigma_2 - \sigma_3)^2 + (\sigma_3 - \sigma_1)^2\right]}{2}} \qquad (23)$$

wobei $\sigma_1$, $\sigma_2$ und $\sigma_3$ Hauptspannungen sind.

Der Grenzkörper (Fließfläche) aller Spannungszustände, bei denen nach der Fließhypothese von v.Mises Fließen eintritt, ist im $\sigma_1$-$\sigma_2$-$\sigma_3$-Hauptachsensystem ein Zylinder (Bild 62), dessen Achse mit den Koordinatenachsen den gleichen Winkel einschließt /165/.

Die Fließfläche nach der Tresca'schen Hypothese ist im $\sigma_1$-$\sigma_2$-$\sigma_3$-Hauptachsensystem ein gleichseitiges Prisma (Bild 63), dessen Achse mit den Koordinatenachsen den gleichen Winkel einschließt /165/.

Für den Fall $\sigma_3 = 0$ (ebener Spannungszustand) nennt man die Darstellung der Fließbedingung in der $\sigma_1$-$\sigma_2$-Ebene Fließortkurve (Bild 64). Nach der Theorie von Tresca bildet ein gleichseitiges Prisma die Form der Fließortkurve; nach v.Mises hingegen erhält man eine Ellipse.

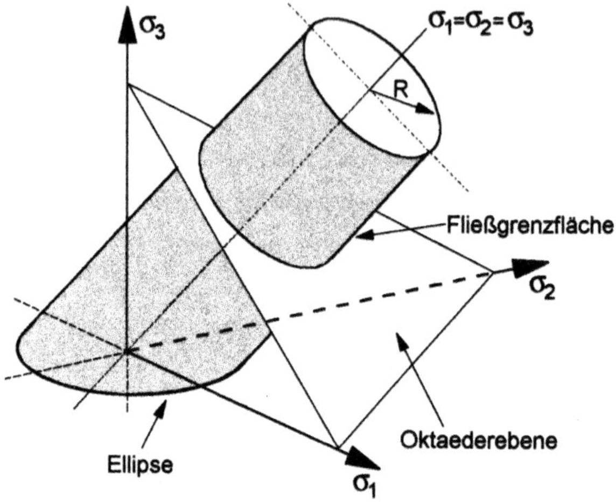


**Bild 62:** Grenzkörper der Spannungszustände bei denen nach der Hypothese von v.Mises Fließen eintritt.

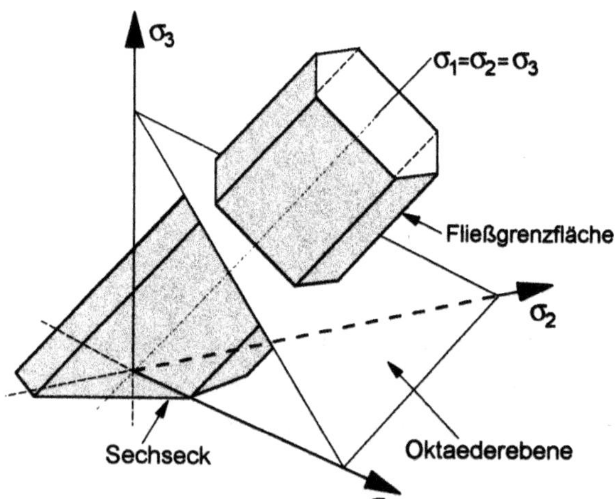


**Bild 63:** Grenzkörper der Spannungszustände bei denen nach der Hypothese von Tresca Fließen eintritt.

Zur Berechnung des Umformverhaltens von Werkstoffen mit isotropem Verhalten ($r = 1$) genügt auch für mehrachsige Beanspruchung unter Annahme der Fließhypothese nach Tresca und v.Mises die Kenntnis der (Ersatz-) Streckgrenze. Der Fließbeginn bei einem anisotropen Werkstoff ($r \neq 1$) ist dagegen richtungsabhängig; seine Beschreibung bedarf mehrerer experimenteller Kenngrößen.

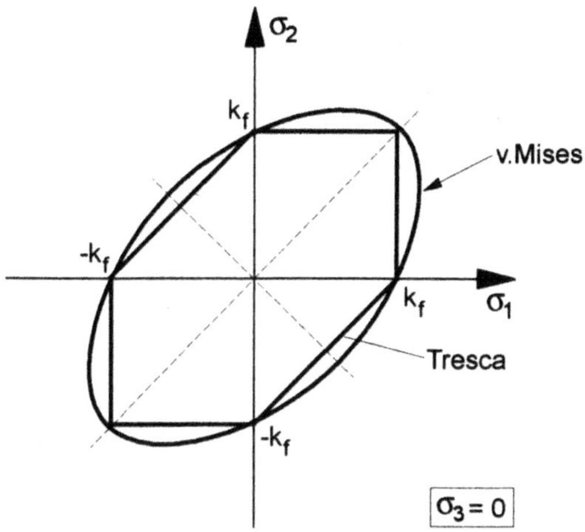


**Bild 64:** Fließortkurven nach Tresca und v.Mises.

Die Fließortkurve eines anisotropen Realwerkstoffes ist geschlossen, konvex und im allgemeinen nicht durch eine analytische Funktion zu beschreiben /42/. Nach Grzesik /166/ ist bei anisotropen Werkstoffen keine Vorhersage des Fließbeginns mit Hilfe kontinuumsmechanischer Ansätze möglich. Es besteht vielmehr eine Abhängigkeit des Verlaufs der Fließortkurven von der Textur.

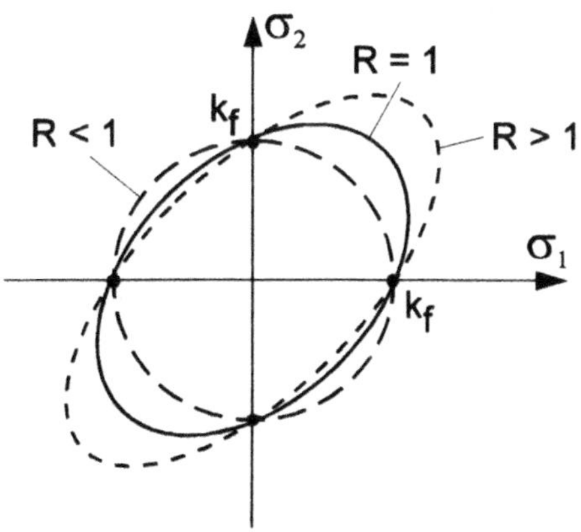


**Bild 65:** Idealisierte Fließortkurven nach v.Mises bzw. Hosford und Backofen ($\Delta r = 0$, $\sigma_3 = 0$).

In Bild 65 ist der idealisierte Verlauf von Fließortkurven für unterschiedliche Werte der senkrechten Anisotropie r dargestellt. Zur Beschreibung der zu einer Ellipse idealisierten Fließortkurve in der $\sigma_1$-$\sigma_2$-Ebene genügen der Wert $r_0$ in Walzrichtung, der Wert $r_{90}$ senkrecht dazu und die Fließspannung $k_f$ /167/. Mathematisch lassen sich diese Fließortkurven nach Hill /72/ wie folgt annähern:

$$\sigma_1^2 - \left(\frac{2 \cdot r_0}{1 + r_0}\right) \cdot \sigma_1 \cdot \sigma_2 + \frac{(1 + r_{90}) \cdot r_0}{(1 + r_0) \cdot r_{90}} \cdot \sigma_2^2 = k_f^2 \tag{24}$$

Die Anisotropie eines Werkstoffes ist somit von entscheidendem Einfluß für die Gestalt und die Lage einer Fließortkurve /67, 168-171/.

Für den Sonderfall $r_0 = r_{90} = r$ erhält man nach Gleichung (24) die Vereinfachung nach Hosford/Backofen /196/:

$$\sigma_1^2 - \left(\frac{2 \cdot r}{1 + r}\right) \cdot \sigma_1 \cdot \sigma_2 + \sigma_2^2 = k_f^2 \tag{25}$$

Für isotropes Werkstoffverhalten mit $r = 1$ genügt zur Beschreibung der Fließortkurve nach v.Mises die Beziehung aus Gleichung (23) mit $\sigma_3 = 0$ /172/:

$$\sigma_1^2 - \sigma_1 \cdot \sigma_2 + \sigma_2^2 = k_f^2 \tag{26}$$

Nach Backofen /168/ und Hosford /169/ wirken sich bei einem ebenen Spannungszustand sowohl die senkrechte wie auch die ebene Anisotropie in einem von der jeweiligen Spannungskombination $\sigma_1$-$\sigma_2$ abhängigen Fließverhalten des Werkstoffes aus.

Bild 66 zeigt qualitativ den Einfluß der Anisotropie auf die Gestalt bzw. die Lage einer Fließortkurve. Während eine senkrechte Anisotropie $r > 1$ die größere Hauptachse der Ellipse verlängert (gleichzeitig verkürzt sich die kleinere Hauptachse), dreht eine ebene Anisotropie ($\Delta r \neq 0$) die große Halbachse der Ellipse von der ersten Winkelhalbierenden in der Hauptspannungs-($\sigma_1$, $\sigma_2$)-Ebene weg. Diese fällt nur für den Fall $\Delta r = 0$ mit der Symmetrieachsenrichtung der Fließortkurve zusammen /67/.

Experimentell läßt sich eine Fließortkurve auf verschiedene Arten bestimmen /57, 71, 173/ (Näheres folgt dazu in Kapitel 7.1.2). Der Kreuzzugversuch stellt eine noch kaum eingesetzte Möglichkeit dar. Hierbei wird eine kreuzförmige Blechprobe unter Zug-Zug-Beanspruchung bis zum Fließbeginn belastet. Aus verschiedenen Lastverhältnissen der beiden Achsen zueinander erhält man den Verlauf der Fließortkurve im ersten Quadranten, d.h. im Zug-Zug-Bereich. Hieraus erhält man sogenannte Anfangsfließortkurven. Ermittelt man Folgefließortkurven, d.h. Fließortkurven aus Proben, die zuvor plastische Vordehnungen erfuhren, so zeigt der Form- bzw. Lageunterschied der Anfangsfließortkurve zur Folgefließortkurve das Verfestigungsverhalten des Werkstoffes unter zweiachsiger Beanspruchung.

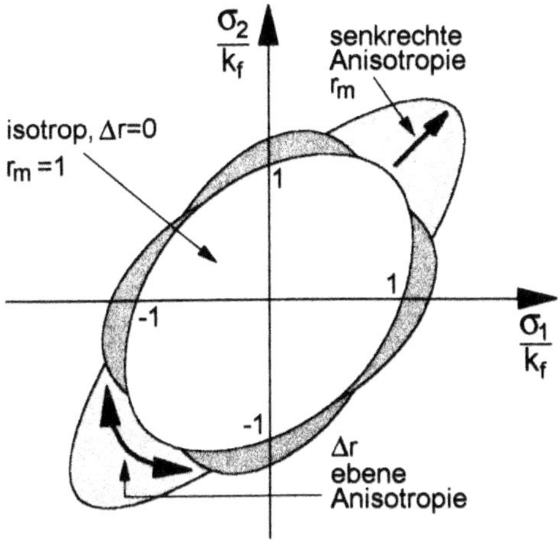


**Bild 66:** Einfluß der senkrechten und ebenen Anisotropie auf die Form und Lage einer Fließortkurve ($\sigma_3 = 0$, nach /168/ und /169/).

Nach /174/ lassen sich die möglichen Verfestigungsgesetze in drei Grundtypen klassifizieren:

- isotrope Verfestigung,
- kinematische Verfestigung,
- Distorsionsverfestigung.

Die Formen der Fließflächen in der ebenen Darstellung ($\sigma_3 = 0$) sind in Bild 67 zu sehen.

Die Verfestigungstypen können in ihren Auswirkungen auf den Fließort wie folgt beschrieben werden:

- Die isotrope Verfestigung stellt ein gleichmäßiges Aufweiten der Fließfläche dar. Ein ursprünglich isotropes Material bleibt auch nach der Deformation isotrop.
- Die kinematische Verfestigung ist eine Parallelverschiebung der Fließortkurve bei Beibehaltung ihrer Ausgangsgröße.
- Die Distorsionsverfestigung verzerrt die Form der Fließfläche.

Mit einer Kombination aus isotroper und kinematischer Verfestigung ist es möglich, den Bauschinger-Effekt (dieser äußert sich nach Betten /175/ in unterschiedlichen Zug- und Druckfließspannungen) abzubilden. Die kinematische Verfestigung und die Distorsionsverfestigung bedingen die Entstehung der Verformungsanisotropie. Die allgemeine Form der anisotropen Verfestigung ergibt sich aus der Kombination der drei oben erwähnten Grundtypen /171, 174/.

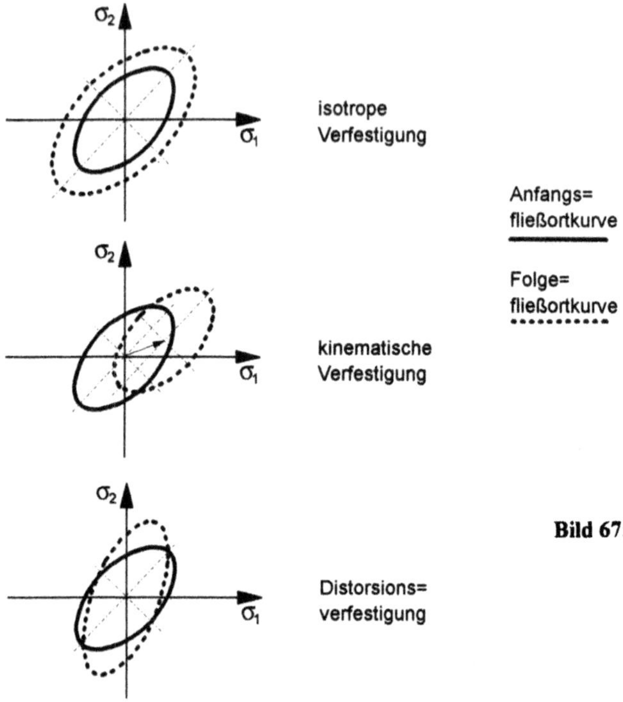


**Bild 67:** Schematische Darstellung der verschiedenen Verfestigungstypen.

### 6.1.2 Verfahren zur Aufnahme von Fließortkurven

Zur experimentellen Bestimmung von Fließortkurven ist es notwendig, den Fließbeginn für zweiachsige Spannungs- oder Formänderungszustände zu bestimmen.

**Texturbestimmung**

Wie bereits in Kapitel 5.5 beschrieben, können Fließortkurven aus der kristallographischen Textur eines Werkstoffes berechnet werden /166/. Grundlage für diese Berechnung ist das Schmid'sche Schubspannungsgesetz /176/, das für Einkristalle unter einachsiger Beanspruchung aufgestellt wurde.

**Versuche mit ebenem Spannungs- bzw. Formänderungszustand**

Aus der Fließspannung, die im Flachzugversuch ermittelt wird, können über Fließbedingungen Fließortkurven berechnet werden /118/.

Für ebene Spannungszustände schlug Hill /72/ rein mathematisch eine Fließbedingung bei anisotropen Werkstoffen vor:

$$\sigma_{VH} = \sqrt{\frac{3}{2(F+G+H)} \cdot \left[(G+H)\sigma_x^2 - 2H\sigma_x\sigma_y + (F+H)\sigma_y^2 + 2N\tau_{xy}^2\right]} \qquad (27)$$

Dabei bezeichnet man mit $\sigma_{VH}$ die Vergleichsspannung nach Hill. Außerdem sind F, G, H, und N die Anisotropie-Parameter und $\sigma_x$ und $\sigma_y$ die Normalspannungen in x- und y-Richtung und $\tau_{xy}$ die in der x-y-Ebene angreifende Schubspannung.

Aus ebenen Formänderungsversuchen (z.B. Flachstauchversuch, Flachzugversuch mit behinderter Querkontraktion) erhält man ausschließlich Tangenten an eine Fließortkurve. Diese Versuche haben deshalb einen kleineren Informationsgehalt und können unter Umständen auch durch Reibungseinflüsse verfälscht werden /137/.

**Versuche an Rohrproben**

Iemoto /118/ verwendete für seine Untersuchungen eine rohrförmige Probe, die er gleichzeitig mit einer Längszugkraft und einem hydraulischen Innendruck beanspruchte. Hiermit erhielt er einen zweiachsigen Zugspannungszustand. Werden Rohrproben hingegen mit Innen- bzw. Außendruck beaufschlagt und gleichzeitig auf Zug- bzw. Druck- oder Torsionslast beansprucht, so ist eine vollständige Bestimmung der Fließortkurve (d.h. für alle vier Spannungsquadranten) möglich /42/. Laut Michno /177/ stellt sich hierbei ein zweiachsiger, nahezu homogener Spannungzustand ein. Die Rohrprobe weist allerdings Nachteile auf. Zum einen verändert das Blech beim Biegen seine Eigenschaften, zum anderen beeinflußt die Längsschweißnaht durch die Gefügeveränderung in der wärmebeeinflußten Zone das Fließverhalten des Bleches /57/. Außerdem ist die Probenherstellung teuer sowie die Versuchstechnik aufgrund der DMS-Applikation aufwendig.

**Knoop-Härtemessung**

Zur qualitativen Abschätzung bestimmte Oberländer /150/ mittels der Knoop-Härtemessung /178/ den Fließort bei hexagonalen Werkstoffen. Er fand für Mg 99,8 eine Übereinstimmung des r-Wertes aus der Rundheitsmessung im Stauchversuch und den Härtemessungen. Die Knoop-Härtemessung eignet sich aber nicht zur Bestimmung von Fließortkurven an Feinblechwerkstoffen.

**Kreuzzugversuch**

Nach Kreißig /57/ bietet der zweiachsige Zugversuch eine gute Möglichkeit zur experimentellen Bestimmung von Fließortkurven. Durch eine optimierte Probengestaltung und Krafteinleitung kann im zweidimensional beanspruchten Meßgebiet annähernd ein homogener Spannungzustand gewährleistet werden, so daß die Voraussetzungen für die Berechnung der Spannungen aus den Zugkräften und den Probenabmessungen gegeben sind. Aus (Folge-) Fließortkurven von gezielt vorverformten Kreuzzugproben kann auf das Verfestigungsverhalten des Werkstoffes geschlossen werden. Nachteilig hierbei ist die Beschränkung der Versuchspunkte auf den ersten Quadranten der Hauptspannungs-Ebene, sowie die große Probengeometrie der Kreuzzugproben.

Die im Kreuzzug ermittelten Fließspannungswerte ermöglichen die Beschreibung einer Fließortkurve im ersten Quadranten des ebenen Spannungsraumes. Über das Aussehen der Fließortkurve in den restlichen drei Quadranten kann keine sichere Aussage gemacht werden. Unter der Annahme, daß ein Werkstoff unter Druckbelastung bei der betragsmäßig gleichen Spannung zu fließen beginnt wie unter Zugbeanspruchung, kann aber die Fließortkurve symmetrisch zu ihren Hauptachsen angenommen bzw. berechnet werden. Nach Piehler /179/ ist diese Voraussetzung bei kubisch-flächenzentrierten Metallen mit hoher Stapelfehlerenergie erfüllt, da hier die Verformung überwiegend durch Gleitung erfolgt und unabhängig vom Vorzeichen der Gleitrichtung ist. Dagegen kommt bei kubisch-flächenzentrierten Metallen mit niedriger Stapelfehlerenergie und vor allem bei hexagonalen Metallen als weiterer Verformungsmechanismus die mechanische Zwillingbildung hinzu. Dies hat wegen der Polarität der Schiebungsrichtungen zur Folge, daß bei bestimmten Kristallorientierungen bzw. Texturen die Zug- und Druckfließspannungen sehr unterschiedlich sein können. Für die Fließortkurve ergibt sich dadurch eine asymmetrische Form. Experimentell wurde dies in /180/ bestätigt.

Schindler /71/ nimmt zur Auswertung seiner Kreuzzugversuche an, daß die Druckfließspannung $\sigma_F$ in den Grenzen $\sigma_{iES} \leq \sigma_F \leq \sigma_{iED}$ ($\sigma_{iED} \approx 1{,}15\ \sigma_{iES}$) liegt. Diese Berechnungen wurden auf der Grundlage der Mises'schen Theorie durchgeführt. $\sigma_{iES}$ stellt dabei die Fließspannung bei Vorhandensein eines idealen einachsigen Spannungszustandes und $\sigma_{iED}$ diejenige bei Zugrundelegung eines ebenen Deformationszustandes dar.

Sallat /73/ nahm zur Erstellung von Anfangsfließortkurven aus Kreuzzugversuchen die Druckfließspannungen zu 80% der Zugfließspannungen an. Bei den Folgefließortkurven variierte er die Druckfließspannungen so lange , bis zum einen die Abweichungen zwischen den Meßpunkten und der daraus berechneten Fließortkurve auf ein Minimum führten und zum anderen solche kinematischen Verschiebungen auftraten, welche sich entsprechend dem Charakter der Vorverformung durch bewährte Ansätze (z. B. nach Backhaus /4/) beschreiben ließen.

Die experimentell im zweiachsigen Versuch ermittelten Fließortkurven beschreiben das reale (anisotrope) Werkstoffverhalten bei zweiachsiger Belastung naturgemäß genauer, als wenn diese Kurven über Fließhypothesen nach Tresca oder nach v.Mises aus dem einachsigen Zugversuch berechnet werden. Sie sind deshalb für die Simulation von Blechumformvorgängen unter zweiachsiger Belastung besser geeignet.

Mathiak u.a. /181/ entwickelten und patentierten eine Kreuzzugprobengeometrie, bei der an das quadratische Prüfblech vier Arme aus höherfestem Material angeschweißt werden. Die Arme sind durch mehrere Schlitze aufgefächert, so daß Querdruckspannungen quasi ausgeschaltet werden und ein "einigermaßen homogener Spannungzustand" im Meßbereich erreicht wird. Das höherfeste Material wurde gewählt, damit sich die plastischen Deformationen im Prüfblech konzentrieren.

Eine ähnliche Kreuzzugprobengeometrie wurde von Ferron /182/ verwendet. Hierzu werden an das 0,6 mm starke Prüfblech vier 3 mm starke Schenkel (ebenfalls mit Schlitzen) angeschweißt. Eine spezielle Ziehapparatur, die in eine konventionelle Zugprüfmaschine eingebaut wird, ermöglicht die symmetrische Einleitung der Kräfte (über die Schenkel) in das Prüfblech.

Sowohl in /181/ wie auch in /182/ ist eine Beeinflussung des Fließverhaltens des Werkstoffes infolge der Schweißnähte, die zur Verbindung des Prüfbleches mit jeweils vier Schenkeln notwendig sind, nicht auszuschließen. Inwieweit die Schweißeigenspannungen Einfluß auf den Kraftverlauf bzw. die Fließpunkte haben, ist fraglich. Ebenso wie bei der Rohrprobe ist auch hier die Probenherstellung aufwendig.

## 6.2 Optimierung der Probengeometrie

### 6.2.1 Voraussetzungen für eine optimale Geometrie

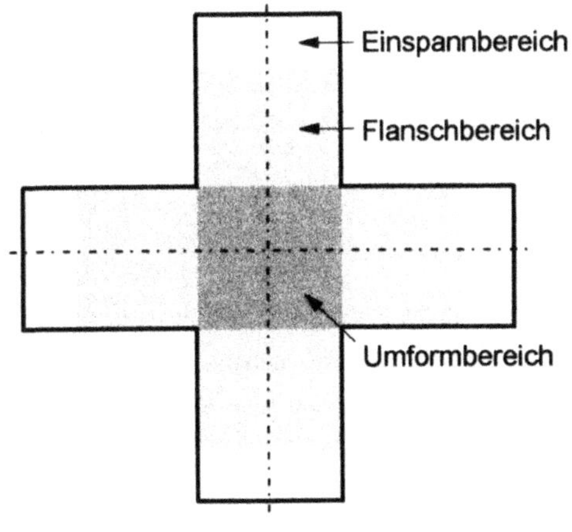


**Bild 68:** Prinzipskizze einer Kreuzzugprobe.

Ausgehend von der Gestalt einer konventionellen Flachzugprobe für den einachsigen Zugversuch erhält man durch das Anfügen zweier um 90° gedrehter Arme eine einfache Kreuzzugprobe. Eine derart gestaltete Probenform läßt sich in einen Einspann- und Flanschbereich sowie einen Umformbereich unterteilen (Bild 68). Der Einspannbereich wird maßgeblich durch die Werkzeuggeometrie bestimmt. Der

Flansch bestimmt die Hauptabmessungen der Kreuzzugprobe. Er leitet die Kraft vom Einspannbereich in den Umformbereich ein.

Kreißig /57/ hat eine Kreuzzugprobe mit einem kleinen Umformbereich und einem größeren Flanschbereich aufgebaut. Diese Probengeometrie wurde von ihm durch ein spannungsoptisches Verfahren hinsichtlich eines homogenen Spannungszustandes anhand von Versuchsergebnissen optimiert.

Ein möglichst homogener Spannungs- und Formänderungszustand wurde auch von Mathiak /181/ und Ferron /182/ mit ihren Probenformen angestrebt. Diese zeichnen sich dadurch aus, daß keine Schubbeanspruchung bzw. keine Querdruckspannungen in der zweiachsigen Umformzone auftreten und somit der angestrebte zweiachsige Zugspannungszustand angenähert wird. Versuchstechnisch muß hierbei wie bei allen kreuzförmigen Probengeometrien beachtet werden, daß der zweiachsige Zug in Richtung der Orthotropieachsen, die bei gewalzten Blechen in Walzrichtung und senkrecht dazu liegen, erfolgt /57/.

Zur Aufnahme von Folgefließortkurven werden die Kreuzzugproben kontrolliert vorverformt. Zur Simulation realer Ziehprozesse sollte es möglich sein, hohe Vorverzerrungen in die Proben einzubringen. Auch aus diesem Grunde ist es erforderlich, den Flanschbereich hinsichtlich seiner Geometrie zu optimieren.

Eine Kreuzzugprobe ermöglicht die Aufnahme von Fließortkurven an Blechen im Lieferzustand unbeeinflußt durch Biege- oder Schweißvorgänge. Bei der Probengeometrie sollten Blechdickensprünge infolge der Anschweißung von Einspannarmen mit größerer Blechdicke vermieden werden, da diese eventuell Spannungsinhomogenitäten hervorrufen.

Die Herstellung der Proben sollte einfach und kostengünstig durch einen Fräs- oder Schneidvorgang möglich sein; die Abmessungen der Probe sollten möglichst klein sein, um eine leichte Handhabung zu gewährleisten. Dabei muß aber darauf geachtet werden, daß der zweiachsig beanspruchte Bereich nicht auf Kosten der Meßgenauigkeit zu klein gewählt wird.

### 6.2.2 Finite-Element-Berechnung

Da die Probe nach Kreißig /57/ (Bild 69) bereits wesentliche Voraussetzungen für eine optimale Probengeometrie erfüllt, soll in Anlehnung an diese Probenform eine simulative Optimierung der Probengeometrie hinsichtlich des Homogenitätsgrades des Spannungs- und Formänderungszustandes in der Umformzone der Probe und bzgl. der maximalen Höhe des ohne Probenversagen einzubringenden Vergleichsumformgrades erfolgen. Hierzu werden die geometrischen Größen in der Übergangszone vom Flansch- zum Umformbereich untersucht.

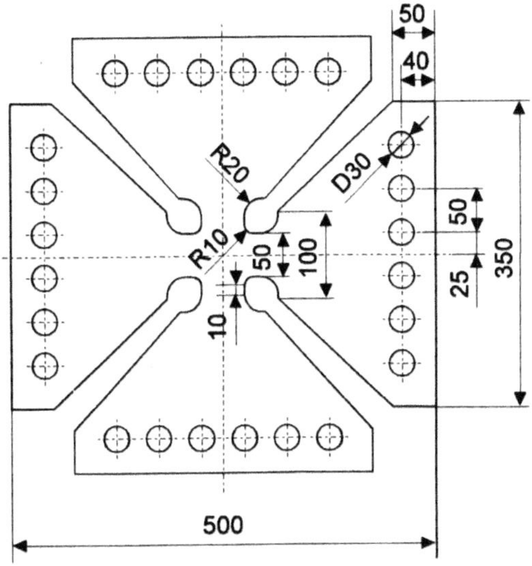


**Bild 69:** Kreuzzugprobenform nach Kreißig /57/.

Gleichzeitig soll der Einspannbereich der Probe so verändert werden, daß die Kreuzzugversuche auf der institutseigenen CNC-Streckziehanlage (Näheres dazu siehe Kapitel 6.3.1) durchgeführt werden können.

#### 6.2.2.1 Grundlagen

Die Vorgehensweise zur Berechnung von Vorgängen mit der Methode der Finiten Elemente läßt sich in drei Stufen einteilen:

1. Pre-Processing
2. Simulation
3. Post-Processing

Im Pre-Processing werden die Daten für die Berechnung des Umformvorganges vorbereitet. Die Geometrie des Werstücks und gegebenenfalls auch des Werkzeugs wird in eine für den Rechner verarbeitbare Schnittstelle, die zum Datenaustausch verschiedener Programme dient, als Datenbank gespeichert. Während der Simulation findet die eigentliche Berechnung des Umformvorganges mit Hilfe der Finite-Elemente-Methode statt. Hierfür werden die im Pre-Processing erstellten Daten eingelesen und verarbeitet. Der Fortschritt der Rechnung wird während der Simulation kontinuierlich festgehalten und die Rechenergebnisse werden in einer Datei ausgeschrieben. Die Rechenergebnisse werden nach Beendigung der Rechnung in spezielle Datenbanken umgewandelt, die als Schnittstelle zur Darstellung der Ergebnisse dienen. Mit diesen Daten werden die Simulationsergebnisse im Post-Processing aufbereitet und dargestellt.

Das Pre- und Post-Processing wurde mit dem Programm PATRAN, einem Softwarepaket der Firma PDA-Engineering durchgeführt. Die Simulation erfolgte mit dem Finite-Element-Programm EPDAN (**E**lastisch-**P**lastische-**D**eformations-**An**alyse). Dieses FE-Programm wurde von Tekkaya

/183/ zur Berechnung von Eigenspannungen beim Voll-Vorwärtsfließpressen und Ziehen erstellt. Es geht auf Arbeiten von Roll /184/ zurück und wurde im Rahmen zahlreicher Forschungsvorhaben am Institut für Umformtechnik der Universität Stuttgart ständig weiterentwickelt /185/.

Die Grundlage von EPDAN bildet ein elastisch-plastisches Werkstoffmodell. Das Programmsystem besitzt eine implizite Finite-Elemente-Formulierung, die auf der mitgehenden Lagrange- ("updatet Lagrange") Betrachtungsweise aufgebaut ist. Die Formulierung von EPDAN erlaubt die Berechnung der bei nahezu allen Umformvorgängen auftretenden großen plastischen Formänderungen (Dehnungen, Schiebungen) wie auch der damit verbundenen Starrkörperbewegungen (Translationen, Rotationen). Zur Beschreibung des Werkstoffverhaltens kann die Fließkurve dem Programm wahlweise in Form eines Polygonzuges oder eines Potenzansatzes (Ludwik-Hollomon-Beziehung) eingegeben werden. Dabei wird vereinfachend isotropes Verhalten mit isotroper Kaltverfestigung angenommen /186, 187/.

Aus Symmetriegründen kann eine kreuzförmige Probe zur Berechnung in vier gleiche Segmente (Bild 70) geteilt werden. Dabei genügt es, die Symmetrieachsen und die Symmetrieebenen durch entsprechende Randbedingungen zu substituieren.

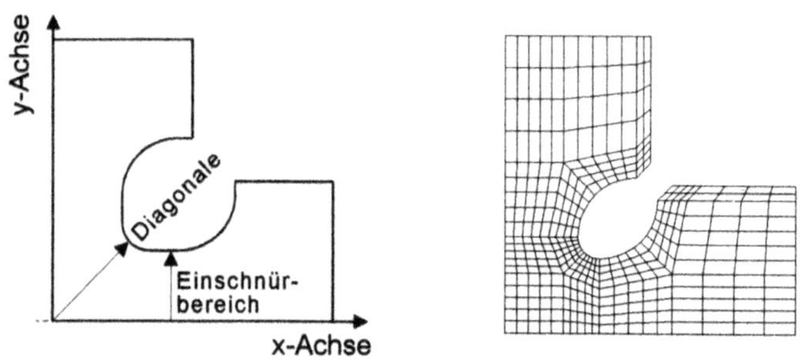


**Bild 70:** Viertelsegment als Grundlage der Simulationsrechnung.

Die Randbedingung des Viertelsegments auf der x-Achse wird so bestimmt, daß eine Verschiebung nur in x-Richtung zulässig ist. Dadurch wird die Symetrieachse längs zur x-Richtung, die sich aus der bereits erwähnten Symmetrie der kreuzförmigen Versuchsprobe lediglich in x-Richtung verlängert, zu einer Kantenseite des Viertelsegments. Entsprechend wird für die Symmetrieachse längs zur y-Achse die Randbedingung so gesetzt, daß nur in y-Richtung eine Verschiebung möglich ist. Für den Probenmittelpunkt, an dem sich die Symmetriachsen schneiden und der zum linken unteren Eckpunkt des Viertelsegmentes wird, darf weder eine Verschiebung in x- noch eine in y-Richtung zugelassen werden. Zur Erfassung des dreidimensionalen Bewegungszustandes wird eine Ober- und Unterseite des Viertelsegments mit dem Abstand der halben Blechdicke durch entsprechende Volumenelemente definiert. Die Unterseite des Viertelsegments ist die Symmetrieebene zur Blechdicke der kreuzförmigen Versuchsprobe und befindet sich in der Mitte der Blechdicke. An der Unterseite des Viertelsegments wird in z-Richtung, entsprechend dem wirklichen Verhalten einer Blechprobe in der Blechdickenmitte, keine Verschiebung zugelassen. Die Oberseite des Viertelsegments stellt die freie Oberfläche der Blechoberseite dar und erhält unter Berücksichtigung der bereits getroffenen Randbedingungen an den Kanten Bewegungfreiheit in alle Richtungen.

#### 6.2.2.2 Variation von Geometrieparametern

Die Probe nach /57/ wurde mit der Methode der Finiten Elemente hinsichtlich des maximal erreichbaren Vergleichsumformgrades und der Homogenität der Formänderungsverteilung nachgerechnet und für die weitere Optimierung der Kreuzzugprobe zugrunde gelegt. Der maximal erreichbare Vergleichsumformgrad im Probenzentrum ergibt sich aus der beginnenden Einschnürung im engsten Probenquerschnitt. Mit der Geometrie dieser Probe (Bild 71, Kerbradius $R_1$=10mm, Flanschradius $R_2$=20mm, Einschnürlänge $L_0$=10mm) kann nach Bild 73 bei St14 O5 ein maximaler Vergleichsumformgrad $\varphi_V$ von 0,054 und bei AlMg5 w von 0,068 erreicht werden. Wie in Kapitel 6.2.2.3 gezeigt wird, konnte durch die Wahl anderer Geometrieparameter der maximal erreichbare Vergleichsumformgrad deutlich gesteigert werden. Weitere Vorbetrachtungen haben gezeigt, daß die Hauptabmessungen des Einspann- und Flanschbereiches keinen Einfluß auf die Vorgänge in der Probenmitte haben. Gleichzeitig wurde aus der Simulation deutlich, daß die gewählten Blechdicken zwischen 0,8 mm und 1,2 mm keinerlei Einfluß auf die Ausbildung der Spannungen und den Vergleichsumformgrad in der Umformzone der Kreuzzugprobe haben. Zur Simulation der neuen Probenform wurden die Hauptabmessungen mit 200mm x 200mm festgelegt. Auf dieser Basis wurde der Geometrieeinfluß der Übergangszone von dem Flansch- in den Umformbereich optimiert. Für zwei exemplarisch vorgegebene Blechwerkstoffe (AlMg5 w, St14 O5) wurden die beiden Radien im Übergang vom Flansch- zum Mittenbereich (Kerbradius $R_1$ und Flanschradius $R_2$) von 5mm bis 20mm und die Einschnürlänge $L_0$ (Gerade zwischen den Radien) von 0mm bis 20mm variiert (Bild 71).

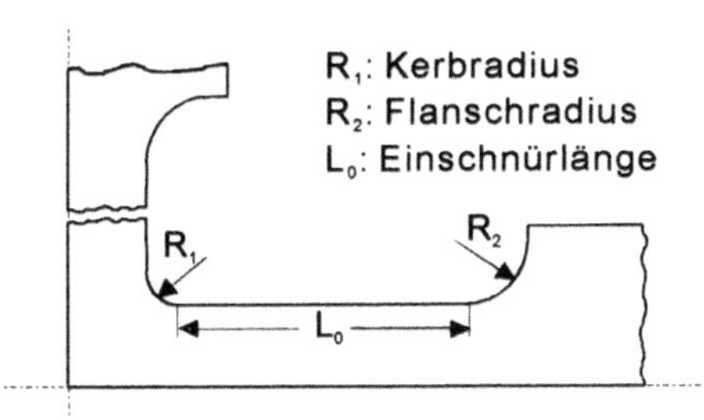


**Bild 71:** Geometrische Parameter der Kreuzzugprobe

**Variation der Einschnürlänge $L_0$**

Die Abhängigkeit des Vergleichsumformgrades $\varphi_V$ in der Probenmitte von der Einschnürlänge $L_0$ ist für AlMg5 w und für St14 O5 in Bild 72 für drei Versuchsreihen bei $R_2$=20mm mit jeweils $R_1$=5mm, 10mm und 20mm dargestellt. Der Vergleichsumformgrad weist bei $R_1$=const. und $R_2$=const. einen annähernd linearen Zusammenhang mit der Einschnürlänge $L_0$ auf und nimmt mit deren Zunahme kontinuierlich ab.

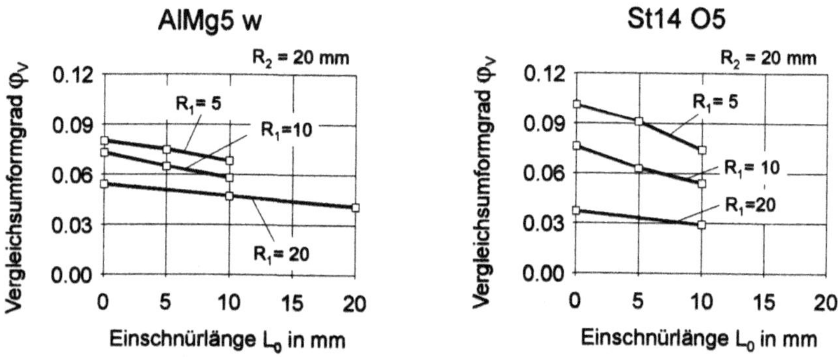


**Bild 72:** Abhängigkeit des Vergleichsumformgrades von $L_0$.

Abhängig vom Kerbradius $R_1$ verläuft der Vergleichsumformgrad auf unterschiedlichem Niveau und ist am höchsten für $R_1$=5mm. Die Abnahme des Vergleichsumformgrades bei Zunahme der Einschnürlänge ist bei jedem Kerbradius für AlMg5 w und St14 O5 unterschiedlich. Für $R_1$=20mm ist der Abfall am geringsten ausgeprägt. Bei St14 O5 ist die Abnahme des Vergleichsumformgrades größer als bei AlMg5 w.

**Variation des Kerbradius $R_1$**

Der Verlauf des Vergleichsumformgrades $\varphi_V$ in Abhängigkeit vom Kerbradius $R_1$ ist in Bild 73 dargestellt. In zwei Versuchsreihen wurde bei $R_2$=20mm die Einschnürlänge mit $L_0$=0mm und 10mm variiert. Beim Stahlblech nimmt der Vergleichsumformgrad mit zunehmendem Kerbradius $R_1$ konstant ab (der Bereich $R_1 < 5$mm wurde im Hinblick auf die Vergleichbarkeit mit AlMg5 w nicht untersucht), während er für AlMg5 w zunächst auf ein Maximum bei $R_1$=7,5mm ansteigt und danach wieder abfällt.

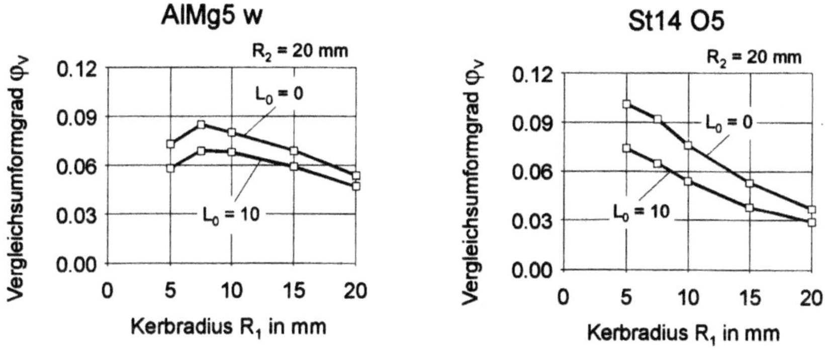


**Bild 73:** Abhängigkeit des Vergleichsumformgrades von $R_1$.

Bei $L_0$=0mm liegt $\varphi_V$ für beide Werkstoffe am höchsten. Der Abfall des Vergleichsumformgrades mit zunehmendem Kerbradius $R_1$ ist bei St14 O5 weitaus größer als bei AlMg5 w.

**Variation des Flanschradius $R_2$**

Die Abhängigkeit des Vergleichsumformgrades vom Flanschradius $R_2$ ist für die zwei Werkstoffe in Bild 74 für zwei Versuchsreihen bei $R_1$=10mm mit jeweils $L_0$=0mm und 10mm dargestellt. Für einen zunehmenden Flanschradius $R_2$ läßt sich bei der Aluminiumlegierung eine geringe Zunahme des Vergleichsumformgrades erkennen. Dagegen erhält man für St14 O5 die entgegengesetzte Tendenz. Für die Einschnürlänge $L_0$=0mm ist der Vergleichsumformgrad am höchsten. Der Niveauabstand von $L_0$=0mm und $L_0$=10mm fällt bei St14 O5 gegenüber AlMg5 w fast doppelt so hoch aus.

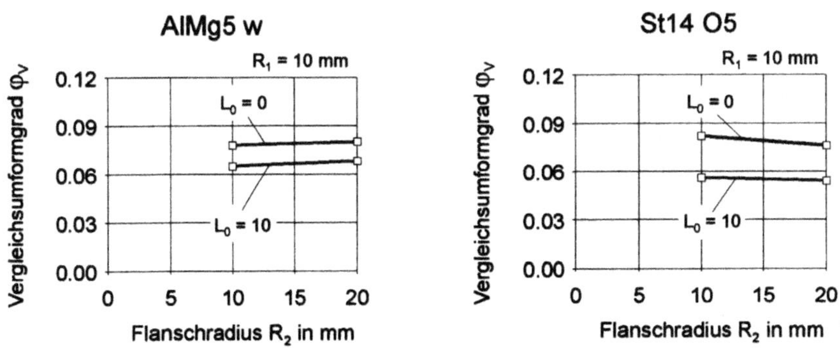


**Bild 74:** Abhängigkeit des Vergleichsumformgrades von $R_2$.

#### 6.2.2.3 Berechnete Kreuzzugprobe

**Geometrie**

Die höchsten Vergleichsumformgrade wurden für die Probengeometrien bei AlMg5 w mit einem Kerbradius $R_1$=7,5mm ($\varphi_{vmax}$=0,085) und bei St14 O5 mit einem Kerbradius von $R_1$=5,0mm ($\varphi_{vmax}$=0,101) erreicht (vgl. Bild 73). Ein Flanschradius $R_2$=20 mm sowie eine Einschnürlänge $L_0$=0mm begünstigen einen größeren in die Probe einzubringenden Vergleichsumformgrad. Somit unterscheidet sich die optimierte Probengeometrie für die beiden Werkstoffe. Zu den weiteren Untersuchungen wird jedoch nur eine Probengeometrie verwendet (Bild 75); diese kann als guter Kompromiß angesehen werden. Die Geometriedaten wurden folgendermaßen festgelegt:

- Kerbradius $R_1$ = 7,5 mm
- Flanschradius $R_2$ = 20 mm
- Einschnürlänge $L_0$ = 0 mm

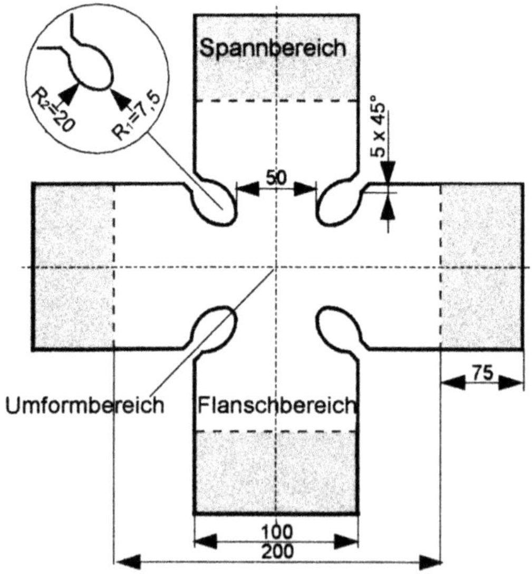


Zur berechneten Probenform (200mm x 200mm) muß an den Enden jeweils eine zusätzliche Einspannmöglichkeit vorgesehen werden. Dieser Spannbereich wird 75mm lang und gleich breit wie der Flanschbereich angelegt.

**Bild 75:** Geometrie der optimierten Kreuzzugprobe

**Die Verteilung der Spannungen und des Vergleichsumformgrades**

Die Verteilung der Spannungen und des Vergleichsumformgrades in der Probenmitte der optimierten Versuchsprobe wurden für den Blechwerkstoff AlMg5 w bei einem Ziehverhältnis von

1:1 bis zu einem Ziehweg von 7,5mm (je Kreuzzugprobenflansch) berechnet. Bei diesem Ziehweg kommt es im engsten Probenquerschnitt zum Werkstoffversagen durch Einschnürung.

Spannungen

Der Verlauf der Spannung $\sigma_x$ in Abhängigkeit vom Ort in x- und in Diagonalenrichtung ist in Bild 76 aufgetragen. In der Probenmitte ist $\sigma_x$ innerhalb eines Durchmesserbereichs von ca. 20mm homogen. Nach Bild 76 nimmt die Spannung $\sigma_x$ auf der x-Achse von der Probenmitte in Richung Einschnürbereich stetig zu und erreicht dort ihr Maximum. Danach nimmt sie zum Probenende im Flanschbereich stetig wieder ab. Auf der Diagonalen nimmt mit zunehmendem Abstand zur Probenmitte $\sigma_x$ durch den inhomogenen Einfluß des Kerbgrundes im Kerbradius ab.

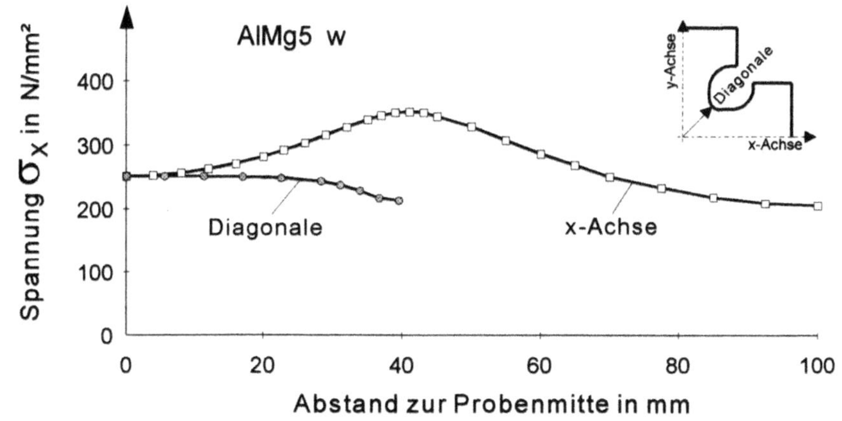


**Bild 76:** Verlauf der Spannung $\sigma_x$ bei einem Ziehweg von 7,5mm; Ziehverhältnis 1:1.

Die Schubspannungen $\tau_{xy}$ (siehe Bild 77) sind für Punkte auf der x- bzw. y-Achse erwartungsgemäß annähernd null. Entlang der Diagonalen nimmt die Schubspannung mit zunehmendem Abstand von der Probenmitte durch den inhomogenen Einfluß des Kerbradius zum Randbereich hin stark zu. Man kann jedoch in guter Näherung von einem durch Schubspannungen $\tau_{xy}$ ungestörten Bereich innerhalb eines Durchmessers von ca. 20mm ausgehen.

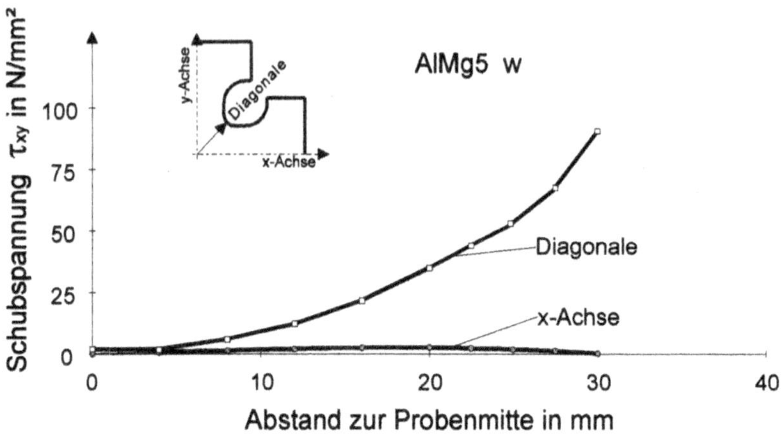


**Bild 77:** Verlauf der Schubspannung $\tau_{xy}$ bei einem Ziehweg von 7,5mm; Ziehverhältnis 1:1.

In Bild 78 ist die Verteilung der Spannung $\sigma_x$ bei der gewählten Probenform für AlMg5 w, nach einem Ziehweg von jeweils 7,5mm in x- und y-Richtung, dargestellt.

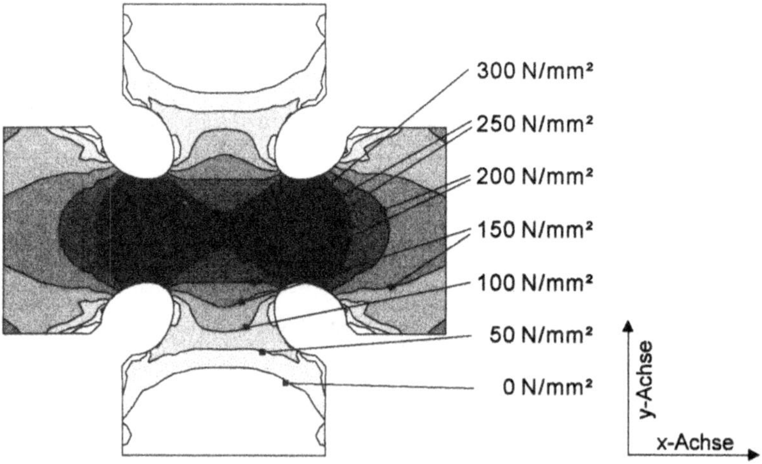


**Bild 78:** Verteilung der Zugspannung $\sigma_x$ bei einem allseitigen Ziehweg von 7,5mm; Ziehverhältnis 1:1.

Vergleichsumformgrad

In der Probenmitte ist der Vergleichsumformgrad $\varphi_v$ nach v.Mises innerhalb eines Durchmesserbereichs von ca. 50mm homogen. Nach Bild 79 nimmt er nach einem anfangs konstanten Bereich in der Probenmitte in Richtung der Symmetrieachsen und der Diagonalen stetig zu, wobei er entlang der Diagonalen mit Annäherung zum Kerbradius fast exponentiell ansteigt.

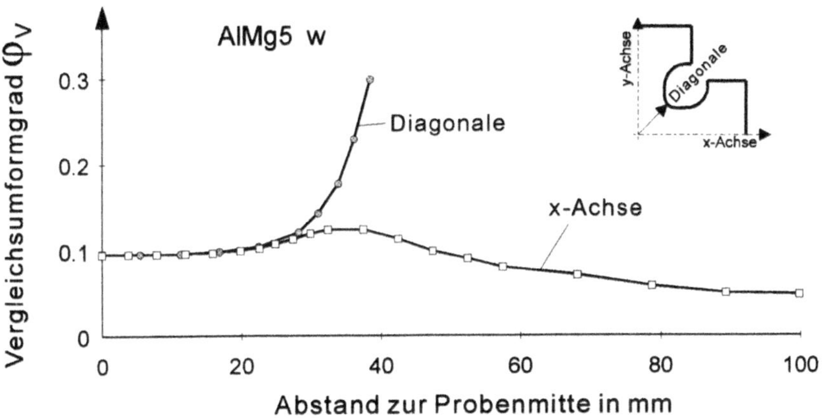


**Bild 79:** Vergleichsumformgrad bei einem Ziehweg von 7,5mm; Ziehverhältnis 1:1.

Bild 80 zeigt die Verteilung des Vergleichsumformgrades bei der optimierten Probenform für AlMg5 w nach einem Ziehweg von jeweils 7,5mm in x- und y-Richtung.

Die Simulationsergebnisse zeigen, daß der größtmögliche Vergleichsumformgrad $\varphi_v$ in der Probenmitte hauptsächlich vom Kerbradius $R_1$ und der Einschnürlänge $L_0$ abhängt. Für eine Einschnürlänge $L_0 = 0$ mm und einen kleinen Kerbradius werden die höchsten Vergleichsumformgrade erreicht.

Die aus der Simulation gewonnene Kreuzzugprobengeometrie hat folgende Vorteile:

1. Einfache Herstellung (Fräsen oder Schneiden) ohne die ursprünglichen Werkstoffeigenschaften zu verändern;
2. Hohe homogene Umformgrade in der Probenmitte;
3. Gut handhabbare Probengröße.

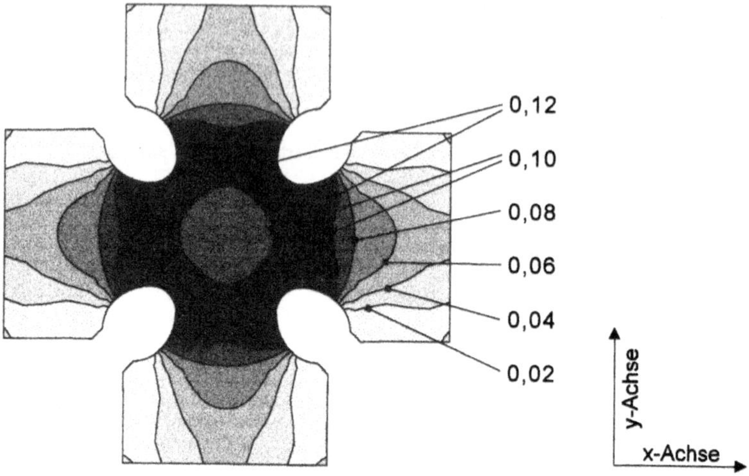


**Bild 80:** Verteilung des Vergleichsumformgrades $\varphi_v$ bei einem allseitigen Ziehweg von 7,5mm; Ziehverhältnis 1:1.

### 6.2.3 Spannungsoptische Überprüfung der Probengeometrie

Zur experimentellen Überprüfung der rechnerisch optimierten Kreuzzugprobengeometrie wurde das spannungsoptische Oberflächenschichtverfahren /188/ gewählt. Dieses Verfahren zeichnet sich durch die optische Darstellung der Spannungsverteilung auf einer Bauteiloberfläche, die zuvor mit einer optisch aktiven (Plastik-) Schicht beklebt wurde, aus. Wenn ein beschichtetes Bauteil mechanischen Spannungen ausgesetzt wird, entsprechen die Dehnungen der Plastikschicht denen in der Bauteiloberfläche. Man erhält somit eine allgemeine Information über die Spannungsverteilung über relativ große Bauteilbereiche /189, 190/. Das spannungsoptische Erscheinungsbild zeigt sich als Muster an Linien gleicher Farben (Ordnung), den sogenannten Isochromaten. Diese sind als Linien gleicher Hauptspannungs- bzw. Hauptdehnungsdifferenz definiert. Für eine qualitative Übersicht genügt eine photographische Aufnahme dieser Isochromatenverteilung /188/. Als erste Informationen dieses spannungsoptischen Bildes ergeben sich u.a. folgende:

- Dicht gepackte Linien entsprechen hohen Spannungsgradienten;
- Einheitliche Farben entsprechen einem gleichförmigen Spannungszustand.

Für die Untersuchung der Kreuzzugprobengeometrie wurde ein spannungsoptischer Schichtwerkstoff mit 1,02mm Dicke eingesetzt. Dieser zeichnet sich u.a. durch einen linearen Zusammenhang zwischen den Spannungen und zugehörigen Dehnungen, durch zeitunabhängige Eigenschaften (z.B. kein Kriechen) und vollkommene Eigenspannungsfreiheit aus. Die beschichtete Kreuzzugprobe wurde bei einem Lastverhältnis von 1:1 bis in den plastischen Bereich gedehnt und danach unter polarisiertem Licht ein Isochromatenübersichtsphoto gemacht (Bild 81).

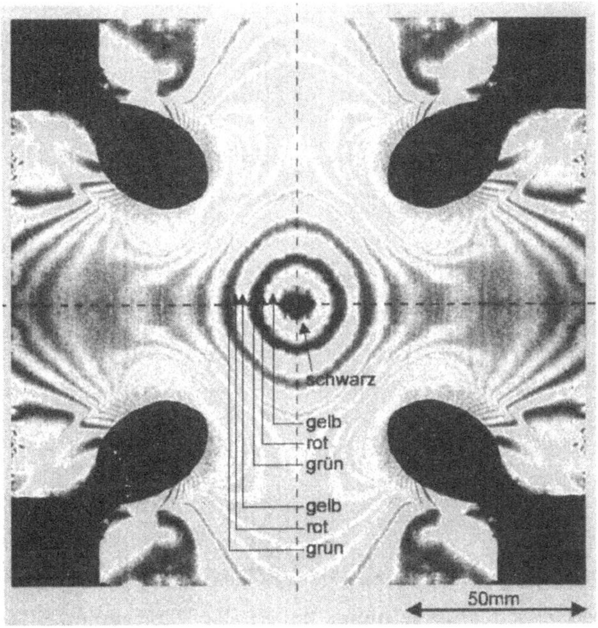


**Bild 81:** Isochromatenübersicht einer Kreuzzugprobe, Lastverhältnis 1:1.

Aus Bild 81 ist zu erkennen, daß im Mittenbereich der Kreuzzugprobe die Hauptspannungs- bzw. Hauptdehnungdifferenz null ist (Farbe schwarz in einem Durchmesserbereich von ca. 10mm). Die relativ breiten (Farb-) Bänder bzw. Linien bezeugen hier einen niedrigen Spannungsgradienten. In den Bereichen der Kerbradien hingegen weist die Übersichtsaufnahme sehr dicht aufeinanderfolgende Ordnungslinien auf. Hier liegt aufgrund der Kerbwirkung ein hoher Dehnungsgradient vor. Betrachtet man qualitativ einen Durchmesserbereich von ca. 30 bis 40mm um das Probenzentrum, so kann allerdings für diesen Bereich von einem homogenen Spannungszustand ausgegangen werden. Dieses Ergebnis untermauert die Simulationsergebnisse aus der Finite-Element-Rechnung und bestätigt die gewählte Kreuzzugprobengeometrie.

## 6.3 Versuchsbeschreibung

### 6.3.1 Die CNC-Streckziehanlage

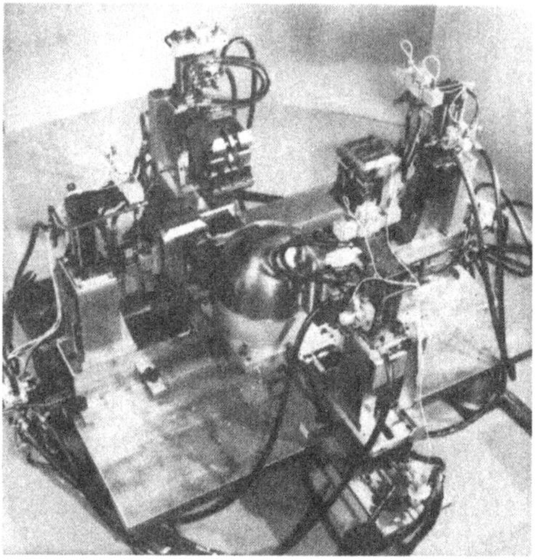

Als Kernstück der Versuchsanlage (Bild 82) dient die am Institut für Umformtechnik der Universität Stuttgart entwickelte segmentierte CNC-Streckziehanlage /191/.

**Bild 82:** Die segmentierte CNC-Streckziehanlage /191/.

Sie wurde als ein flexibles System mit Möglichkeiten zur allseitigen Einspannung von Blechplatinen konstruiert und verfügt über einen modularen Aufbau der einzelnen Spannsegmente. Die Spannsegmente werden mit einem Hydrauliksystem angetrieben. Jede Bewegungsfunktion in x-, y- und z-Richtung wird über einen separaten Hydraulikzylinder vorgenommen. Die Vertikal- und Horizontalbewegungen werden jeweils über einen Differentialzylinder durchgeführt. Jedes Spannsegment ist in seiner Funktion hinsichtlich Hydraulik und Steuerung von den anderen Segmenten unabhängig. Die weggesteuerte Vertikal- und Horizontalbewegung der Spannsegmente wurde mit einer speicherprogrammierbaren Steuerung realisiert.

Diese Anlage ermöglicht auch die ebene Umformung von Blechplatinen unter einer 90°-Anordnung der Spannsegmente und ist somit für die Aufnahme von Fließortkurven mit Kreuzzugproben einsetzbar. Die getrennte Ansteuerung der vier Spannsegmente ermöglicht eine Verfahrkurve mit proportionalem (linearem) Formänderungspfad. Über die programmierbaren Proportionalventile sind beliebige Verfahrwege der beiden senkrecht aufeinanderstehenden Spannzangenpaare möglich, wobei der gemeinsame Anlagenmittelpunkt erhalten bleibt.

### 6.3.2 Notwendige Versuchsperipherie

Die Versuchsanlage war hinsichtlich der Blechspannmöglichkeit und der Meßwertaufnahme für Untersuchungen verschiedener Streckziehverfahren konzipiert worden. Voraussetzung für die Aufnahme von Fließortkurven mit dieser Anlage war deshalb die Konstruktion einer Einspannvorrichtung für Kreuzzugproben, die zugleich die Erfassung der tatsächlich wirkenden Zugkräfte ermöglicht.

#### 6.3.2.1 Probeneinspannung

Die Probeneinspannung (Bild 83) erfolgt in vier Spannelementen. Diese wurden zuvor einmalig an die Spannsegmente der CNC-Streckziehanlage paßgenau so angeschraubt, daß die Blechebene zugleich die Ebene der Krafteinleitung ist und somit keine Biegebeanspruchungen auftreten können. Die Spannsegmente werden in ihre unterste Vertikalposition gefahren, um den Hebelarm zwischen dem jeweiligen Spannsegmentlager und der Ebene der Krafteinleitung minimal zu halten. Dies ermöglicht eine präzise Weg- bzw. Positionsvorgabe für die einzelnen Spannsegmente.

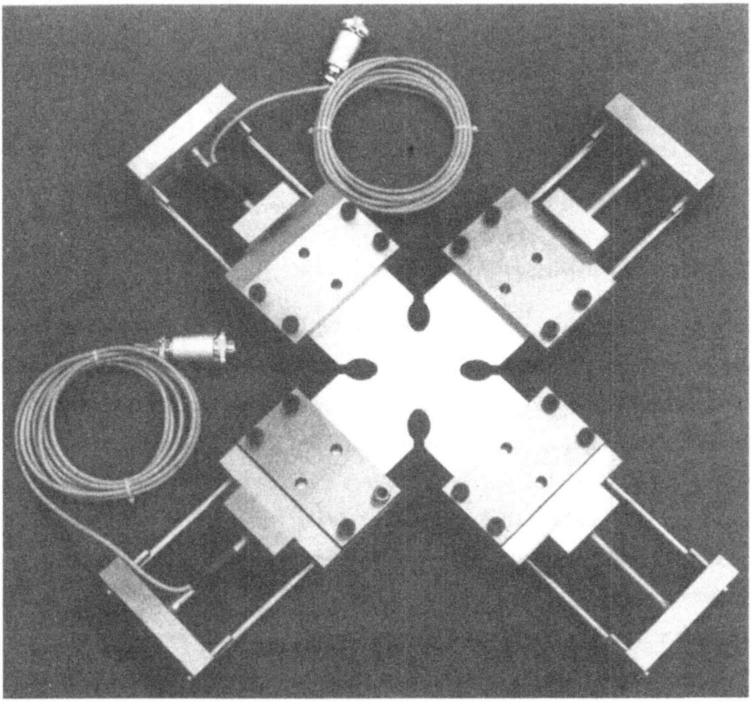

**Bild 83:** In vier Spannelemente eingebaute Kreuzzugprobe.

Jedes Spannelement wurde so ausgelegt, daß die aufgebrachte Zugkraft völlig gleichmäßig über die gesamte Breite und Blechdicke eines Kreuzzugprobenarmes mittels Form- und Reibschluß eingeleitet wird. In Bild 84 ist eine eingespannte Kreuzzugprobe schematisch dargestellt.

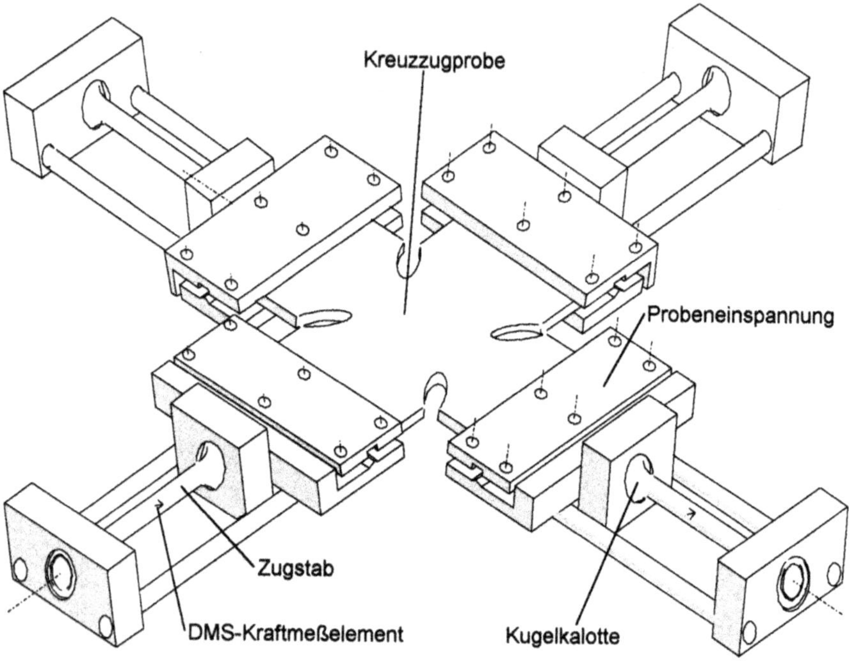


**Bild 84:** Schematische Darstellung der Probeneinspannung.

Die Zugkräfte werden über Zugstäbe (ein standardisierter Gewindeanschluß an beiden Enden ermöglicht die Verwendung von unterschiedlichen Nenndurchmessern) in die Blechprobe eingeleitet. Diese sind an beiden Enden in einer nitrierten Kugelkalotte fixiert. Dies ermöglicht eine verschleißfeste, nahezu reibungslose querkraftfreie Krafteinleitung. Jede Kugelkalotte stützt sich über eine Druckfeder gegen ihr Widerlager ab, so daß ein spannungsfreier Probeneinbau ermöglicht wird und es bei der Rückfahrt der CNC-Spannsegmente bei Versuchsende zu keiner Probenstauchung kommt. Die gesamte Einspannvorrichtung wird von insgesamt acht Silberstahlstäben reibungsfrei in der vorgegebenen Ebene gehalten. Somit ist mit der Probeneinspannung eine biege- und querkraftfreie präzise Krafteinleitung in die Kreuzzugprobe gewährleistet.

#### 6.3.2.2 Kraftmessung

Die auf die polierten Zugstäbe (Werkstoff 42CrMo 4) applizierten DMS-Kraftmeßelemente liegen direkt hinter den Armen der Kreuzzugproben im Kraftfluß (siehe Bild 84). Diese Meßanordnung gewährleistet, daß keinerlei Verfälschung des Kraftsignals durch die Steifigkeit der Versuchsanlage auftreten kann. Bei jeder der beiden Belastungsachsen wurde nur eine Zugprobe mit einem Kraftmeßelement bestückt. Das Meßsignal entspricht somit der gesamten in dieser Richtung wirkenden Kraft. Zur Umrechnung der elektrischen Meßsignale der Dehnmeßstreifen in entsprechende Kraftsignale wurden Kalibrierkurven der beiden Zugstäbe für die Be- und Entlastung aufgenommen und in Diagrammform in Bild 85 dargestellt. Man sieht, daß sich beide Zugstäbe sowohl bei Zugbeanspruchung wie auch bei deren Entlastung über den gesamten Meßbereich sehr gut linear verhalten.

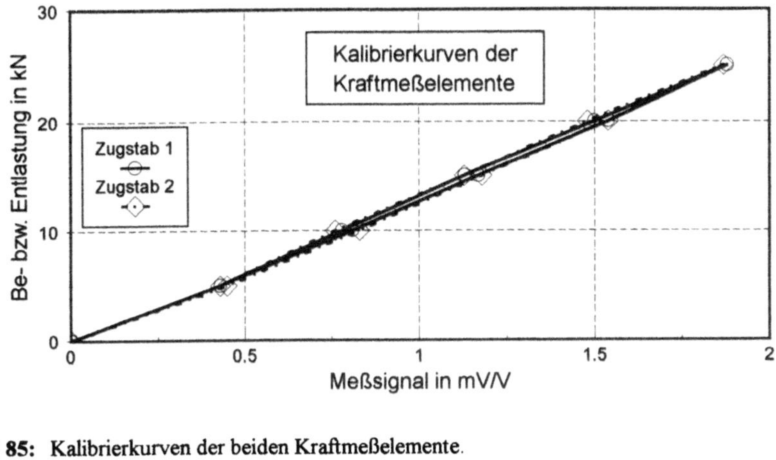


**Bild 85:** Kalibrierkurven der beiden Kraftmeßelemente.

## 6.4 Experimentelle Bestimmung von Fließortkurven

### 6.4.1 Ermittlung von Anfangsfließortkurven

Für alle in dieser Arbeit vorgestellten Werkstoffe wurden Anfangsfließortkurven aufgenommen. Zur Bestimmung der Fließorte im I. Quadranten der $\sigma_1$-$\sigma_2$-Spannungsebene werden der einachsige Flachzugversuch sowie der zweiachsige Kreuzzugversuch eingesetzt. Aus dem Zugversuch erhält man für die Richtung 0° und 90° zur Walzrichtung die r-Werte und die Ersatzstreckgrenzen $R_{p0,2}$, die den Fließort für die $\sigma_1$- bzw. $\sigma_2$-Achse darstellen. Gleichzeitig werden die Informationen der r-Werte unter 0° und 90° zur Walzrichtung wie folgt berücksichtigt. Über die Normalenregel erhält man aus diesen r-Werten die Tangenten an eine Fließortkurve in den Schnittpunkten mit der $\sigma_1$- und $\sigma_2$-Achse. Hierauf wird in Kapitel 6.4.1.6 näher eingegangen. Fließpunkte, die sich unter zweiachsiger Beanspruchung ergeben, werden mit dem Kreuzzugversuch ermittelt. Als Stützpunkte für die Fließortkurven werden die Fließspannungen für die Lastverhältnisse $\sigma_1$:$\sigma_2$ von 1:3, 1:1 und 3:1 ermittelt. Für jeden der drei Fließpunkte wird eine neue Kreuzzugprobe eingesetzt, damit der Blechwerkstoff in jungfräulichem Zustand vorliegt.

#### 6.4.1.1 Definition und Bestimmung des Fließbeginns

Nach Michno und Findley /177/ muß zur experimentellen Bestimmung von Fließortkurven neben einem geeigneten Probekörper auch eine physikalisch begründete Definition des Fließbeginns gewählt werden, da diese einen erheblichen Einfluß auf die Form und Lage einer experimentell ermittelten Fließortkurve haben kann /192/.

Sallat /73/ diskutierte und verglich die verschiedenen Möglichkeiten zur Bestimmung des Fließbeginns und wählte für seine Kreuzzugversuche eine hochgenaue Temperaturmessung. Wird ein metallischer Werkstoff unter adiabaten Bedingungen einer Zugbeanspruchung ausgesetzt, kühlt er im elastischen Verformungsbereich ab (Thermoelastischer Effekt /193/). Mit dem Überschreiten der Fließgrenze kommt es bei metallischen Werkstoffen zu plastischen Formänderungen. Dabei werden etwa 90% der aufgewandten Arbeit in Wärme umgewandelt, so daß im Verlauf der Temperatur-Dehnungs-Kurve beim Übergang vom elastischen in den plastischen Bereich ein ausgeprägter Tiefpunkt auftritt (Bild 86). Der Vorteil dieses Verfahrens besteht darin, daß die Temperatur als skalare Größe zur Festlegung der Fließgrenze dient.

Zur Bestimmung der Fließpunkte werden hierzu im Kreuzzugversuch der Temperatur- und die Kräfteverläufe mit einem Meßrechner aufgezeichnet (Näheres zur Versuchsdurchführung siehe Kapitel 6.4.1.2) und hieraus die Kräfte beim Tiefpunkt der Temperaturkurve ermittelt. Die Temperaturmessung erfolgt berührungslos mit einem Infrarot-Thermoelement. Das analoge Meßsignal wird über einen Meßverstärker vergrößert. Da bei diesem Verfahren nicht die absolute Temperatur, sondern der relative Temperatur-Verlauf über die Versuchsdauer wichtig ist, wird die Temperatur mit der Arbeitsgenauigkeit des Temperaturfühlers gemessen. Laut Herstellerangaben arbeitet das eingesetzte Infrarot-Thermoelement bei Raumtemperatur mit einer Genauigkeit von ± 2% des Meßwertes. Bei diesen Angaben wird von einem Emissionsfaktor der Blechoberfläche von 0,9 ausgegangen. Um Emissionsverluste zu verhindern, wird der Umformbereich der Kreuzzugprobe mit einer dünnen schwarzen Mattlackschicht beschichtet. Der Einfluß der Umgebungstemperatur wird im Datenblatt des verwendeten Thermoelements mit 0,02% /°C angegeben. Der Sichtwinkel des Temperaturfühlers beträgt 90°, womit sich ein Verhältnis von 1:2 für Meßabstand zu Meßfleckdurchmesser ergibt. Mit einer technisch nicht vermeidbaren Ansprechzeit von nur 80ms kann von einer praktisch verzögerungslosen Temperaturmessung ausgegangen werden.

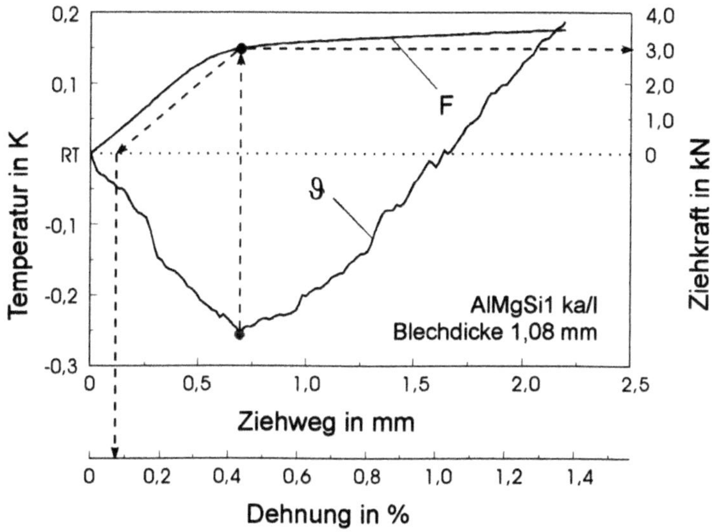


**Bild 86:** Temperatur-Kraft-Weg-Verlauf einer Flachzugprobe aus AlMgSi1 ka/I.

Um einen Anhaltswert zu erhalten, in welchem optimalen Abstand das Infrarot-Thermoelement zur Aufnahme des Temperaturverlaufes beim Kreuzzugversuch positioniert werden muß, wurden aus Simulationsergebnissen Bilder erstellt, die die Fließfronten, d.h. den Fortschritt der Umformung mit zunehmender Probenbelastung zeigen. In den Bildern 87 und 88 werden diese Fließfronten für den Werkstoff St14 O5 bei den Lastverhältnissen 1:1 und 3:1 dargestellt.

Aus den Bildern 87 und 88 ist zu erkennen, daß die plastische Formänderung im Kerbgrund der Kreuzzugprobe beginnt, sich bei einer Belastung von 1:1 mit fortschreitendem Ziehweg zum Kreisring schließt und sich nach außen und ins Probeninnere fortsetzt. Erst nach gewissen Ziehwegen (0,16mm bei 1:1 und 0,22mm bei 3:1) treffen sich die Fließfronten im Probeninneren. Ab diesem Zeitpunkt tritt eine plastische Formänderung im Zentrum der Kreuzzugprobe auf. Für den Werkstoff AlMg5 w wurden dieselben Simulationsrechnungen durchgeführt. Die Bilder dieser Fließfronten entsprechen denen von St14 O5.

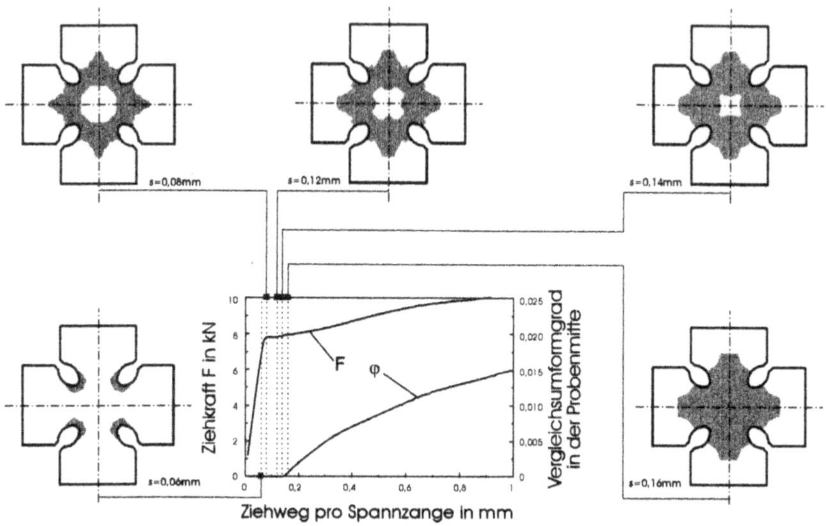


**Bild 87:** Fließfronten beim Ziehwegverhältnis 1:1 bei St14 O5.

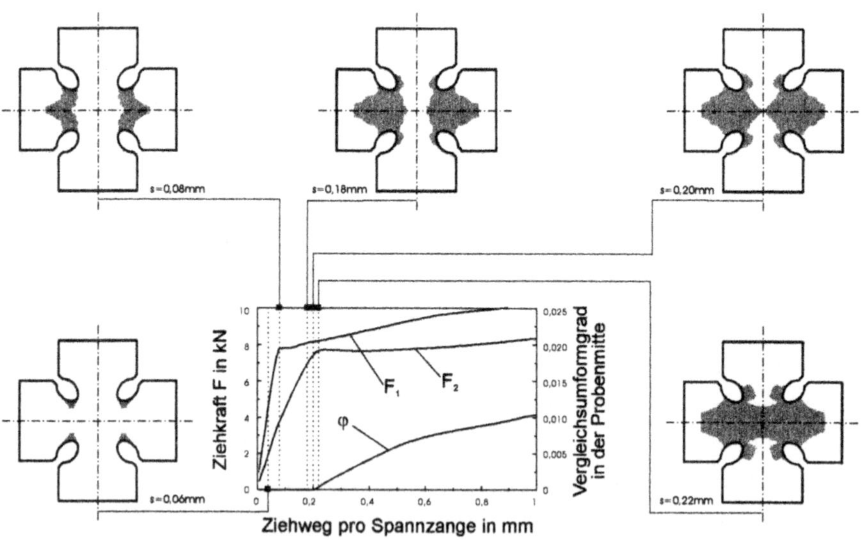


**Bild 88:** Fließfronten beim Ziehwegverhältnis 3:1 bei St14 O5.

Aus dieser Erkenntnis wird der Meßfleckdurchmesser des Thermoelementes zu 10mm festgelegt. Das entspricht einem lichten Abstand von 5mm zwischen der Probenoberfläche und der Meßebene des Thermoelementes. Für sämtliche Untersuchungen dieser Arbeit wurde dieser auch in experimentellen Voruntersuchungen (siehe Kapitel 6.4.1.3) bestätigte Abstand gewählt.

Der Versuch mit der DIN-Flachzugprobe aus AlMgSi1 ka/I, dessen Temperatur-Kraft-Weg-Verlauf in Bild 86 dargestellt ist, wurde ebenfalls mit diesem Temperaturfühlerabstand aufgezeichnet. Wertet man hierbei für den tiefsten Punkt des Temperaturverlaufes die gemessene Ziehkraft (F=3016 N) mit der zugehörigen Probenquerschnittsfläche $A_0$ (Breite 20mm, Blechdicke 1,08mm) aus, so erhält man eine Fließspannung von 139,6 N/mm$^2$ bei einer bleibenden Dehnung < 0,1%. Der Vergleich dieses Wertes mit der Ersatzstreckgrenze $R_{p0,2}$ = 141,6 N/mm$^2$ aus dem Flachzugversuch nach DIN EN 10002 ergibt eine sehr gute Übereinstimmung. Zu beachten ist hierbei, daß der Wert $R_{p0,2}$ bei einer bleibenden Dehnung von 0,2% definiert wurde und nicht exakt den Fließbeginn des Werkstoffes kennzeichnet. Die technische Elastizitätsgrenze $R_{p0,01}$ /137/, die den Übergang vom elastischen zum plastischen Verhalten genauer beschreibt, wurde für diesen Werkstoff im Flachzugversuch nicht bestimmt. Trotzdem ist durch den Vergleich mit $R_{p0,2}$ die Zuverlässigkeit der eingesetzten Temperaturmeßmethode zur Bestimmung der Fließgrenze bestätigt.

### 6.4.1.2 Versuchsdurchführung

Der experimentelle Teil der Fließortkurven-Aufnahme wird mit der in Kapitel 6.3.1 beschriebenen CNC-Streckziehanlage durchgeführt. Hierzu liegt für die Versuchssteuerung ein menügeführter Programmablauf vor /194/. Nach der Initialisierung (Konfigurierung aller Meß- und Regelkarten des Steuer-PC's) und der Referenzfahrt, die für die Längenmessungen in x- und z-Richtung (mittels Glasmaßstäben auf dem photoelektrischen Meßprinzip) zur Festsetzung des Lage-Referenzpunktes notwendig ist, werden die vier Spannelemente an den Spannzangen positionsgenau befestigt. Danach wird die Kreuzzugprobe in die Spannelemente eingebaut (Bild 89). Die genaue Positionierung des Thermoelementes in der Probenmitte mit dem lichten Abstand von 5mm schließt die praktische Versuchsvorbereitung ab (Bild 90).

Damit die weggesteurte Versuchsanordnung zuverlässig arbeitet, wird die Kreuzzugprobe mit einer definierten Vorlast (hier wurden 150 N gewählt) vorgespannt. Somit wird gewährleistet, daß kein Spiel zwischen den Spannsegmenten, den Kraftmeß-Zugstäben und der Kreuzzugprobe vorliegt.

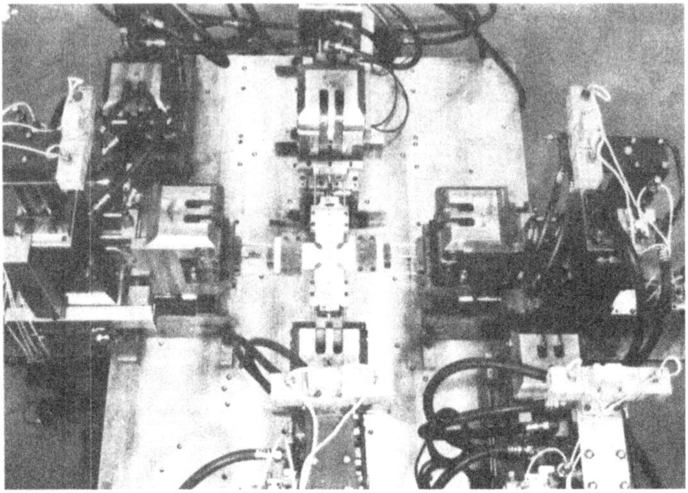

**Bild 89:** Übersichtsaufnahme des Kreuzzugversuchsstandes.

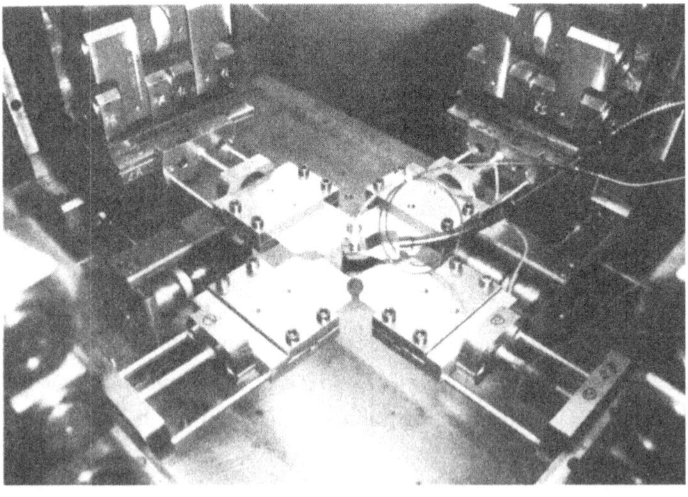

**Bild 90:** Detailaufnahme des Kreuzzugversuchsstandes.

Dem Steuerprogramm wird jetzt das gewünschte Ziehwegverhältnis sowie die Ziehgeschwindigkeit (hier wurden 0,5mm/s gewählt) vorgegeben. Die Servoventiltechnik der Antriebsheiten ermöglicht die Versuchsdurchführung mit einem konstanten Ziehwegverhältnis während der gesamten Versuchsdauer. Der Formänderungspfad (strain path) ist für die Aufnahme von Anfangsfließortkurven laut Kreißig /57/ zwar unwesentlich, da sich sämtliche Formänderungen bis zum Fließbeginn im elastischen Bereich bewegen; es wird dennoch empfohlen, die Versuche möglichst nicht durch sogenannte Hakenwege, sondern mit einem konstanten Verhältnis der beiden Ziehwege durchzuführen. Zur Einbringung von Vorverformungen für die Aufnahme von Folgefließortkurven (hier spielt der gewählte Formänderungspfad eine wesentliche Rolle) ist ein linearer Formänderungspfad während des Vorganges ein großer Vorteil dieser Versuchssteuerung.

Aufgrund der einfachen Probenherstellung und der guten Handhabbarkeit der Kreuzzugproben wird zur Aufnahme eines Fließpunktes sowohl bei Anfangsfließortkurven als auch bei Folgefließortkurven stets eine neue Blechprobe verwendet. Dieses Vorgehen gewährleistet, daß vor allem bei der Aufnahme von Anfangsfließortkurven keinerlei vorausgehende plastische Formänderung den Fließbeginn beeinflußt.

Der Hydraulikantrieb wird nach einer vorwählbaren Zeit, nachdem der tiefste Punkt der Temperaturkurve erkannt wurde, abgeschaltet. Während des Versuches werden folgende Größen von den Meßwerterfassungskarten online aufgezeichnet und in einem Binärfile abgespeichert:

- Die Versuchszeit;
- Das Temperatursignal;
- Je Spannzange die Verfahrposition in Zugrichtung;
- Je Spannsegmentenpaar die Zugkräfte in Zugrichtung.

Zur optischen Kontrolle des Versuches wird gleichzeitig der Temperatur-Zeitverlauf auf einem x-y-Schreiber mitgeschrieben.

Die Steuersoftware ermöglicht eine graphische Darstellung der Temperatur-, Ziehweg- und Kraftverläufe über der Systemzeit, so daß unmittelbar im Anschluß an jeden Versuch eine qualitative Kontrolle des Ergebnisses erfolgen kann.

Aus den in ASCII-Format umgewandelten Versuchsdateien kann ein versuchstechnisch möglicher "offset" (Verschiebung der Meßsignale vom vorgegebenen Nullpunkt bei Versuchsbeginn) der Meßwerte entnommen und bei der Auswertung der Ergebnisse berücksichtigt werden.

In Bild 91 ist der gesamte Versuchsaufbau schematisch dargestellt. Diesem Bild kann entnommen werden, welche Meßgrößen im Kreuzzugversuch erfaßt und im Meßrechner abgelegt werden.

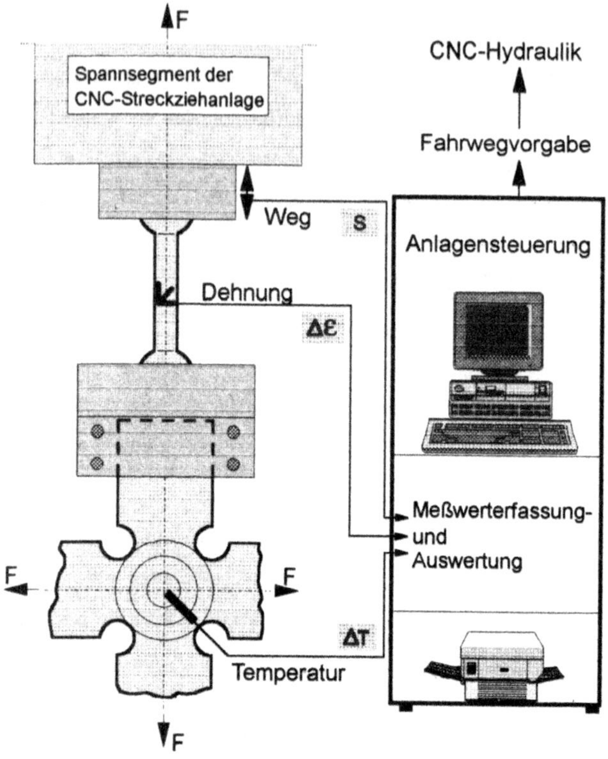


**Bild 91:** Schematischer Versuchsaufbau des Kreuzzugversuchsstandes.

### 6.4.1.3 Vorversuche

**Festlegung des Temperaturfühlerabstandes**

Das Abbildungsverhältnis Meßfleckdurchmesser : Meßabstand von 2:1 des Infrarot-Thermoelementes erfordert die genaue Festlegung des lichten Abstandes der Meßebene von der Blechoberfläche. Aus den Fließfrontenverläufen der Simulationsrechnung ging hervor, daß die Plastifizierung einer Kreuzzugprobe sich von den Kerbradien aus nach außen und innen in Richtung Probenzentrum fortsetzt. Erst nach einer gewissen Belastungszeit tritt im Probeninneren ein zweiachsiger plastischer Formänderungszustand auf. Deshalb wurde für alle Versuche, wie bereits in Kapitel 6.4.1.1 erwähnt, ein Meßfleckdurchmesser von 10mm gewählt.

Vorversuche an Flachzugproben aus AlMgSi1 ka/I mit größeren Abständen zwischen dem Thermoelement und der Blechoberfläche ergaben Temperatur-Zeit-Verläufe, wie sie exemplarisch für den Abstand 20mm in Bild 92 dargestellt sind. Der Meßfleckdurchmesser des Temperaturfühlers, über den alle Temperatursignale aufintegriert werden, beträgt hierbei 40mm.

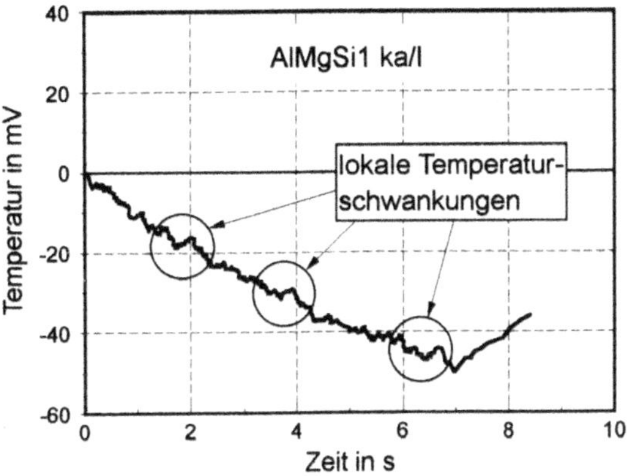


**Bild 92:** Temperatur-Zeit-Verlauf bei einem Temperaturfühlerabstand von 20mm.

Man erkennt in Bild 92 eine mit zunehmender Zeit bzw. Dehnung bis zu einem minimalen Wert abnehmende Temperatur; danach steigt die Temperatur deutlich an. Auffallend ist bei diesem Temperaturverlauf, daß er sehr unstetig verläuft. Dies rührt daher, daß durch den großen Meßbereich (∅ 40mm) elastische, teilplastische und plastische Verformungszonen erfaßt und im Temperatursignal wiedergegeben werden. Dadurch, daß die lokale Temperatur von teilplastischen und plastischen Bereichen mitgemessen wird, kommt es zu keiner eindeutigen Abnahme des Temperaturverlaufes; vielmehr ist der Temperaturverlauf durch lokale Minima und Maxima gekennzeichnet. Bei Temperaturverläufen mit einem Abstand des Thermoelementes von 5mm zur Bezugsfläche verläuft die Temperaturabnahme stetig (vgl. Bild 86), da nur die Temperaturinformation des Kreuzzugprobenzentrums (∅ 10mm) ausgewertet wird.

**Zuverlässigkeit der Kraftmeßtechnik**

Zur Überprüfung der Genauigkeit der beiden Kraftmeßachsen (System: "Probeneinspannung-Kraftmeßzugstab-CNC-Spannsegment") wurden verschiedene Voruntersuchungen mit dem Werkstoff AlMgSi1 ka/I auf der Versuchsanlage durchgeführt.

Aus Versuchen an Flachzugproben nach DIN EN 10002, die unterschiedlich in beide Kraftmeßachsen eingebaut waren, ergab sich eine maximale Abweichung der Kraftsignale von ±1%. Diese Genauigkeit wurde auch durch Kreuzzugproben, deren Einbaurichtung zur Walzrichtung variiert wurde, bestätigt. Hier konnte bei einem Lastverhältnis von 1:1 eine maximale Differenz der Meßwerte von ±3% festgestellt werden. Trotzdem wurden bei allen Kreuzzugversuchen in dieser Arbeit die Winkel zur Walzrichtung der Proben in der gleichen Kraftachse eingespannt.

**Vorversuche an gekerbten Flachzugproben**

Versuche an gekerbten Flachzugproben aus dem Werkstoff AlMgSi1 ka/I (vgl. Bild 49) deren

Längsachse unter 0°, 45° und 90° zur Walzrichtung aus der Blechtafel entnommen wurde, ergaben unterschiedliche Ziehkräfte beim Übergang in den plastischen Formänderungsbereich. Für 0° zur Walzrichtung wurden 10572,25 N gemessen, für 45° zur Walzrichtung 9454,25 N und für 90° zur Walzrichtung 10257,0 N. Geht man von einer Genauigkeit von ±1% bei einer einachsigen Einspannung aus, so haben die Kraftdifferenzen ihre Ursachen in anisotropen Effekten. Beim Vergleich dieser Kraftverläufe mit dem r-Wert-Verlauf (hier wird vorausgesetzt, daß die r-Wert-Verläufe qualitativ unabhängig von der Dehnung sind) des gleichen Werkstoffes erkennt man einen klaren Zusammenhang (Bild 93).

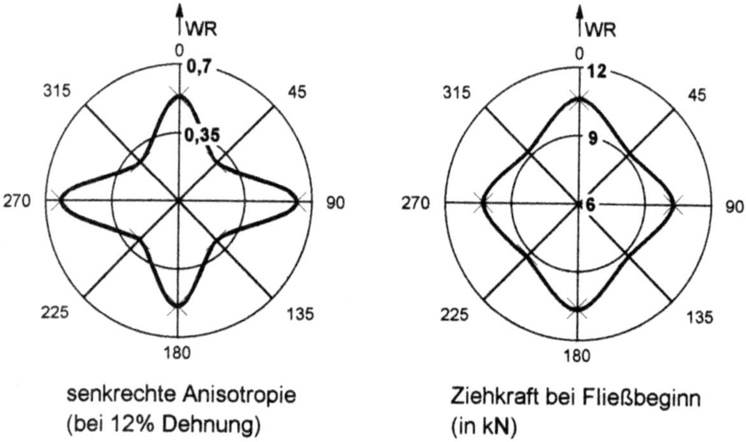


**Bild 93:** Ziehkraft- und r-Wert-Verlauf bei Fließbeginn.

Dies bedeutet, daß bei einem hohen r-Wert eine höhere Zugkraft bis zum Fließbeginn als bei einem kleineren r-Wert benötigt wird. Geht man davon aus, daß bei gekerbten Flachzugproben ein zweiachsiger Zugspannungszustand im engsten Probenquerschnitt (ebene Formänderung) wirkt, so wird diese Korrelation durch die Hypothese nach v.Mises bestätigt (Bild 65). Diese besagt nichts anderes, als daß zum Erreichen der Fließgrenze im I. Quadranten für einen größeren r-Wert höhere Zugspannungen als für einen kleineren benötigt werden.

**Vorversuche an Kreuzzugproben**

Alle Voruntersuchungen wurden unter Verwendung der optimierten Kreuzzugproben durchgeführt. Zum einen wurde eine Kreuzzugprobe nur einachsig eingespannt und belastet (zweite Probenachse frei), was einem einachsigen Zugversuch entspricht (Ziehwegverhältnis 1:-); zum anderen wurde eine identische Probe zweiachsig eingespannt, aber ebenfalls nur einachsig belastet (Ziehwegverhältnis 1:0). Bei der Kreuzzugprobe mit den freien Probenenden wurde eine Ziehkraft bei Fließbeginn von 8297,25 N gemessen, wohingegen bei der Kreuzzugprobe mit der zweiachsigen Einspannung in der nicht mit einer Zugkraft beaufschlagten Achse eine Kraft in Höhe von 624 N gemessen wurde. Aufgrund dieser überlagerten Kraft, die aus der Querdehnungsbehinderung resultiert, wurde eine entsprechend größere Zugkraft (8355,75 N) in der unmittelbaren Kraftachse gemessen. Dieses Ergebnis bestätigt die Verwendung der Ersatzstreckgrenzen aus dem einachsigen Flachzugversuch als Fließpunkte auf den $\sigma_1$- bzw. $\sigma_2$-Achsen der Fließortkurve. Der Fließort einer Kreuzzugprobe, die mit einem Ziehwegverhältnis von 1:0 belastet wurde, liegt nicht exakt auf der $\sigma_1$-Achse, sondern im ersten Quadranten des Hauptspannungsraumes.

#### 6.4.1.4 Festlegung des äquivalenten Probenquerschnitts

Beim einachsigen Zugversuch erfolgt die Berechnung der Spannung ohne Schwierigkeiten aus der gemessenen Zugkraft und der bekannten Probenquerschnittsfläche bei Versuchsbeginn. Beim Kreuzzugversuch müssen die Spannungen durch einen Bezug der gemessenen Kräfte auf Querschnittsflächen, die nicht meßbar sind, ermittelt werden.

**Experimentelle Bestimmung**

Kreißig /57/ führte bei der Auswertung seiner Kreuzzugversuche die sogenannten äquivalenten Querschnittsflächen ein. Seine Grundidee bestand darin, daß die Fließspannungen der einachsigen Zugversuche und der Kreuzzugproben bei einachsiger Belastung gleich groß sein müssen. Er ermittelte dazu die beiden Zugkräfte einer Kreuzzugprobe bei Fließbeginn und entnahm danach zwei identischen Kreuzzugproben je eine Zugprobe unter 0° und unter 90° zur Walzrichtung aus der Probenmitte. Aus beiden folgenden einachsigen Zugversuchen konnte die entsprechende Fließspannung aus der gemessenen Zugkraft und der Probenfläche errechnet werden. Unter obiger Annahme können somit aus den Fließspannungen (parallel und senkrecht zur Walzrichtung) und den bei den Kreuzzugproben gemessenen Kräften die äquivalenten Querschnittsflächen berechnet werden. Diese wurden von Kreißig bei seinen Versuchen als Referenzflächen zugrundegelegt.

Auch Schindler /71/ und Sallat /73/ werteten auf diese Weise ihre Kreuzzugversuche aus. Mit diesem Verfahren erhielten sie äquivalente Querschnittsflächen, die zwischen ca. 5% und 10% größer sind, als der engste Probenquerschnitt (vgl. Bild 69) ihrer Kreuzzugprobe. Sallat begründete diesen Unterschied mit leichten Spannungsinhomogenitäten im Meßgebiet der Kreuzzugproben.

**Numerische Bestimmung**

Zur Ermittlung des äquivalenten Probenquerschnitts mit der Methode der Finiten Elemente wurde die optimierte Probengeometrie (vgl. Bild 75) weiter untersucht. Die Berechnungen wurden für die Werkstoffe AlMg5 w sowie St14 O5 bei Ziehwegverhältnissen $S_1$:$S_2$ von 1:1, 2:1, 3:1 und 5:1 durchgeführt. Mit den Annahmen nach v.Mises erhält man für AlMg5 w ($k_{f0}$=140N/mm$^2$, r=0,75) die Anfangsfließortkurve nach Bild 94.

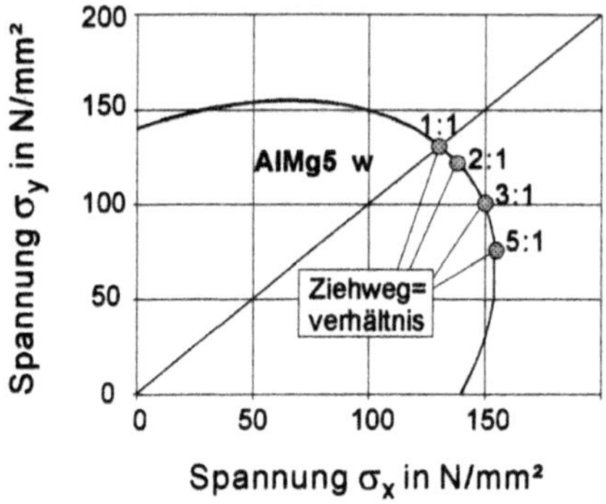


**Bild 94:** Fließortkurve für die Simulation mit dem Werkstoff AlMg5 w.

Bei unterschiedlichen Spannungsverläufen durchstößt der Spannungsverlauf von $\sigma_x$ und $\sigma_y$ in der Probenmitte die Fließortkurve an verschiedlichen Stellen. Bei gleichmäßigem Ziehen (1:1) wird unter einem Winkel von 45° der Punkt des Fließbeginns an der Anfangsfließortkurve erreicht. Mit zunehmendem Ziehwegverhältnis in einer Achsrichtung werden, ausgehend vom gleichmäßigen Ziehwegverhältnis 1:1, alle Punkte der Anfangs-Fließortkurve in Richtung auf diese Hauptachse hin erreicht. Aus der Simulation für unverfestigte Werkstoffe erhält man für AlMg5 w Kraft-Weg-Verläufe wie in Bild 95. Für die Tiefziehgüte St14 O5 ergeben sich qualitativ gleiche Kraft-Weg-Verläufe.

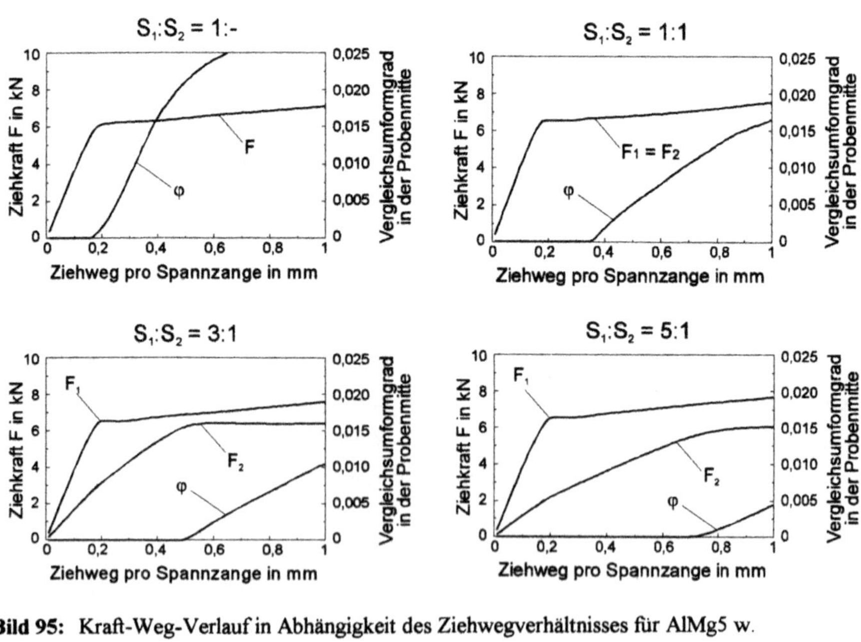


**Bild 95:** Kraft-Weg-Verlauf in Abhängigkeit des Ziehwegverhältnisses für AlMg5 w.

Bild 95 zeigt, daß die Ziehkraft $F_1$ für sämtliche Ziehwegverhältnisse qualitativ und quantitativ einen sehr ähnlichen Verlauf annimmt. Dagegen steigt die Kraft $F_2$ mit größer werdendem Ziehwegverhältnis flacher und erst bei größeren Ziehwegen an. Die Differenz der beiden Ziehkräfte nimmt mit zunehmendem Ziehwegverhältnis zu.

Entnimmt man den Diagrammen in Bild 95 die berechneten Ziehkräfte $F_1$ ($=F_x$) und $F_2$ ($=F_y$) bei Fließbeginn, d.h. bei einem Vergleichsumformgrad in der Probenmitte, der wenig größer als Null ist, so können mit den zugehörigen Spannungen $\sigma_x$ und $\sigma_y$ die äquivalenten Flächen berechnet werden. Eine Aufstellung sämtlicher berechneter Ziehkräfte, Spannungen und der daraus bestimmten äquivalenten Flächen ist Tabelle 3 zu entnehmen. Man sieht, daß mit zunehmendem Ziehwegverhältnis die Fläche $A_x$ tendenziell abnimmt, wohingegen $A_y$ stetig ansteigt, vgl. Bild 96.

Im Vergleich zur Querschnittsfläche (vgl. Bild 75) am engsten Probenquerschnitt (Breite 50mm, Blechdicke hier 1,0mm) ergibt sich somit für die gewählten Ziehwegverhältnisse aus der Simulationsrechnung eine gegenläufige Entwicklung der beiden äquivalenten Flächen einer Kreuzzugprobe.

**Tabelle 3:** Berechnung der äquivalenten Flächen für AlMg5 w.

| Ziehwegverhältnis | $F_x$ [N] | $F_y$ [N] | $\sigma_x$ [N/mm²] | $\sigma_y$ [N/mm²] | $A_x$ [mm²] | $A_y$ [mm²] |
|---|---|---|---|---|---|---|
| 1:1 | 6670 | 6670 | 133 | 133 | 50,2 | 50,2 |
| 2:1 | 6750 | 6540 | 141 | 126 | 47,9 | 51,9 |
| 3:1 | 6900 | 6200 | 150 | 102 | 46,0 | 60,8 |
| 5:1 | 7390 | 5840 | 154 | 75 | 48,0 | 77,9 |

**Diskussion**

Man erhält sowohl bei der experimentellen wie auch bei der numerischen Bestimmung des äquivalenten Probenquerschnitts Flächen, die ähnlich groß wie die Querschnittsflächen am engsten Probenquerschnitt sind.

Bei der Auswertung der experimentellen Methode wird die Querdehnungsbehinderung in der Kreuzzugprobe nicht berücksichtigt. Dies führt dazu, daß bei der Annahme gleicher Fließspannungen für die einachsige Zugprobe und die Kreuzzugprobe eine infolge der Zweiachsigkeit etwas zu klein angenommene Spannung bei der Kreuzzugprobe zu einer etwas größeren äquivalenten

Fläche führt. Die äquivalente Fläche wird auch in dem Fall etwas zu groß ermittelt, in dem die Ziehkraft nicht exakt bei Fließbeginn ($\varphi_V \geq 0$), sondern versuchstechnisch bedingt erst bei einem etwas größeren Umformgrad gemessen wird. Bild 95 ist bei dem Ziehwegverhältnis von 1:- (einachsige Einspannung) zu entnehmen, daß ab dem Fließbeginn ($\varphi_V \geq 0$) die Ziehkraft nicht exakt konstant ist, sondern mit steigender Dehnung ansteigt. Zusätzlich ergibt sich bei der experimentellen Methode eine Unsicherheit daraus, daß zunächst die Ziehkraft bei Fließbeginn für die Kreuzzugprobe bestimmt wird und danach aus der Kreuzzugprobe eine Flachzugprobe gefertigt wird, die zur Bestimmung der Fließspannung im Flachzugversuch verwendet wird. Hier besteht die Gefahr, daß in die Flachzugprobe durch den zuvor durchgeführten Kreuzzugversuch eine leichte Vorverfestigung eingebracht wurde und deshalb zur Berechnung der äquivalenten Fläche eine größere Fließspannung zugrundegelegt wird.

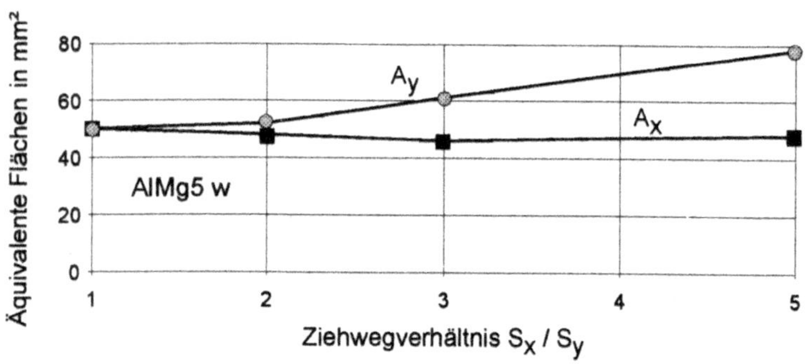


**Bild 96:** Äquivalente Flächen bei Fließbeginn für AlMg5 w.

Für die Berechnung der äquivalenten Fläche durch die Finite-Element-Simulation ergeben sich Unsicherheiten dadurch, daß vereinfachend mit einem isotropen Stoffgesetz und nach der Hypothese nach v.Mises gerechnet wird. Die Berechnung ergibt hierbei eine gleich große äquivalente Fläche für beide Probenarme (0° und 90° zur Walzrichtung) bei einem Ziehwegverhältnis von 1:1. Allerdings wird bei der Simulationsrechnung die Kerbwirkung aufgrund des Kerbradius sowie die Querdehnungsbehinderung bei der Kreuzzugprobe berücksichtigt.

Weitere Untersuchungen mit der Methode der Finiten Elemente ergaben, daß die äquivalenten Probenflächen nicht nur vom Werkstoff und dem Ziehverhältnis, sondern auch schwach von der Dehnung abhängen. Voraussichtlich spielt dies jedoch nur bei der Bestimmung von Folgefließortkurven eine Rolle.

Insgesamt scheinen die Unsicherheiten bzgl. der Bestimmung der äquivalenten Probenfläche bei der FE-Simulation geringer zu sein, als bei der experimentellen Methode, da hier keine subjektiven Faktoren (Geschick des Experimentators u.ä.) und meßtechnische Schwierigkeiten in das Ergebnis eingehen. Bei der Finite-Elemente-Simulation fallen jedoch die oben genannten, vereinfachenden Randbedingungen negativ ins Gewicht. Zur numerischen Optimierung der äquivalenten Fläche ist es nicht ausreichend, mit Hypothesen zu arbeiten, die selber aus den experimentellen Ergebnissen genauer formuliert werden sollen. So führen die Annahmen im Stoffgesetz zu äquivalenten Flächen, die nur im Rahmen der Randbedingungen genau sind. Diese Ungenauigkeiten haften den Fließortkurven an, die zu der Herleitung der äquivalenten Flächen verwendet werden. Voraussichtlich könnte die Unsicherheit durch einen iterativen Prozeß verringert werden. Es scheint somit nicht vorteilhaft, die unter der angenommenen Hypothese nach v.Mises berechneten äquivalenten Flächen zur Darstellung von Fließortkurven heranzuziehen.

Aus all diesen Gründen wurde für die Auswertung der Kreuzzugversuche in dieser Arbeit grundsätzlich auf den minimalen Probenquerschnitt (50mm multipliziert mit der Ausgangsblechdicke) als $A_{äq}$ zurückgegriffen. Diese Fläche ist zwar vermutlich nicht exakt die gesuchte Bezugsfläche, sie liegt jedoch neutral von jeglichen Annahmen und Meßunsicherheiten als geometrische Größe vor und ist deshalb als Vergleichsgröße gut geeignet.

### 6.4.1.5 Ermittlung der Fließspannungen

Um aus den in den Kreuzzugversuchen ermittelten Zugkräften bei Fließbeginn die Fließspannungen berechnen zu können, werden die in Kapitel 6.4.1.4 diskutierten minimalen Probenflächen verwendet. Diese errechnen sich aus dem kleinsten Probenquerschnitt (50mm) und der jeweiligen Blechdicke $s_0$. Die Zugkräfte, Bezugsflächen und Fließspannungen sämtlicher Kreuzzugversuche dieser Arbeit sind in Tabelle 4 angegeben. Die Werte der gemessenen Ziehkräfte könnten somit zur Auswertung von Fließortkurven mit anderen äquivalenten Flächen herangezogen werden. Desweiteren sind in dieser Tabelle auch die Angaben zur Darstellung der Folgefließortkurven niedergeschrieben; hierauf wird in Kapitel 6.4.2 näher eingegangen.

**Tabelle 4:** Meßpunkte als Grundlage zur Bestimmung der Fließortkurven.

| Werkstoff | Vordehnung x [%] : y [%] | Ziehwegverhältnis x : y | Kraftverhältnis $F_1$ [N] : $F_2$ [N] | minimale Fläche [$mm^2$] | Fließspannungen in [$N/mm^2$] |
|---|---|---|---|---|---|
| AlMg5 w | 0:0 | 3:1 | 9512,75:6548,75 | 62,5 | 152:105 |
| AlMg5 w | 0:0 | 1:1 | 8248,5:8089,25 | 62,5 | 132:129 |
| AlMg5 w | 0:0 | 1:3 | 7345,0:9375,0 | 62,5 | 118:150 |
| AlMg5 w | 4:0 | 3:1 | 12415,0:6051,5 | 62,5 | 199:97 |
| AlMg5 w | 4:0 | 1:1 | 11648,0:8778,25 | 62,5 | 186:140 |
| AlMg5 w | 4:0 | 1:3 | 9437,5:11187,5 | 62,5 | 151:179 |
| AlMgSi1 ka/I | 0:0 | 3:1 | 9740,25:6945,25 | 54,0 | 180:129 |
| AlMgSi1 ka/I | 0:0 | 1:1 | 9168,25:8791,25 | 54,0 | 170:163 |
| AlMgSi1 ka/I | 0:0 | 1:3 | 6893,25:9870,25 | 54,0 | 128:183 |
| AlMgSi1 ka/I | 4:0 | 3:1 | 12187,5:7611,5 | 54,0 | 226:141 |
| AlMgSi1 ka/I | 4:0 | 1:1 | 11602,5:9191,0 | 54,0 | 215:170 |
| AlMgSi1 ka/I | 4:0 | 1:3 | 8274,5:10692,5 | 54,0 | 153:198 |
| AlMgSi1 ka/I | 3:3 | 3:1 | 12223,25:8508,5 | 54,0 | 226:158 |
| AlMgSi1 ka/I | 3:3 | 1:1 | 10908,0:11664,0 | 54,0 | 202:216 |
| AlMgSi1 ka/I | 3:3 | 1:3 | 8427,25:12528,0 | 54,0 | 156:232 |
| AlMgSi1 ka/II | 0:0 | 3:1 | 9337,25:6782,75 | 54,5 | 171:124 |
| AlMgSi1 ka/II | 0:0 | 1:1 | 8388,25:8596,25 | 54,5 | 154:158 |
| AlMgSi1 ka/II | 0:0 | 1:3 | 6084,0:9272,25 | 54,5 | 112:170 |
| AlMgSi1 ka/II | 4:0 | 3:1 | 10949,3:6353,75 | 54,5 | 201:117 |
| AlMgSi1 ka/II | 4:0 | 1:1 | 10718,5:8635,25 | 54,5 | 197:158 |
| AlMgSi1 ka/II | 4:0 | 1:3 | 8164,0:10081,5 | 54,5 | 150:185 |
| X5CrNi1810 | 0:0 | 3:1 | 14508,0:8326,5 | 39,5 | 367:211 |
| X5CrNi1810 | 0:0 | 1:1 | 13247,0:13799,5 | 39,5 | 335:349 |
| X5CrNi1810 | 0:0 | 1:3 | 9301,5:15743,0 | 39,5 | 235:399 |

| | | | | | |
|---|---|---|---|---|---|
| CuZn37 w | 0:0 | 3:1 | 9996,0:7930,0 | 59,5 | 168:133 |
| CuZn37 w | 0:0 | 1:1 | 9087,0:8810,75 | 59,5 | 153:148 |
| CuZn37 w | 0:0 | 1:3 | 7675,5:9867,0 | 59,5 | 129:166 |
| X6Cr17 | 0:0 | 3:1 | 15480,0:7280,0 | 40,0 | 387:182 |
| X6Cr17 | 0:0 | 1:1 | 15294,5:17040,0 | 40,0 | 382:426 |
| X6Cr17 | 0:0 | 1:3 | 9522,5:18720,0 | 40,0 | 238:468 |
| St14 O5 | 0:0 | 3:1 | 10712,0:7673,25 | 47,0 | 228:163 |
| St14 O5 | 0:0 | 1:1 | 9772,75:9889,75 | 47,0 | 208:210 |
| St14 O5 | 0:0 | 1:3 | 7455,5:10806,25 | 47,0 | 159:230 |

#### 6.4.1.6 Darstellung durch eine Ellipsengleichung

Aus den in den Flachzug- bzw. Kreuzzugversuchen ermittelten Streck- und Ersatzstreckgrenzen bzw. Fließspannungskombinationen "$\sigma_1 : \sigma_2$" wird mit einem numerischen Verfahren (siehe Anhang A2) eine mathematische Funktion für die Fließortkurve errechnet. Die Form dieser Funktion wird als eine Kurve zweiten Grades in ihrer allgemeinsten Form, d.h. mit linearen und konstanten Gliedern, gewählt. Kurven dieser Form können außer Ellipsen auch Parabeln und Hyperbeln beschreiben. Die Randbedingung des Drucker'schen Postulats /170/, daß stabile Werkstoffe notwendigerweise konvexe Fließflächen besitzen müssen, beschränkt jedoch die mögliche Kurvenform auf eine Ellipse. Der Mittelpunkt solch einer Ellipse liegt nicht zwingend im Koordinatenursprung; es ist auch keine Punkt- oder Liniensymmetrie als Voraussetzung gegeben. Außer den fünf experimentell ermittelten Punkten in der $\sigma_1$-$\sigma_2$-Ebene werden als Randbedingungen zur Ermittlung der Ellipsengleichung die Tangenten in den Punkten $\sigma_1 : 0$ und $0 : \sigma_2$ verwendet (siehe Anhang A2). Die Richtung dieser Tangenten erhält man über die Normalenregel /137/ aus den im Flachzugversuch unter 0° und 90° zur Walzrichtung bestimmten r-Werten /39, 195/.

Der zur Bestimmung der Ellipsengleichung verwendete Algorithmus (siehe Anhang A2) ermöglicht eine unterschiedliche Gewichtung der Tangenten- bzw. Fließortinformationen. Für den Fall, daß sich aus den Meßpunkten und den r-Werten bei gleicher Gewichtung keine geschlossene Fließortkurve ergibt, kann durch eine höher gewählte Wichtung für die Tangenteninformation ein geschlossener Kurvenzug mathematisch erzwungen werden, ohne daß dadurch ein relevanter Fehler begangen wird. Bei bestimmten Konstellationen der fünf Fließorte zueinander kann auch trotz einer hohen Wichtung der Tangentenrandbedingung der Fall auftreten, daß über das lineare Gleichungssystem keine geschlossene Kurve zweiten Grades errechenbar ist. Für diese Fälle muß im Zug-Druck-Bereich ein weiterer Fließortpunkt (Stützpunkt) eingesetzt werden. Die experimentelle Ermittlung eines Druckfließpunktes an Feinblechen ist auf Grund der Ausknickgefahr der Blechprobe sehr problematisch. Deshalb wird in dieser Arbeit für die oben genannten Konstellationen eine Druckfließspannung in der Größenordnung der Zugfließspannung festgelegt und eingesetzt. Durch diese Annahme erreicht man stets eine geschlossene, konvexe Kurve zweiten Grades (Ellipse).

Mit den hier vorgestellten Versuchen ist es ausschließlich möglich, Fließorte im ersten Quadranten des Spannungsraumes direkt zu bestimmen; deshalb erstreckt sich der Schwerpunkt bei der Darstellung und Diskussion der Fließortkurven auf den Zug-Zug-Bereich. Die Annahme einer Druckfließgrenze wirkt sich auf den Verlauf der Fließortkurve im ersten Quadranten praktisch nicht aus. Hierauf wird in Kapitel 8.1 noch näher eingegangen. Der genaue Wert dieses Stützpunktes sowie die Wichtung des Tangenteneinflusses wird so variiert, daß die geringste Standardabweichung der angepaßten Kurve zu den gemessenen Fließorten bzw. zu den Tangentenrichtungen resultiert. Zusätzlich zu den Ellipsen werden deren Hauptachsen und Mittelpunkte berechnet. Sämtliche Herleitungen zur Ermittlung der Ellipsengleichungen befinden sich im Anhang A2 dieser Arbeit.

Eine exemplarische Bestätigung für die Güte des Algorithmus ist den Bildern 98, 101, 102 und 103 zu entnehmen, wo die Meßpunkte sehr genau auf der berechneten Ellipse liegen und die Tangenten die lokale Steigung genau wiedergeben. Für diese Werkstoffe ist offenbar auch die Annäherung der Fließortkurve durch eine Ellipsengleichung gut erfüllt.

### 6.4.2 Ermittlung von Folgefließortkurven

Fließortkurven aus plastisch vorverformten Kreuzzugproben nennt man auch Folgefließortkurven. Gegenüber den Anfangsfließortkurven (Fließortkurven aus Blechen im Anlieferungszustand, vgl. Kap. 4.1) unterscheiden sich Folgefließortkurven in der Regel in ihrer Form und Lage. Hieraus kann auf das Verfestigungsverhalten des Werkstoffes unter zweiachsiger Beanspruchung geschlossen werden.

#### 6.4.2.1 Einbringung von Vordehnungen

Folgefließortkurven wurden für die drei untersuchten Aluminiumlegierungen aufgenommen. Dazu wurden bei AlMg5 w, AlMgSi1 ka/I und AlMgSi1 ka/II einachsige Vordehnungen (1:0) in Walzrichtung (x-Richtung) sowie bei AlMgSi1 ka/I zweiachsige Vordehnungen mit dem Ziehwegverhältnis 1:1 in die Kreuzzugprobe eingebracht. Bei der gleichförmig zweiachsigen Beanspruchung konnte mit der CNC-Streckziehanlage ein linearer "strain-path" (x/y = const.) eingehalten werden. Somit erfuhren diese Kreuzzugproben mehrachsige Vordehnungen der Art, wie sie in der Praxis auch auftreten.

In x-Richtung (parallel zur Walzrichtung) wurde soweit vorgedehnt, bis sich in dieser Richtung in der Probenmitte eine bleibende Dehnung $\varepsilon_{pl} = 4\%$ ergab. Für die zweiachsige Beanspruchung (1:1) wurde parallel und senkrecht zur Walzrichtung je eine bleibende Dehnung von 3% eingestellt. Das ergibt nach v.Mises und Tresca einen Vergleichsumformgrad $\varphi_V = 0{,}06$ in der Probenmitte.

Die resultierenden Dehnungen wurden mit einem zuvor auf elektrochemischem Wege aufgebrachten Meßraster kontrolliert. Zusätzlich bestand die Möglichkeit, mittels zweier Dehnungsaufnehmer den Verlauf der Dehnungen zu beobachten bzw. die plastischen Dehnungen zu bestimmen. Es wurden zwei identische Feindehnungsaufnehmer (Meßlänge 10 mm) der Genauigkeitsklasse 0,5 eingesetzt (die maximal zulässige Abweichung vom Meßwert beträgt 0,5%). Diese wurden dazu auf den Kreuzzugproben mit einem Schnellklebestoff befestigt (Bild 97). Nach der Vordehnung konnten sie ohne die Proben zu zerstören wieder abgetrennt werden. Zur Ermittlung der Dehnung parallel zur Walzrichtung wurde ein Dehnungsaufnehmer auf der Oberseite der Blechprobe aufgeklebt. Die Dehnung in Richtung senkrecht zur Walzrichtung wurde mit dem anderen Dehnungsaufnehmer auf der Blechunterseite bestimmt.

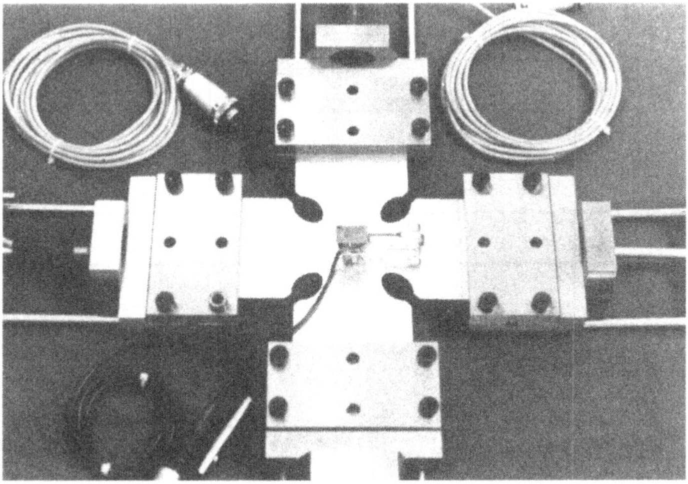

**Bild 97:** Kreuzzugprobe mit aufgeklebtem Dehnungsaufnehmer.

#### 6.4.2.2 Bestimmung des Fließbeginns nach vorausgegangenen Dehnungen

Bei den verfestigten Kreuzzugproben wurde der Fließbeginn mit dem selben Temperaturmeßverfahren wie bei den Ausgangsproben ermittelt. Dazu wurden die plastisch vorverformten Kreuzzugproben analog den Ausgangsproben in die Kraftmeßadapter bzw. die CNC-Streckziehanlage eingebaut. Als Fließorte wurden auch hier die Spannungen parallel und senkrecht zur Walzrichtung bei Ziehwegverhältnissen von 3 : 1, 1 : 1 und 1 : 3 bestimmt. Für jedes Ziehwegverhältnis wurde eine neue vorgedehnte Kreuzzugprobe verwendet. Hiermit wurde verhindert, daß eine eventuell zusätzliche kleine Plastifizierung aus dem vorherigen Ziehverhältnis die Messung negativ beeinflußt.

Als Bezugsfläche zur Berechnung der Fließspannungen aus den gemessenen Ziehkräften wurde auch hier die Fläche des kleinsten Probenquerschnittes (50mm multipliziert mit der Ausgangsblechdicke) verwendet. Die resultierenden Spannungswerte $\sigma_1 : \sigma_2$ sind in Tabelle 4 aufgeführt. Die Fließspannungen parallel und senkrecht zur Walzrichtung (Ziehwegverhältnis 1:0 und 0:1) wurden aus Flachzugproben, die den plastisch vorverformten Kreuzzugproben entnommen wurden, ermittelt. Diese Werte, sowie die gleichzeitig mitbestimmten r-Werte unter 0° und 90° zur Walzrichtung sind der Tabelle 5 zu entnehmen.

**Tabelle 5:** Fließspannungen und r-Werte aus Zugversuchen an vorgedehnten Kreuzzugproben.

| Werkstoff | Vordehnung [%] : y[%] | r-Wert unter 0° zur WR | r-Wert unter 90° zur WR | $R_{p0,2}$ in N/mm² 0° zur WR | $R_{p0,2}$ in N/mm² 90° zur WR |
|---|---|---|---|---|---|
| AlMg5 | 4 : 0 | 0,708 | 0,4285 | 180 | 138 |
| AlMgSi1 /I | 4 : 0 | 0,961 | 0,4315 | 201 | 155 |
| AlMgSi1 /I | 3 : 3 | 0,947 | 0,7735 | 204 | 197 |
| AlMgSi1/II | 4 : 0 | 0,7175 | 0,514 | 189 | 151 |

# 7 Ergebnisse aus dem Kreuzzugversuch

Im folgenden werden (Teil-) Fließortkurven, die mit dem neu aufgebauten Kreuzzugversuchsstand ermittelt wurden, dargestellt. Das Werkstoffspektrum umfaßt Aluminiumlegierungen, Tiefzieh- und Edelstähle sowie eine CuZn-Legierung. Anhand der experimentell ermittelten Fließortkurven dieser ganz unterschiedlichen Werkstofftypen konnte die Zuverlässigkeit der Versuchstechnik nachgewiesen werden. Da die Versuchstechnik nur die Aufnahme von Fließortkurven im ersten Quadranten des ebenen Spannungsraumes zuläßt, beschränkt sich in diesem Kapitel die Darstellung der Fließortkurven auf diesen Teil (zur Erweiterung auf die anderen Quadranten siehe Abschnitte 6.4.1.6 und 8.2). Sämtliche Kreuzzugproben eines Werkstoffes wurden aus der gleichen Charge entnommen. Außer AlMgSi1 ka/II wurden alle untersuchten Bleche aus der laufenden Serienproduktion bezogen. Bei dieser Aluminiumlegierung handelte es sich um eine herkömmliche Legierung mit einer speziellen Walz- und Wärmebehandlung.

## 7.1 Anfangsfließortkurven

Zum Vergleich mit Fließortkurven, die aus Ergebnissen von Flachzugversuchen und Texturmessungen berechnet wurden, wurden jeweils die entsprechenden Kurvenzüge in dasselbe Diagramm eingezeichnet.

### 7.1.1 Vergleich mit hypothetischen Fließortkurven

Die experimentell ermittelten Fließortkurven werden mit nach den Theorien von Tresca, v.Mises, Hosford/Backofen /196/ sowie Hill (gemeint ist in Abschnitt 7.1.1 damit stets der quadratische Hill'sche Ansatz) berechneten Fließortkurven verglichen. Die mathematischen Gleichungen, auf denen diese Theorien basieren, wurden in Kapitel 6.1.1 eingeführt. Bei all diesen Ansätzen fällt der jeweilige Fließflächenmittelpunkt mit dem Koordinatenmittelpunkt ($\sigma_1 = \sigma_2 = 0$) zusammen.

#### 7.1.1.1 Stahlwerkstoffe

**St14 O5**

Durch einen quadratischen Ansatz wird das Fließverhalten dieser Tiefziehgüte sehr gut angenähert (Bild 98). Die rechnerisch ermittelte Ellipse weicht nur wenig von den gemessenen Fließorten ab; die Tangentenrichtungen in den Achsschnittpunkten stimmen mit der jeweiligen Steigung der Ellipse in diesen Punkten sehr gut überein. Die Theorien nach Tresca und v.Mises vermögen diesen Werkstoff nur ungenau zu beschreiben. Der Einfluß der senkrechten Anisotropie, der bei Hosford/Backofen berücksichtigt wird, verbessert die Beschreibung des tatsächlichen Werkstoffverhaltens beträchtlich. Unter zusätzlicher Berücksichtigung der ebenen Anisotropie nach der Hypothese von Hill wird dieser Stahlwerkstoff bereits gut beschrieben.

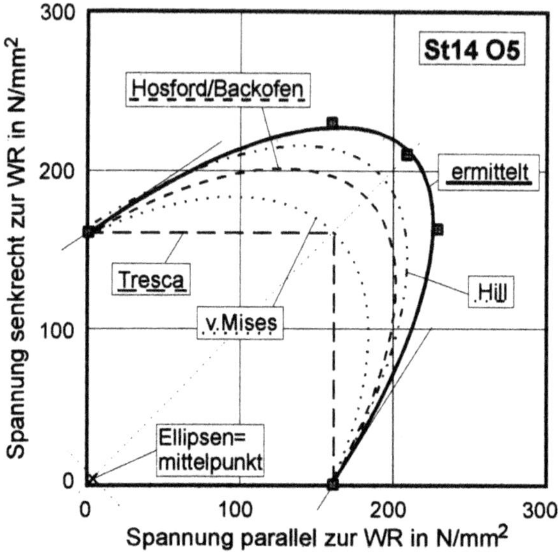


**Bild 98:** Anfangsfließortkurven für den Werkstoff St14 O5.

In den Kreuzzugversuchen werden Fließorte ermittelt, die bei höheren Spannungswerten liegen, als sie durch die bereits erwähnten Hypothesen wiedergegeben werden. Dieses Verhalten bestätigt zumindest für diesen Werkstoff die Annahme, daß sich eine Fließortkurve für r-Werte größer als eins (hier: $1{,}3 \leq r \leq 2$) durch ein großes Halbachsenverhältnis (große Halbachse zu kleiner Halbachse) auszeichnet. Sämtliche Anfangsfließortkurven diese Werkstoffes liegen symmetrisch zur 45°-Linie des Achsensystems.

## X5CrNi1810 und X6Cr17

Die Fließorte beider Edelstähle werden durch die ermittelten Ellipsengleichungen gut erfaßt (Bilder 99 und 100). Beide Fließortkurven zeigen sich nicht symmetrisch zur 45°-Achse; ihre großen Halbachsen schließen mit der Abszisse einen größeren Winkel ein. Qualitativ besteht eine Übereinstimmung zu den quadratischen Ansätzen durch die Hypothesen. Es kann jedoch keine Tendenz in der Richtung erkannt werden, daß die Berücksichtigung der senkrechten Anisotropie bzw. der senkrechten und ebenen Anisotropie eine bessere Beschreibung des Werkstoffverhaltens zuläßt. Im Vergleich zu der Fließortkurve von St14 O5 zeigen beide Fließortkurven der Edelstähle keine so großen Hauptachsenverhältnisse - was durch r-Werte zwischen 0,6 und 1,2 erklärt werden kann.

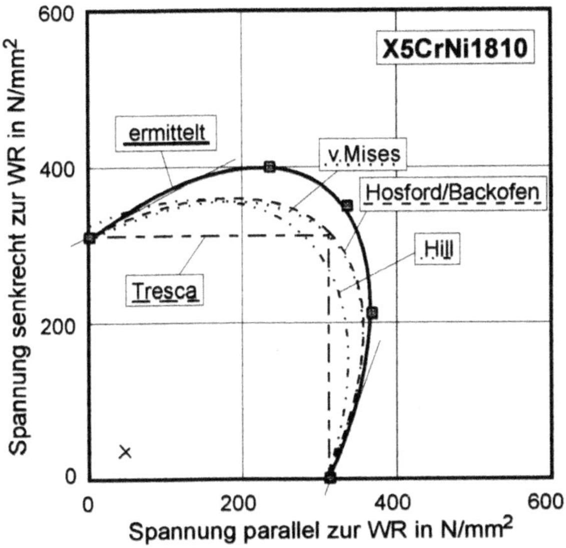


**Bild 99:** Anfangsfließortkurven für den Werkstoff X5CrNi1810.

### 7.1.1.2 CuZn37 w

Die Fließortkurve der Messinglegierung läßt sich durch eine Ellipse sehr genau annähern. Die experimentell bestimmten Punkte in Bild 101 liegen fast exakt auf dieser Kurve. Außerdem ist aus Bild 101 zu entnehmen, daß für diesen Werkstoff auch die aus den r-Werten berechneten Tangenten sehr genau der lokalen Steigung der Kurve entsprechen. Die Theorien von Hill und von Tresca vermögen das Fließverhalten von CuZn37 w nicht gut zu beschreiben; die Abweichung zu den experimentell ermittelten Stützstellen ist groß. Die Hypothesen von Hosford/Backofen und v.Mises können als gute Annäherungen akzeptiert werden. Wie bei bisher allen diskutierten Werkstoffen liegen auch bei CuZn37 w die im Experiment bestimmten Fließpunkte bei höheren Spannungswerten; der Unterschied zur Hypothese nach v.Mises fällt hier jedoch sehr gering aus. Dies kann mit der geringen Varianz der senkrechten Anisotropie in der Blechebene und deren Wert nahe Eins erklärt werden.

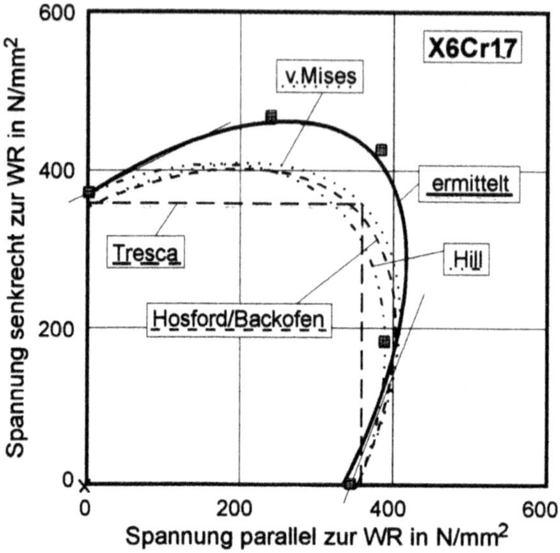


**Bild 100:** Anfangsfließortkurven für den Werkstoff X6Cr17.

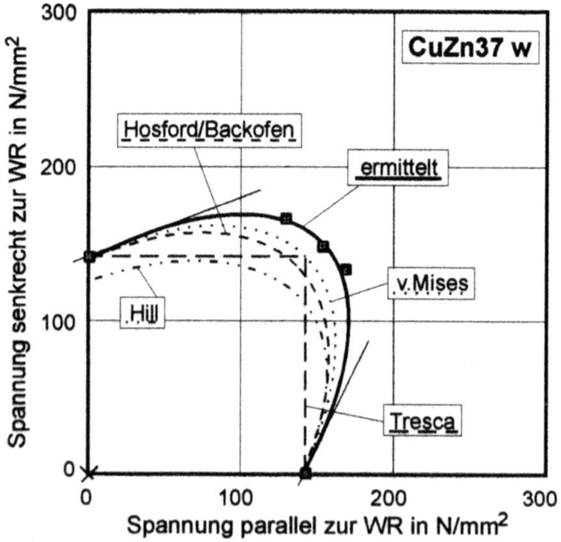


**Bild 101:** Anfangsfließortkurven für den Werkstoff CuZn37 w.

#### 7.1.1.3 Aluminiumlegierungen

**AlMg5 w**

In Bild 102 sind die Fließortkurven des Werkstoffes AlMg5 w zusammengestellt. Das Fließverhalten dieses Werkstoffes wird von allen dargestellten quadratischen Ansätzen etwa gleich gut beschrieben. Auch die experimentell ermittelte Fließortkurve bestätigt dieses Werkstoffverhalten. Mit der Schubspannungshypothese wird dieser Werkstoff im Vergleich zu den anderen Hypothesen ungenau beschrieben; die Abweichung zu den elliptischen Fließortkurven beträgt bis zu 20%. Die drei im Kreuzzugversuch bestimmten Fließorte sowie die beiden Richtungen aus den Tangenten werden nach v.Mises und nach Hosford/Backofen am besten angenähert.

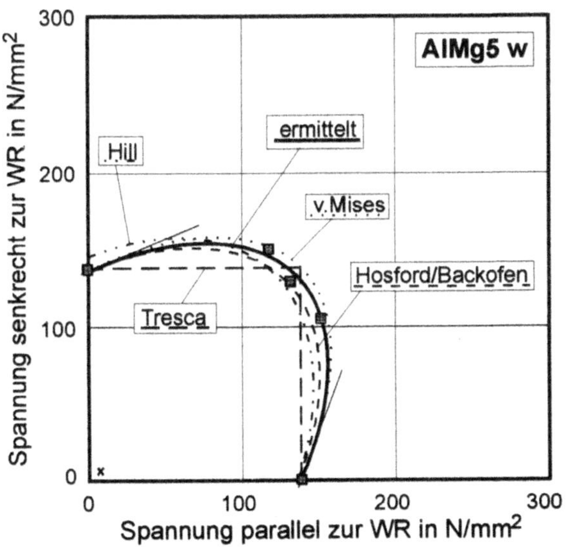


**Bild 102:** Anfangsfließortkurven für den Werkstoff AlMg5 w.

**AlMgSi1 ka/I und AlMgSi1 ka/II**

Bei beiden aushärtbaren Aluminiumlegierungen (Modifikation I = Serienhalbzeug und Modifikation II = Sonderbehandlung Walzen und Wärme) liegen die experimentell ermittelten Fließortkurven bei höheren Spannungswerten als diejenigen, die nach den bekannten Hypothesen angenähert wurden (Bilder 103 und 104). Wie bei allen anderen hier untersuchten Werkstoffen liegen auch ihre Ellipsenmittelpunkte nahe dem Koordinatenursprung bzw. etwas im ersten Quadranten der Spannungsebene. Qualitativ werden beide Blechvarianten von den Fließtheorien gleich gut be-

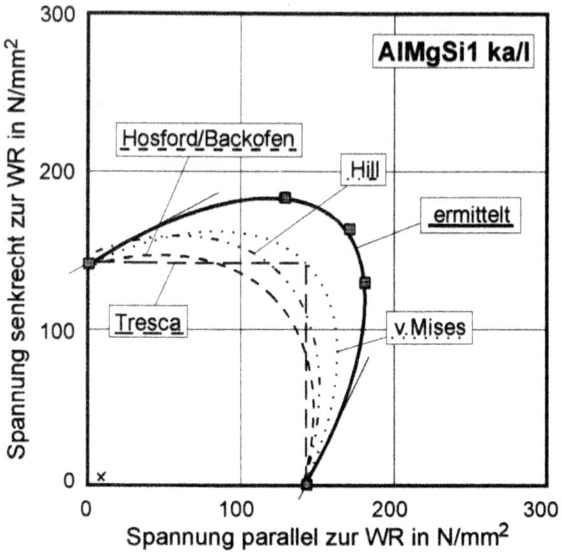


**Bild 103:** Anfangsfließortkurven für den Werkstoff AlMgSi1 ka/I.

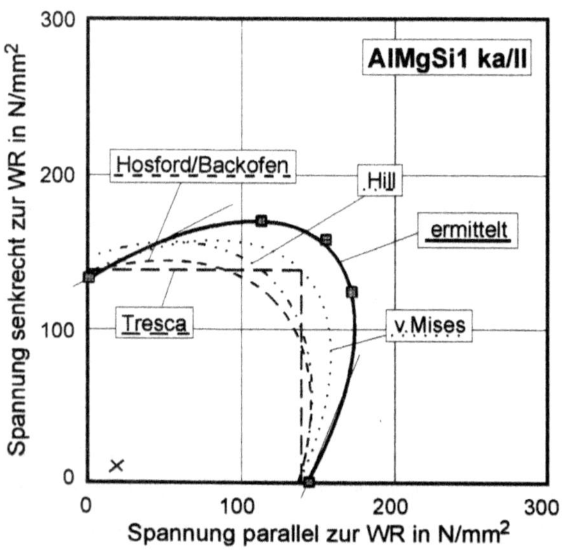


**Bild 104:** Anfangsfließortkurven für den Werkstoff AlMgSi1 ka/II.

schrieben. Die beste Annäherung der gemessenen Fließortkurve wird durch die Hypothese nach v.Mises erreicht, besonders bei der Modifikation II mit ihrer geringeren ebenen Anisotropie. Hill und Hosford/Backofen weichen ähnlich stark wie Tresca von der tatsächlichen Fließortkurve ab.

### 7.1.2 Qualitativer Vergleich mit der neuen Hill'schen Formulierung

Ausgehend von seiner Theorie von 1950 /72/ formulierte Hill im Jahre 1979 eine modifizierte Gleichung /197/. Diese erachtete er als notwendig, weil zwar seine bestehende Theorie viele, aber nicht alle Werkstoffe in ihrem plastischen Verhalten zu beschreiben vermochte. Die neue Gleichung lautet in ihrer allgemeinen Form:

$$\left|\frac{1}{2}(\sigma_1+\sigma_2)\right|^m + h\cdot|\sigma_1-\sigma_2|^m + \left(\sigma_1^2+\sigma_2^2\right)^{(m-2)/2}(\sigma_1-\sigma_2)\cdot(k\sigma_1-l\sigma_2) = \sigma_b^m \quad (28)$$

Für ebene Probleme und unter Annahme ebener Isotropie lautet Gleichung (28) nach Mellor /48/ folgendermaßen:

$$(1+2r)\cdot|\sigma_1-\sigma_2|^m + |\sigma_1+\sigma_2|^m = 2\cdot(1+r)\cdot Y^m \quad (29)$$

Dabei entspricht $Y = \sigma_u$ der Fließspannung aus dem einachsigen Zugversuch, r ist der gemittelte r-Wert aus dem Zugversuch und m ist ein neuer Parameter, der experimentell nach Hill /197/ wie folgt zu bestimmen ist:

$$\left(\frac{\sigma_b}{\sigma_u}\right)^m = \frac{1+r}{2^{m-1}}, \quad (30)$$

wobei $\sigma_b$ die Fließspannung aus dem gleichförmig zweiachsigen Zugversuch ($\sigma_1 = \sigma_2$) darstellt. Diese Gleichung erfordert in der Regel eine iterative Bestimmung des m-Wertes, der in der Größenordnung zwischen 1 (Bedingung für die Konvexität) und 2 liegt.

Gleichung (29) beschreibt für $m = 2$ eine Ellipse. Für $1 < m < 2$ wird die Kurve als Oval bezeichnet. Der r-Wert bestimmt dabei die Steigung der Tangenten in den Achsenschnittpunkten, der m-Wert das Achsenverhältnis des Ovals.

Mellor /48/ berechnete für r = 0,5 und r = 1,0 beispielhaft ovale Fließortkurven nach Gleichung (29). In Bild 105 sind die Ergebnisse dargestellt. Aus diesen beiden Diagrammen ist zu erkennen, daß für m-Werte < 2 das Oval durch jeweils zwei größere (längere) Hauptachsen gekennzeichnet ist. Der Einfluß des r-Wertes zeigt sich in kürzeren großen Hauptachsen und längeren kleinen Hauptachsen für kleinere r-Werte im Vergleich zu den Ovalen, die mit einem größeren r-Wert berechnet wurden (rechtes Teilbild).

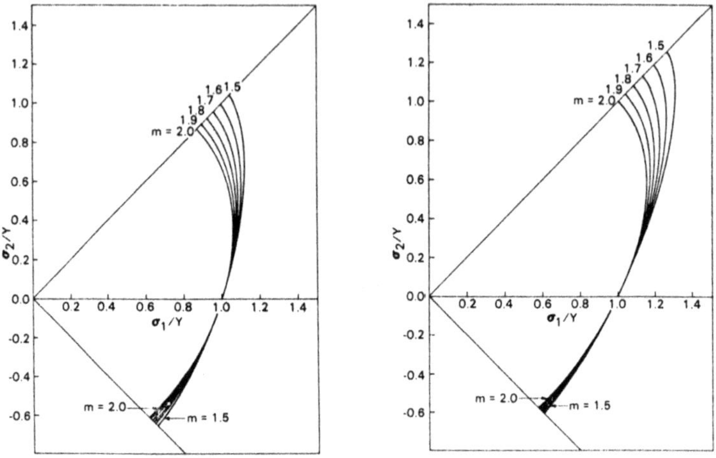


**Bild 105:** Fließortkurven nach dem Fließkriterium von Hill (1979) /197/, linkes Teilbild r = 0,5; rechtes Teilbild r = 1,0.

Betrachtet man die Anfangsfließortkurven der Bilder 98, 99 und 100 für die Stähle sowie 103 und 104 für die zwei AlMgSi1-Güten, so würde bei einem m-Wert < 2 (m = 2 entspricht der bisherigen Theorie von Hill; nach dieser wurden auch die Vergleichsfließortkurven in Kapitel 7.1.1 berechnet) jeweils die Hill'sche Annäherung größere Hauptachsen erhalten und somit näher bei den experimentell ermittelten Fließortkurven liegen. Dies bestätigt qualitativ den neuen Hill'schen Ansatz.

Bei der Messing-Legierung (Bild 101) und der naturharten Aluminiumlegierung (Bild 102) würde jedoch die Anpassung nach Hill /197/ keine wesentliche Veränderung bringen.

Bei Vergleichen mit experimentellen Ergebnissen erhielt Mellor /48/ mit m = 1,5 für einen Stahl- und m = 1,8 für einen Aluminiumwerkstoff eine gute Übereinstimmung. Dies zeigt, daß der m-Wert werkstoffspezifisch ermittelt werden muß.

Hill stellte 1993 auch für seine neue Formulierung aus dem Jahre 1979 keine Gültigkeit für sämtliche Werkstoffe fest /198/. Für spezielle Fälle (z.B. einen Kupferwerkstoff), bei denen die im Flachzugversuch experimentell ermittelten Fließspannungen unter 0° und 90° zur Walzrichtung in etwa gleich sind, aber eine relativ große Differenz zwischen den r-Werten unter 0° und 90° zur Walzrichtung gemessen wird, liefert Gleichung (29) theoretisch gleich große r-Werte unter 0° und 90° zur Walzrichtung. Das gleiche gilt für den umgekehrten Fall, d.h. annähernd gleiche r-Werte und stark unterschiedliche Fließspannungen in 0°- und 90°-Richtung. Dies widerspricht dem Experiment.

Hieraus folgerte Hill, daß zur Beschreibung des Fließverhaltens aller Werkstoffe eine gänzlich andere Funktion herangezogen werden muß. Diese sollte sowohl für den Theoretiker, wie auch den Experimentator praktikabel und flexibel sein. Die aktuellste Form der Gleichung lautet /198/:

$$\sigma_1^2 - \left(2 - \frac{\sigma_u^2}{\sigma_b^2}\right) \cdot \sigma_1\sigma_2 + \sigma_2^2 + \left\{(p+q) - \frac{(p\sigma_1 + q\sigma_2)}{\sigma_b}\right\} \cdot \sigma_1\sigma_2 = \sigma_u^2, \tag{31}$$

wobei p und q (positive oder negative dimensionslose Parameter) aus den folgenden beiden Gleichungen zu bestimmen sind:

$$\frac{p\sigma_u}{\sigma_b} - (p+q) = \frac{2r_0}{1+r_0} - \left(2 - \frac{\sigma_u^2}{\sigma_b^2}\right) \quad \text{und} \tag{32}$$

$$\frac{q\sigma_u}{\sigma_b} - (p+q) = \frac{2r_{90}}{1+r_{90}} - \left(2 - \frac{\sigma_u^2}{\sigma_b^2}\right)$$

Die experimentelle Verifikation dieser Formulierung steht laut Hill /198/ derzeit noch aus.

### 7.1.3 Vergleich mit Fließortkurven aus der Texturanalyse

Wie bereits der r-Wert-Verlauf (vgl. Kapitel 5.5.4), so kann auch die Anfangsfließortkurve aus den Texturkoeffizienten (Polfigurenbestimmung an Schrägschnittproben) eines Werkstoffes berechnet werden. Dies geschah für beide aushärtbaren Aluminiumlegierungen dieser Arbeit (AlMgSi1 ka/I und AlMgSi1 ka/II) für das bei kfz-Metallen übliche $\{111\}$ $\langle 110\rangle$ Gleitsystem. Zu quantitativen Vergleichszwecken mit den im Kreuzzugversuch experimentell ermittelten Fließortkurven müssen die aus der Textur berechneten Fließortkurven normiert werden, d.h. den dimensionslosen Achsen des Koordinatensystems müssen Spannungswerte zugeordnet werden. Der Schnittpunkt der Fließortkurve mir der x-Achse entspricht der Streckgrenze aus dem Flachzugversuch unter 0° zur Walzrichtung, der Schnittpunkt mit der y-Achse entspricht der Streckgrenze unter 90° zur Walzrichtung. Da bei beiden Werkstoffen die experimentell ermittelten Streckgrenzen unter 0° und 90° zur Walzrichtung fast identisch sind, unterscheiden sich die Koordinatenachsen der beiden berechneten Fließortkurven (Bilder 106 und 107) praktisch nicht.

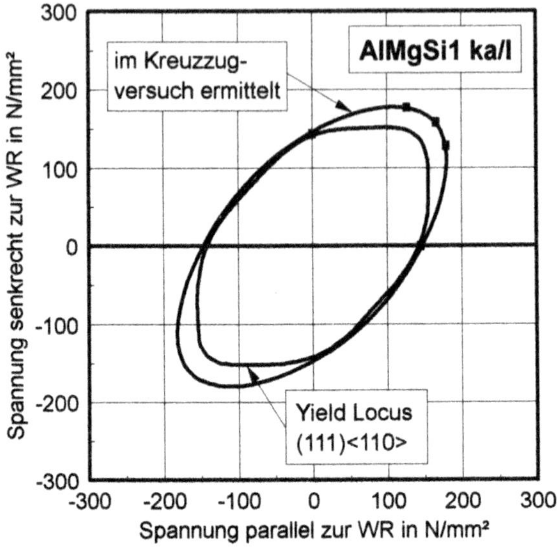


**Bild 106:** Experimentell ermittelte Fließortkurve im Vergleich zu der aus den Texturkoeffizienten berechneten Fließortkurve für AlMgSi1 ka/I.

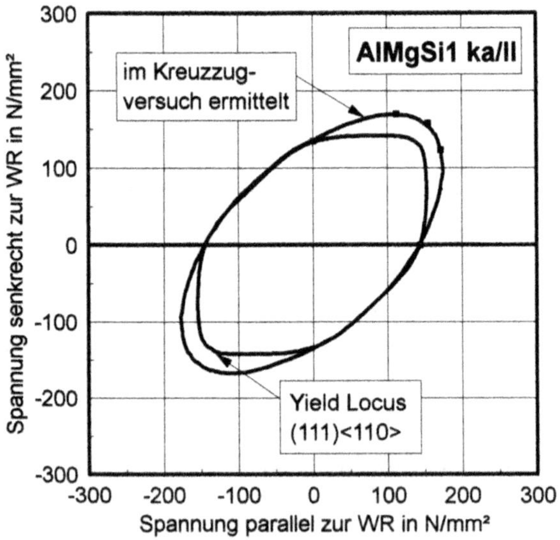


**Bild 107:** Experimentell ermittelte Fließortkurve im Vergleich zu der aus den Texturkoeffizienten berechneten Fließortkurve für AlMgSi1 ka/II.

Beide aus der Texturanalyse berechneten Fließortkurven weisen qualitativ und quantitativ einen nahezu identischen Verlauf auf. Dies rührt daher, daß sich beide Werkstoffe durch eine Walztextur und in etwa gleich große Streckgrenzenwerte auszeichnen. Ein Unterschied, wie er bei den im Kreuzzugversuch ermittelten Fließortkurven (Bilder 103 und 104 bzw. 106 und 107 ) zu sehen ist, kann hier nicht erkannt werden. Auf den Verlauf dieser Fließortkurven im II. bis IV. Quadranten wird in Kapitel 8.2 eingegangen. Der Verlauf der texturanalytisch bestimmten Fließortkurven erinnert stark an Fließortkurven, die nach der Hypothese von Tresca berechnet wurden; er ist laut /199/ kennzeichnend für Fließortkurven, die nach der Taylor-Theorie berechnet wurden. Die erhaltenen Fließortkurven liegen zwischen den Fließortkurven nach Tresca und v.Mises.

## 7.2 Folgefließortkurven bei Aluminiumwerkstoffen

Aus dem Vergleich der Form und Lage von Anfangs- und Folgefließortkurven kann auf das Verfestigungsverhalten eines Werkstoffes bei zweiachsiger Beanspruchung geschlossen werden (siehe Kapitel 6.1.1). Um den Einfluß der Beanspruchungsrichtung auf die Verfestigung bei Aluminiumlegierungen zu erfassen, wurden einachsige Vordehnungen in Walzrichtung (Ziehwegverhältnis 1:0) und gleichförmig zweiachsige Vordehnungen (1:1) in die Kreuzzugproben eingebracht. Zum besseren Vergleich der gemessenen Fließortkurven eines Werkstoffes wurden diese jeweils in das gleiche Diagramm eingezeichnet. Die berechneten Mittelpunkte der Fließortkurven wurden wie bei allen bisherigen Darstellungen in Form eines kleinen Kreuzchens dargestellt. Auf den Vergleich der gemessenen Fließortkurven mit Fließortkurven, die durch Hypothesen angenähert werden, wurde verzichtet, da z.B. bei einer Vordehnung in Walzrichtung (1:0) bei den Hypothesen nach Tresca, v.Mises usw. mittlere Fließspannungen (gebildet aus den Einzelwerten der Fließspannungen unter 0° und 90° zur Walzrichtung) verwendet werden, die sich nicht zur Beschreibung von Folgefließortkurven eignen.

### 7.2.1 AlMg5 w; Vorbelastung in x- bzw. Walzrichtung: 4%

Für diese naturharte Aluminiumlegierung wird hauptsächlich eine kinematische Verschiebung der Fließortkurve festgestellt (Bild 108). Die Richtung der Verschiebung fällt mit der Richtung der Vorbelastung zusammen. Dies wird durch die Fließspannung senkrecht zur Walzrichtung bestätigt. Diese ist für die Anfangs- und Folgefließortkurve praktisch gleich groß. Bei der Fließspannung in x-Richtung und auch bei den restlichen experimentell bestimmten Fließorten wird der kinematischen Verfestigung eine isotrope überlagert. Dies äußert sich in einer Aufweitung der Folgefließortkurve im Vergleich zur Anfangsfließortkurve.

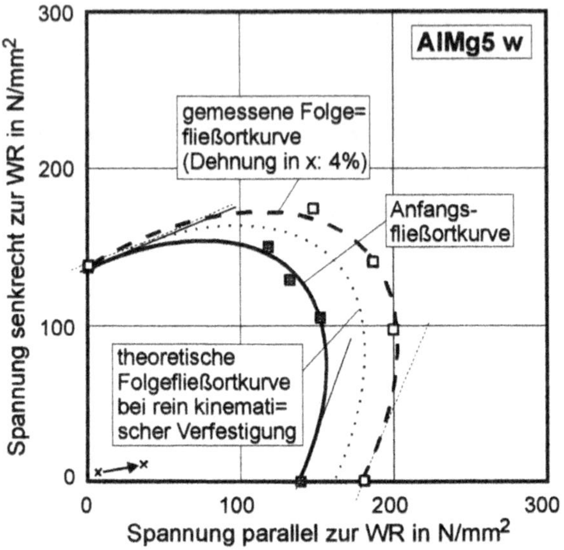


**Bild 108:** Anfangs- und Folgefließortkurve für den Werkstoff AlMg5 w.

### 7.2.2 AlMgSi1 ka/II; Vorbelastung in x- bzw. Walzrichtung: 4%

Im Gegensatz zu AlMg5 w wird bei diesem Werkstoff hauptsächlich eine isotrope Verfestigung beobachtet (Bild 109). Die Folgefließortkurve hat sich im Vergleich zur Anfangsfließortkurve relativ gleichmäßig aufgeweitet. Ein Anteil kinematischer Verschiebung wird allerdings auch hier in Vorbelastungsrichtung gemessen.

### 7.2.3 AlMgSi1 ka/I; Vorbelastung in x: 4% und in x = y, je: 3%

Die Folgefließortkurve für die einachsige Vordehnung erfuhr im Vergleich zu der Anfangsfließortkurve sowohl eine isotrope Aufweitung als auch eine kinematische Verschiebung in Richtung der Vorlast (Bild 110).

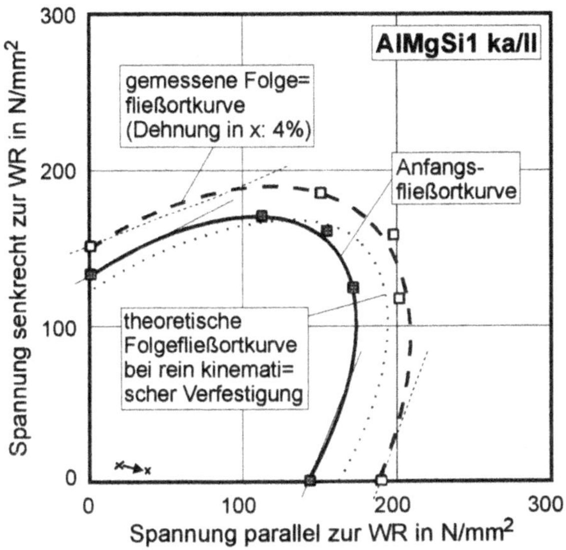


**Bild 109:** Anfangs- und Folgefließortkurve für den Werkstoff AlMgSi1 ka/II.

Im Vergleich zur Modifikation II des gleichen Werkstoffes (vgl. Bild 109) wird bei diesem Serienwerkstoff (Modifikation I) für die gleiche Vorbelastung ein anderes Verfestigungsverhalten festgestellt. Als Grund kann die unterschiedliche Anisotropie in der Blechebene in Frage kommen. Während die Modifikation I ein $\Delta r = r_{max}-r_{min} = 0{,}34$ aufweist, zeichnet die Modifikation II eine mit $\Delta r = 0{,}15$ wesentlich geringere ebene Anisotropie aus.

Dieser Werkstoff reagierte ebenfalls mit einer kinematischen sowie isotropen Verfestigung auf die zweiachsige Vorbelastung (x = y, je: 3%). Bild 110 zeigt eine deutliche Aufweitung der Folgefließortkurve und eine Verschiebung in Vorbelastungsrichtung (x = y-Achse) im Vergleich zur Anfangsfließortkurve. Vergleicht man beide Folgefließortkurven von AlMgSi1 ka/I, so erkennt man für die zweiachsige Vordehnung eine insgesamt höhere Verfestigung als für die einachsige, da die Fließspannung in x-Richtung etwas größer gemessen wurde.

Bei keiner Aluminiumlegierung konnte eine ausgeprägte Distorsionsverfestigung (Verformung der Folgefließortkurve im Vergleich zur Anfangsfließortkurve) festgestellt werden. Dies wird durch die Ergebnisse von Schindler /71/ bestätigt. Er stellte bei einer Tiefziehgüte nur für nicht geradlinige Belastungswege eine Distorsionsverfestigung fest. Für lineare Vorbelastungen dominiert die kinematische Verfestigung.

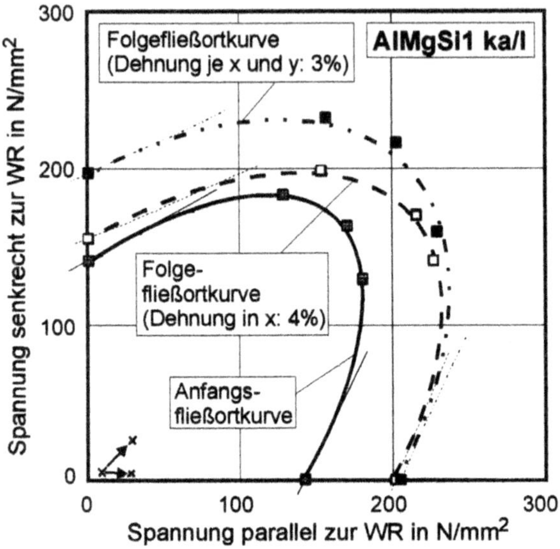


**Bild 110:** Anfangs- und Folgefließortkurven für den Werkstoff AlMgSi1 ka/I.

# 8 Diskussion der Ergebnisse

## 8.1 Zusammenfassender Vergleich der auf verschiedenen Wegen ermittelten Fließortkurven

Um aus Ergebnissen des einachsigen Zugversuches (Streckgrenze, r-Wert) Fließortkurven zu berechnen, bedarf es sogenannter Fließhypothesen. Diese theoretischen Ansätze nach Tresca, v.Mises, Hosford/Backofen oder Hill vermögen aufgrund ihrer Annahmen verschiedene Werkstofftypen mehr oder weniger gut bzw. genau zu beschreiben. Die Bestimmung der Fließortkurven mit dieser Methode ist sehr einfach; die erzielten Resultate in dieser Arbeit weichen jedoch von den im Kreuzzugversuch zweiachsig bestimmten Fließortkurven zum Teil beträchtlich ab. Ob diese Diskrepanzen auf die einachsig bestimmten Bezugsgrößen oder auf die hypothetische Form der Fließflächen zurückzuführen ist, bleibt ungewiß: eventuell eignen sich quadratische Ansätze zur Festlegung der Fließortkurven von bestimmten Werkstoffen nicht.

Mit Ausnahme von AlMg5 w liegen bei den restlichen Werkstoffen die experimentell ermittelten Fließpunkte bei höheren Spannungswerten, als sie durch die o.g. Hypothesen beschrieben werden. Diese Tendenz wird von dem Hill'schen Ansatz aus dem Jahre 1979 bestätigt; der nicht quadratische Ansatz der Fließhypothese führt für experimentell bestätigte m-Werte kleiner 2 zu Ovalen, deren Form näher an den experimentellen Fließpunkten liegt und der somit das reale Werkstoffverhalten besser beschreibt. Experimentell werden die Kräfte bei Fließbeginn unter Umständen etwas zu groß gemessen, woraus größere Spannungswerte resultieren. Dies rührt daher, daß aufgrund der Temperaturmeßmethode ein kleiner (5mm) Meßfühlerabstand notwendig ist, um die tatsächliche zweiachsige Beanspruchung im Probenzentrum sicher zu erfassen (vgl. Kap. 6.4.1.3). Da bei der Kreuzzugprobe im engsten Probenquerschnitt zuerst Fließen eintritt und die Fließfront sich mit wachsendem Ziehweg ins Probeninnere fortsetzt, wird aufgrund einer eventuell bereits geringen Verfestigung im engsten Probenquerschnitt die Ziehkraft etwas zu groß ermittelt. Der geringe Anstieg der Ziehkraft nach dem Fließbeginn im engsten Querschnitt gegenüber dem Fließbeginn im Probenzentrum ($\varphi_v \geq 0$) wird in den Bildern 87, 88 und 95 bestätigt. Hieraus folgt, daß die experimentell ermittelten Fließortkurven maximal um 2 - 3 % zu große Fließspannungswerte aufweisen; somit nähern sich die experimentell ermittelten Fließortkurven und die Hill'sche Theorie aus dem Jahre 1979 an.

Eine experimentelle Verifikation des Verlaufes der auf Hypothesen basierenden Fließortkurven im zweiten bis vierten Quadranten ist nicht möglich, da im Kreuzzugversuch nur Zug-Zug-Spannungzustände realisiert werden können. Deshalb ist auch der Verlauf der mathematisch an die experimentell ermittelten Fließpunkte angenäherten Fließortkurve im Zug-Druck- bzw. Druck-Druck-Bereich experimentell nicht bestätigt. Er ergibt sich aus dem quadratischen Ansatz und kann je nach Annahme eines sogenannten Stützpunktes (vgl. Kapitel 8.2) unterschiedlich ausfallen, ohne jedoch praktische Auswirkungen für den Verlauf im ersten Quadranten zu zeigen.

Eine überzeugende Darstellung von Fließortkurven aus plastisch vorverformten Kreuzzugproben ist nur über die Annäherung eines Kurvenzuges an die experimentell ermittelten Fließorte möglich. Bei der Darstellung dieser Folgefließortkurven in Form von hypothetischen Fließortkurven nach Treca, v.Mises u.a. kann eine kinematische bzw. isotrope Verfestigung des Werkstoffes nur dann berücksichtigt werden (vgl. Kap.7.2), wenn die Art und Größe der Verfestigung bekannt ist.

Die aus Texturuntersuchungen ermittelten Fließortkurven für zwei Modifikationen des Werkstoffes AlMgSi1 ka ermöglichen keine allgemeingültigen Aussagen. Sie weisen praktisch keine Unterschiede auf und sind den Fließortkurven nach der Tresca'schen Hypothese am ähnlichsten. Dies rührt daher, daß beide Werkstoffmodifikationen eine dominante Würfellagentextur zeigen und nach der Taylor-Theorie (vgl. Kapitel 5.5.1 und 7.1.3) ausgewertet wurden.

## 8.2 Fließortkurven im zweiten bis vierten Quadranten

Aufgrund der Tatsache, daß im Kreuzzugversuch lediglich Fließorte im ersten Quadranten experimentell ermittelt werden können folgt, daß bei einer mathematischen Formulierung der Fließortkurve deren Verlauf im zweiten bis vierten Quadranten fiktiv ist. Der Algorithmus, der in dieser Arbeit zur Beschreibung der Fließortkurven mittels einer Ellipsengleichung Verwendung fand, wird in Kapitel 6.4.1.6 und im Anhang A2 eingeführt.

Am Beispiel des Werkstoffes St14 O5 wird nun exemplarisch die Form der angenäherten Ellipse außerhalb des ersten Quadranten diskutiert (Bild 111).

In Bild 111 fällt auf, daß sämtliche angenäherten Fließortkurven im ersten Quadranten praktisch denselben Verlauf zeigen. Hierzu reichen die fünf im Experiment ermittelten Fließorte sowie die Tangenteninformation aus den r-Werten vollkommen aus. Im zweiten und vierten Quadranten unterscheiden sich die Fließortkurvenverläufe bereits beträchtlich, während im dritten Quadranten ein Vergleich unmöglich wird.

Dieser unterschiedliche Verlauf der Fließortkurven resultiert aus der in manchen Fällen mathematischen Notwendigkeit, Fließortstützpunkte im Zug-Druck-Bereich anzunehmen (vgl. Kapitel 6.4.1.6), oder diese experimentell in Druckversuchen zu ermitteln. Eine experimentelle Bestimmung des Fließbeginns wurde von Schindler /71/ praktiziert; die Druckfließspannung lag dabei in der Größenordnung der negativen Zugfließspannung. Sallat /73/ nahm die Druckfließspannung dem Betrag nach mit 80% der Zugfließspannung an und arbeitete mit zwei zusätzlichen Stützpunkten.

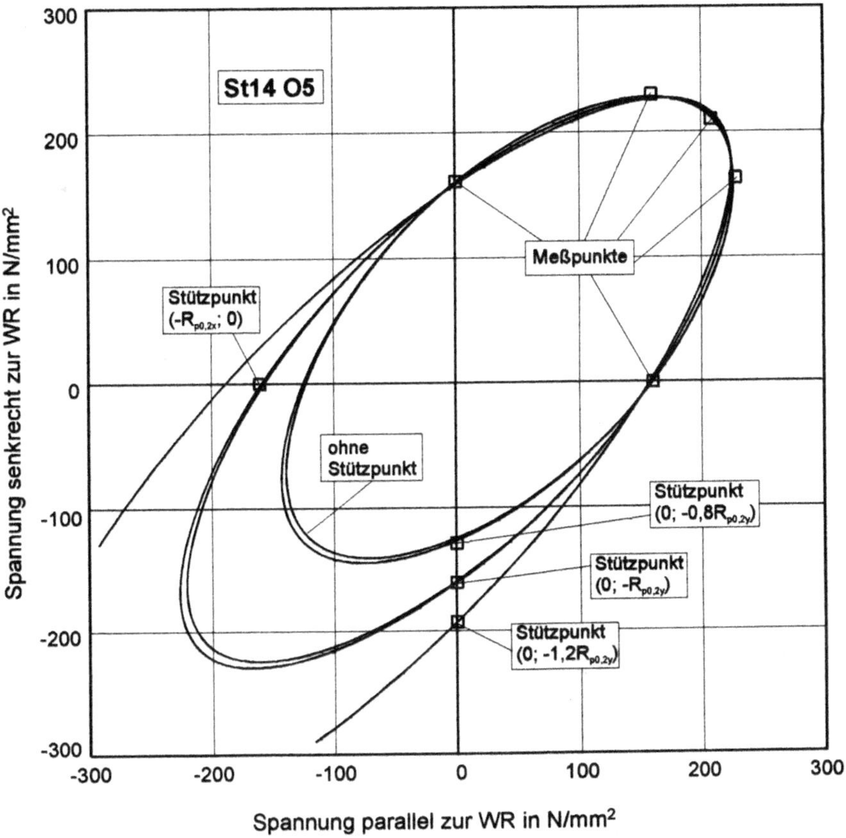


**Bild 111:** Verlauf einer Fließortkurve im zweiten bis vierten Quadranten.

Bei der Annahme eines zusätzlichen Stützpunktes bei St14 O5 (Bild 111) auf der negativen y-Achse mit 80% der Zugfließspannung unter 90° zur Walzrichtung ergibt sich nahezu der gleiche Verlauf der Fließortkurve wie in dem Falle, in dem kein zusätzlicher Stützpunkt angenommen wird. Ob eine Druckfließspannung auf der x- oder y-Achse als negative Zugfließspannung angenommen wird, ergibt für den Verlauf der Fließortkurven praktisch keinen Unterschied. Die Annahme des Stützpunktes (0 ; -1,2$R_{p0,2y}$) unterscheidet sich von den restlichen Verläufen der Fließortkurven dadurch, daß die erhaltene Fließortkurve im dritten Quadranten bei wesentlich größeren Fließspannungswerten liegt.

Der genaue Wert der Druckfließspannung kann lediglich in einem experimentellen Versuch ermittelt werden, wobei sich ein Blech-Druckversuch als äußerst problematisch erweist. Bei der Annahme von Druckfließspannungswerten sollte auch ein möglicher Bauschinger-Effekt mitberücksichtigt werden.

Aufgrund der zum Teil notwendigen Annahmen für den Fließbeginn im Druckbereich, ergibt sich ein hypothetischer Verlauf der Fließortkurven vor allem im dritten Quadranten. Inwieweit dieser Verlauf in der Lage ist, das tatsächliche Werkstoffverhalten unter diesen Spannungzuständen zu beschreiben, ist unsicher. Ein Vergleich mit Untersuchungen von Kármán /200/ an Marmor aus dem Jahre 1911 unterstreicht eventuell diese Problematik. Er stellte bei einer sehr geringen zweiachsigen Zugbeanspruchung ein sprödes Bruchverhalten von Marmor fest; konnte denselben Werkstoff aber unter sehr hohem dreiachsigen Druck zum plastischen Fließen bringen.

Eventuell könnten Texturuntersuchungen genauere Aussagen über den Verlauf der Fließortkurven im zweiten bis vierten Quadranten ermöglichen.

## 8.3 Bezug der Fließortkurven zum r-Wert und zur Tiefzieheignung

Nach der Hill'schen Theorie wird davon ausgegangen, daß sich bei einem r-Wert größer eins eine langgestreckte, bei r kleiner eins eine etwas bauchigere Fließortkurve ergibt. Dies wird durch die Fließortkurven, die im Kreuzzugversuch ermittelt wurden, nicht allgemein bestätigt. Bei allen untersuchten Werkstoffen, mit Ausnahme von AlMg5 w, liegen die experimentell ermittelten Fließorte bei höheren Fließspannungswerten, als nach der Hypothese von v.Mises (Annahme r=1). Das heißt, daß auch bei Legierungen mit r-Werten kleiner eins eine Fließortkurve ermittelt wird, deren große Halbachse länger ist, als die der v.Mises'schen Ellipse. Eventuell rührt dies daher, daß der r-Wert im einachsigen Zugversuch als richtungsabhängige Größe bestimmt wird und über die Annahmen der Fließhypothesen das tatsächliche Werkstoffverhalten nicht vollständig erfaßt bzw. beschrieben wird. Die Fließpunkte werden im Kreuzzugversuch global unter praxisähnlichen Zugspannungszuständen bestimmt und vermögen den Werkstoff in seinem Formänderungsverhalten wesentlich getreuer wiederzugeben. Außer der Hypothese von Tresca beschreiben sämtliche aus der Literatur bekannten Hypothesen die Fließortkurve mittels einer Ellipsengleichung, wobei der Einfluß der senkrechten und ebenen Anisotropie über die r-Werte zum Teil berücksichtigt wird. Es besteht seitens der Hypothesen jedoch kein Anspruch darauf, daß jeder Werkstoff zwingend (nur) durch eine Ellipsengleichung zu beschreiben ist. Bei manchen Werkstoffen liegen die experimentell bestimmten Fließorte nicht optimal auf der angepaßten Ellipsengleichung, was ein Indiz dafür sein könnte.

Die Feststellung, daß mit Werkstoffen, die eine kleinere senkrechte Anisotropie aufweisen, gleich gute Tiefziehergebnisse wie mit Werkstoffen großer senkrechter Anisotropie zu erzielen sind, zeigen, daß lediglich aufgrund des r-Wertes keine eindeutige Beurteilung der Tiefziehbarkeit möglich ist; dies bestätigt auch den Verlauf der gemessenen Fließortkurven für r-Werte kleiner eins. Diese Diskrepanz zwischen der senkrechten Anisotropie und der Tiefziehbarkeit resultiert sicherlich nicht nur aus der Definition des r-Wertes (im einachsigen Zugversuch), sondern auch aus dem Einfluß des n-Wertes und der Fertigungsrandbedingungen sowie des Spannungszustandes auf die Blechdickenformänderung. Ein deutlicher Bezug der ermittelten Fließortkurven, die das reine Werkstoffverhalten beschreiben, zu praktischen Zug-Druck-Formänderungen fällt deshalb schwer, weil der Verlauf der Fließortkurven im zweiten und vierten Quadranten unsicher ist und in Abhängigkeit der zum Teil angenommenen Stützpunkte unterschiedlich ausfällt.

# 9 Ausblick

Ein Ziel weiterer Untersuchungen sollte das ungleiche Formänderungsverhalten in Blechdickenrichtung für verschiedene Werkstoffgruppen in Abhängigkeit von der ebenen Anisotropie und des Beanspruchungszustandes sein. Dazu müßten systematische Grundlagenuntersuchungen bei Zug-Zug- und Zug-Druck-Beanspruchung an verschiedenen bekannten Werkstoffen gemacht werden. Aufgrund deren Gleitsysteme könnte damit das Umformverhalten bei zweiachsiger Beanspruchung studiert und begründet werden. In vergleichbaren Versuchen an zunächst einfachen Legierungen könnten dann allgemeingültige Aussagen getroffen werden.

Höhere Umformgrade in der Probenmitte der Kreuzzugproben könnten dadurch erreicht werden, daß im Bereich des engsten Querschnitts Verstärkungssicken o.ä. eingebracht werden. Solche lokalen Verfestigungsmaßnahmen beeinflussen das Werkstoffverhalten im Zentrum der Probe aller Voraussicht nach nicht; sie könnten vor allem bei Untersuchungen zu Folgefließortkurven zur Verwirklichung hoher Umformgrade im Probeninneren dienen. Weitere Studien zum Verfestigungsverhalten der Werkstoffe könnten mit vorgewählten Vordehnungsstadien (z.B. 1%, 2%,...5%, usw.) erreicht werden. Hieraus könnte auf die Entwicklung einer Verfestigung rückgeschlossen werden. Eine zusätzliche Möglichkeit zum Studium des Verfestigungsverhaltens bietet sich durch die Verwendung der CNC-Streckziehanlage an. Es könnten definierte Vordehnungen über verschiedene Verformungswege in eine Kreuzzugprobe eingebracht werden; ein Vergleich der Folgefließortkurven in Form und Lage würde den Einfluß des Formänderungspfades (Umformweges) aufzeigen. Dabei könnte man soweit gehen, daß im kritischen Bereich eines Realteiles eine Formänderungsanalyse durchgeführt wird und mit der Streckziehanlage genau der festgestellte Verformungspfad bei einer Kreuzzugprobe nachgefahren wird. Somit wäre der Bezug zu einem Praxisteil unmittelbar hergestellt; die daraus gewonnenen Erfahrungen könnten bei ähnlichen Bauteilen genutzt werden.

In experimentellen und theoretischen Untersuchungen sollte die Größe der Bezugsfläche (äquivalente Fläche), die zur Berechnung der Fließspannungen aus den Kräften bei Fließbeginn notwendig ist, verglichen werden. Die Bezugsflächen sollten dabei in Abhängigkeit des Werkstoffes, der Dehnung und des Ziehverhältnisses mit einem anisotropen Stoffgesetz betrachtet werden.

Inwieweit eine Annäherung der Fließortkurve durch eine Ellipsengleichung sinnvoll ist, könnten alternative analytische Berechnungen mit Gleichungen für Ovale oder Polygonzüge zeigen. Dabei sollten jedoch in der Literatur bereits vorhandene Ansätze berücksichtigt werden.

Zur einfacheren Versuchsdurchführung könnte eine automatische Meßtechnik beitragen. Diese könnte bei einer selbständigen präzisen Kreuzzugprobeneinspannung beginnen, sich über ein vorwählbares Prüfprogramm erstrecken und bei der Auswertung der Fließortkurve hinsichtlich vorgebbarer Kriterien enden. Dadurch könnten mit nur einer einzigen Kreuzzugprobe vermutlich mehrere Fließorte im ersten Quadranten bestimmt und daraus eine komplette Folgefließortkurve abgeleitet werden.

Interessant für experimentelle Stützstellen von Folgefließortkurven im Zug-Druck-Bereich wäre die Bestimmung der Fließspannung an kleinen (vorverformten) Zugproben, die aus dem Flanschbereich von symmetrischen Näpfen herausgearbeitet wurden. Prinzipiell sollten trotz der Problematik des Ausknickens Druckversuche an Blechen gemacht werden, um Anhaltswerte über die Größenordnung der Druckfließspannung zu erhalten. Inwieweit dazu aus der Literatur bekannte Versuchsstände eingesetzt werden könnten bzw. ein neues Versuchskonzept entwickelt werden müßte, sollte geprüft werden. Bei der Bestimmung des Fließortkurvenverlaufes im zweiten bis vierten Quadranten könnte die Texturanalyse zu Hilfe gezogen werden. Mit einer Theorie, die z.B. den Bauschinger-Effekt berücksichtigt, könnte der experimentell im Zug-Zug-Bereich ermittelte Verlauf der Fließortkurve in den drei anderen Quadranten ergänzt werden. Um hier zu sicheren Ergebnissen zu kommen, bedarf es der Zusammenarbeit zwischen dem Experimentator und dem Metallphysiker.

Ein weiteres Ziel könnte ein von der Vorverfestigung / Texturseite her optimal für ein Bauteil "eingestelltes" Halbzeug aus dem Walzwerk sein. Dort könnte anhand von zerstörungsfreien Texturuntersuchungen während des Walzprozesses das entstehende Blech auf die geforderten Eigenschaften (online) überprüft und gegebenenfalls korrigierend, vielleicht sogar regelnd eingegriffen werden. Dazu sollten in Grundlagenuntersuchungen Modellwerkstoffe entwickelt werden, die es ermöglichen, den Einfluß des r- und n-Wertes auf die Blechumformumg zu trennen. Für das Verständnis realer technischer Umformvorgänge ist daneben auch das Zusammenwirken beider Größen zu betrachten.

## Schrifttum

/1/ Wassermann, G.: **Texturen metallischer Werkstoffe.** Springer Verlag, Berlin, Göttingen, 1962.

/2/ Dietmann, H.: **Werkstofftechnik**. Vorlesungsmanuskript, Lehrstuhl für Materialprüfung, Werkstoffkunde und Festigkeitslehre, Universität Stuttgart, 1987.

/3/ DIN EN 10002: **Zugversuch, Teil 1**. Beuth Verlag GmbH. Berlin, April 1991.

/4/ Backhaus, G.: **Zum Stoffgesetz des elastisch-plastischen Körpers**. ZAMM 52, S. 293-305, 1972.

/5/ Stahl-Eisen-Prüfblatt 1125: **Ermittlung des Verfestigungsexponenten (n-Wert) von Feinblech im Zugversuch**. Stahl-Eisen-Prüfblätter des Vereins Deutscher Eisenhüttenleute, Nov. 1984. Verlag Stahleisen mbH. Düsseldorf.

/6/ Stahl-Eisen-Prüfblatt 1126: **Ermittlung der senkrechten Anisotropie (r-Wert) von Feinblechen im Zugversuch**. Stahl-Eisen-Prüfblätter des Vereins Deutscher Eisenhüttenleute, Nov. 1984. Verlag Stahleisen mbH. Düsseldorf.

/7/ Lankford, W. T.; Snyder, S.C.; Bauscher, J.A.: **New criteria for predicting the press performance of deep drawing sheets**. Trans. Amer. Soc. Metals 42 (1950), S. 1197-1232.

/8/ Grosch, J.: **Der Einfluß des Werkstoffs auf das Verhalten unberuhigter Bleche beim Tiefziehen im Anschlag in der Fertigung**. Diss. 1968 TU Berlin.

/9/ Ziegler, W.: **Der Werkstoffeinfluß auf das durch Reißer im Werkstückboden bedingte Grenzziehverhältnis beim Tiefziehen metallischer Werkstoffe**. Habilitationsschrift 1970 TU Berlin.

/10/ Doege, E.: **Untersuchung über die maximal übertragbare Stempelkraft beim Tiefziehen rotationssymmetrischer Zylindrischer Teile**. Diss. 1964 TU Berlin.

/11/ Falkenstein, H.P.: **Beitrag zur Umformbarkeit von Aluminiumblechwerkstoffen**. Diss. 1983 Uni. Bochum.

/12/ Sonne, H.-M.; Hesse, B.; Robiller, G.: **Verfahren zur Bestimmung der Verformungsabhängigkeit des Verfestigungsexponenten n und der senkrechten Anisotropie r**. Thyssen Technische Berichte, Heft 2/89 S.173-179.

/13/ Doege, E.; Kruska, J.-U.; Schroeder, M.; Stock, G.: **Beschreibung der Kaltumformbarkeit von Stahlblech durch reibungsfrei ermittelte Kennwerte.** Blech Rohre Profile 40 (1993) 6, S. 457-467.

/14/ Kruska, J.-U.; Schroeder, M.; Stock, G.: **Neues höherfestes Feinblech für den Einsatz im Automobilbau - Neue Blechkennwerte**. Umformtechnisches Kolloquium Hannover, März 1993.

/15/ Reissner, J.; Mülders, H.; Plänker, E.: **Neue Erkenntnisse auf dem Gebiet der Blechumformung bei nichtrostenden austenitischen Stählen**. Tech. Mitt. Krupp, Forsch.-Ber. 40 (1982), S. 19-26.

/16/ Liebig, H.P.; Beyer, R.: **Das Phi-Verfahren zur Bestimmung der Streck- und Tiefziehfähigkeit.** Stahl und Eisen, 109 (1989) 12, S. 595-602.

/17/ Schmidt, W.: **Die senkrechte Anisotropie r von Feinblechen**. Blech Rohre Profile 25 (1978) 6, S.271-276.

/18/ Pöhlandt, K.: **Über die Wechselwirkung von Werkstoff und Umformung und ihre Erfassung in Versuchen**. Z. Werkstofftechn. 15 (1984), S. 323-330.

/19/ Siegert, K.: **Vergleich zwischen Karosserieblechen aus Aluminium und aus Stahl**. Teil 1 Aluminium 59 (1983) 5, S. 362-365, Teil 2, Aluminium 59 (1983) 6, S. 438-442.

/20/ Beyer, R.: **Beitrag zur Bestimmung der Umformeigenschaften von Blechwerkstoffen des Zugversuchs**. Dissertation Technische Universität Hamburg-Harburg 1987.

/21/ Lilet, L.: **Suitability of sheets for pressing**, Sheet Metals Ind. 43 1966).

/22/ Petersen, J.: **Über die Auswirkungen der Anisotropie der Feinblecheigenschaften beim Tiefziehen**. Techn. Rdschau, Bern, (1973) 4, S. 21-23.

/23/ Schlosser, D.: **Geometrische Eigenschaften tiefgezogener kreiszylindrischer Näpfe**. Ber. aus d. Inst. f. Umformtechnik, Univ. Stuttgart, Nr. 45. Girardet 1977.

/24/ Anschütz, R.-W.: **Ermittlung der Zipfelgröße, nutzbaren Teilhöhe und des Rondendurchmessers in Abhängigkeit von der Werkstoffanisotropie**. UT 14 (1980) 5 S.21-29.

/25/ Schmidt, H.: **Blechdickenbestimmung beim Tiefziehen unter Berücksichtigung der planaren Anisotropie und der Niederhalterdruckverteilung.** Dissertation Universität-Gesamthochschule-Siegen 1984.

/26/ Küppers, W.; Düchtling, W.: **Nutzung des anisotropen Verhaltens nichtrostender Feinbleche und Bänder bei der Umformung.** Blech Rohre Profile 12/1973, S. 471-475.

/27/ Ikeshima, T.; Okamotu, T.; Fukuda, M.: **The Theoretical Analysis of r-Value Effects on Limiting Drawing Ratio with the Application of Width Reduction**. Papers I.D.D.R.G., Conf. London 1964.

/28/ Whiteley, R. L.: **The importance of directionality in drawing quality sheet steel**. Transaction of the American Soc. Metals(ASM), Vol. 52 (1960), P. 154-169.

/29/ Whiteley, R. L.; Wise, D. E.; Blickwede, D. J.: **Anisotropy as an asset for good drawability**. Sheet Metal Industries, May 1961, S. 349-358.

/30/ Atkinson, M.: **Assessing Normal Anisotropic Plasticity of Sheet Metals**. Sheet Metal Industries 44 (1967), Bd.1, S. 167-178.

/31/ Suzuki, K.: **The relationship between the deep-drawability and the r-values of sheet metals.** Journal of Mechanical Working Technology, 15 (1987) S. 131-142.

/32/ Lange, E.: **Untersuchung des Tiefziehverhaltens von Feinblechen unter besonderer Berücksichtigung der betrieblichen Umformbedingungen**. Diss. 1974 TU Clausthal.

/33/ Dannenmann, E.: **Arbeitsgenauigkeit und Oberflächenbeschaffenheit beim Tiefziehen**. Ind. Anz. 98. Jg. Nr.102 v. 22. 12. 1976, S. 1838-1841.

/34/ Tozawa, Y.: **Plastic Deformtion Behavior Under Conditions of Combined Stress.** Mechanics of Sheet Metal Forming. Material Behavior and Deformation Analysis. Plenum Press, New York-London, 1978, S. 78-110.

/35/ Atkinson, M.: **Hydraulic Bulging Of Near-Isotropic Sheet Metal Trough An Elliptical Aperture.** International Journal of Mechanical Science, Volume 36, No. 3, S. 247-255.

/36/ Lange, K.: **Umformtechnik, Handbuch für Industrie und Wissenschaft, Band 3: Blechbearbeitung**. Springer-Verlag Berlin Heidelberg NewYork London Paris Tokyo HongKong 1990.

/37/ Dannenmann, E.: **Einfluß der plastischen Eigenschaften und der Oberflächenmikrostruktur von Feinblechen auf Zieh- und Biegevorgänge**. IfU-Bericht Nr. 75 (1983) S.105-137.

/38/ Althoff, J.; Wincierz, P.: **The Influence of Texture on the Yield Loci of Copper and Aluminium**. Z. Metalkde, Bd. 63 (1972) H. 10, S. 623-633.

/39/ Viana, C. S. da C.; Kallend, J. S.; Davies, G. J.: **The Use Of Texture Data To Predict The Yield Locus Of Metal Sheets.** International Journal of Mechanical Science, 21 (1979), S. 355-371.

/40/ Sachs, G.: Z. **Zur Ableitung einer Flließbedingung.** Ver. Dtsch. Ing. 72 (1928) S. 734.

/41/ Taylor, G.I.: **Plastic strain in metals**, J. Inst. Met. 62 (1938), S. 307-324.

/42/ Pöhlandt, K.: **Werkstoffprüfung für die Umformtechnik**. Springer-Verlag Berlin, Heidelberg, New York, London, Paris, Tokyo, 1986.

/43/ Okamotu, T; Shiraiwa, T.; Fukuda, M.: **Theoretical Considerations about the Anisotropy of Cold-Rolled Deep Drawing Steel Sheets and their Recrystallisation Textures**. Sumitomo Metals 14 (1962) S. 2111-227.

/44/ Schmidt, W.; Schaffrath, W.: **Kennzeichnung der Umformbarkeit von Flachprodukten durch r- und n-Wert.** Blech Rohre Profile 40 (1993) 10, S. 760-765.

/45/ Zimnik, W.; Freier, K.; Hussy, S.: **Höherfestes Feinblech mit geringer planarer Anisotropie und verbesserten Umformeigenschaften.** Stahl und Eisen 112 (1992) Nr. 11, S. 99-103.

/46/ Freier, K.: **Neues höherfestes Feinblech für den Einsatz im Automobilbau - Erzeugung und Eigenschaften.** Umformtechnisches Kolloquium Hannover, März 1993.

/47/ Gronostajski, J.: **Effect of changing of anisotropy during stamping of sheet steel on forming limit diagram**. Advanced Technology of Plasticity 1990, Proc. of the 3rd. Int. Conf. of the Jap. Soc. for Technology of Plasticity, Kyoto 1.-6. 7. 1990, S.1173-1177.

/48/ Mellor, P.B.; Parmar, A.: **Plasticity Analysis of Sheet Metal Forming.** Mechanics of Sheet Metal Forming. Material Behavior and Deformation Analysis. Plenum Press, New York-London, 1978, S. 53-77.

/49/ El-Sebaie, M.G.; Mellor; P.B.: **Plasic Instability Conditions in the Deep-Drawing of a circular blank of sheet metal.** Int. J. Mech. Sci., 14 (1972), 535.

/50/ Matthies, J.: **Über die Vorausbestimmung des Formänderungsverhaltens von Blechhalbzeugen in ihrer industriellen Anwendung**. Dissertation der Technischen Universität Hamburg-Harburg. G. Stubbemann GmbH, Hamburg 1991.

/51/ Hop, R. M.; Staskewitsch, E.; Bettenhausen, K.: **Verformungsvermögen von Tiefziehblechen bei quasistatischer und dynamischer Belastung.** In: DVM, Vorträge der Tagung Werkstoffprüfung 1993 vom 2. und 3. Dezember 1993 in Bad Nauheim, S. 169-179.

/52/ Blaich, M.: **Beitrag zum Ziehen von Blechteilen aus Aluminiumlegierungen**. Ber. aus d. Inst. f. Umformtechnik, Univ. Stuttgart, Nr. 61. Berlin/ Heidelberg/ New York: Springer Verlag 1981.

/53/ Hussy, S.: **Einfluß geringer Ti-Gehalte auf Textur und planare Anisotropie von kaltgewalztem haubengeglühtem Feinblech**. Dissertation der Technischen Universität Clausthal 1992.

/54/ AMAG: **Aluminium-Merkblatt 1, Werkstoffe**. Austria Metall AG, Braunau-Ranshofen, Firmenprospekt.

/55/ AMAG: **Aluminium-Merkblatt 10, Schmelzen und Legierungen**. Austria Metall AG, Braunau-Ranshofen, Firmenprospekt.

/56/ AMAG: persönliche Mitteilung, 1992.

/57/ Kreißig, R.: **Theoretische und experimentelle Untersuchungen zur plastischen Anisotropie.** Diss. B 1981 Technische Hochschule Karl-Marxstadt.

/58/ Schneider, Ch.: **Untersuchungen zur Erfassung der senkrechten Anisotropie r und des Verfestigungsexponenten n von Blechen zur Kaltumformung**. Diss. 1968 TU Berlin.

/59/ Liphardt, M.; Vlad, C. M.: **Einfluß von Probenform, -vorbereitung, Dehngeschwindigkeit und Reckgrad auf die R-Wertbestimmung**. Materialprüf. 18 (1976) Nr. 12 Dezember, S. 465-467.

/60/ Yoshida, K.; Miyauchi, K.: **Experimental Studies Of Material Behavior As Related To Sheet Metal Forming.** Mechanics of Sheet Metal Forming. Material Behavior and Deformation Analysis. Plenum Press, New York-London, 1978, S. 19-52.

/61/ Bramley, A.N.; Mellor, P.B.: **Plastic Flow in stabilized Sheet Steel.** Int. J. Mech. Sci., 8 (1966), 101.

/62/ Hegazy, A.A.; Dirks, F.-J.: **Verfahrensvergleich zur Bestimmung des r-Faktors aus Zugversuchen an Feinblechproben**. Metall 29 (1975) H. 6, S. 614-620.

/63/ Strackerjahn, W.: **Die Vorausage des Versagensfalls beim Tiefziehen rechteckiger Teile.** Dissertation Universität Hannover 1982.

/64/ Averkiev, A. U.: **Zur Bewertung der Umformbarkeit von Blechwerkstoffen (Teil 1).** Umformtechnik 21 (1987) 6, S. 244-248

/65/ Galinowski, J.: **Analyse der Formgebung zylindrischer Näpfe aus quadratischen Zuschnitten aus Blechen mit Anisotropie.** Fertigungstechnik und Betrieb 23 (1973) H. 11.

/66/ Panknin, W.: **Die Grundlagen des Tiefziehens im Anschlag unter besonderer Berücksichtigung der Tiefziehprüfung**. Bänder Bleche Rohre Düsseldorf Apr. 1961, H.4 S.133-143, H. 5 S.201-211, H. 6 S.264-271.

/67/ Huck, M.: **Beurteilung und Auswahl von Feinblechwerkstoffen für den Umformprozeß.** Fortschritt-Berichte VDI, Reihe 2: Fertigungstechnik, Nr. 284, Dissertation Universität Hannover, 1992.

/68/ DIN 50101 Teil 1 und 2: **Tiefungsversuch an Blechen und Bändern mit einer Breite ab 90 mm (nach Erichsen) Dickenbereich: 0,2 mm bis 2 mm**. September 1979, Beuth Verlag GmbH. Berlin 30.

/69/ Panknin, W.: **Der hydraulische Tiefungsversuch und die Ermittlung von Fließkurven**. TH-Stuttgart, Dr.-Ing. Diss. 1959.

/70/ Gologranc, F.: **Beitrag zur Ermittlung von Fließkurven im kontinuierlichen hydraulischen Tiefungsversuch**. Berichte aus dem Institut für Umformtechnik der Universität Stuttgart Nr. 31, 1975.

/71/ Schindler, J.: **Experimentelle Ermittlung von Anfangs- und Folgefließkurven für Tiefziehblech**. Dissertation der Technischen Hochschule Karl-Marx-Stadt, 1985.

/72/ Hill, R.: **The Mathematical Theory Of Plasticity.** Oxford University Press, New York, 1950.

/73/ Sallat, G.: **Theoretische und experimentelle Untersuchungen zum Fließverhalten von Blechen im zweiachsigen Hauptspannungszustand.** Diss. 1988 Technische Universität Karl-Marx-Stadt.

/74/ Lilet, L.; Wybo, M.: **An Investigation into the Effect of Plastic Anisotrope and Rate of Work-Hardening in Deep-Drawing.** Sheet Metal Ind., 41 (1964), 783.

/75/ Fukui, S.; Yoshida, K.; Abe, K.: Sci. Papers, Inst. of Physical and Chemical Research, Tokyo, 54 (196019, 199.

/76/ Warwick, J.O.; Alexander, J.M.: **Prediction of the Limiting Drawing Ratio from the Stress/Strain Curve.** Journal Inst. Met., 91 (1962-63), 1.

/77/ Kasuga, Y.; Nokahi, N.; Kondo, K.: **Pressure Lubricated Deep-Drawing.** Bull. JSME, 4 (1961), 394.

/78/ Kasuga, Y.; Tsutsumi, S.: **Pressure Lubricated Deep-Drawing, Conclusion.** Bull. JSME, 8 (1965), 120.

/79/ Keeler, S.P.; Backofen, W.A.: **The Importance of Directionality in Drawing Quality Sheet-Steel.** In Diskussion of Whiteley, R.L., Trans ASM, 52 (1960), 154.

/80/ Dürrschnabel, W.: **Die Kennzeichnung der Anisotropie von Messingblechen durch r-Wert-Messungen**. Z. Metallkde., Bd. 60 (1969), H. 10, S. 813-816.

/81/ Kummer, H.: **Die Erichsen-Blechprüfung.** Masch.-Bau 6 (1927) S. 764-767.

/82/ Winlock, J.; Kelley, L.: **Testing Automobile Body Sheet-Steel.** Trans. Am. Soc. Steel Treat. 12 (1927) S. 635-650.

/83/ Aumann, W.: **Prüfung und Eigenschaften von Feinblechen für Ziehzwecke.** Masch.-Bau 7 (1928) S. 105-110.

/84/ Jackson, R.L.; Smith, K.F.; Lankford, W.T.: **Plastik Flow in Anisotropic Sheet Steal,** Trans. AIME Techn. Public. No. 2440 Class E Metals Technology 1948 S. 1-15.

/85/ Schmidt, M.: **Die Prüfung von Tiefziehblech**. Archiv für das Eisenhüttenwesen, 3. Jahrgang, Heft 3, Sept. 1929, S. 213-222.

/86/ Panknin, W.; Shawki, G. S. A.: **Zusammenhang zwischen Fließkurve und Werkstoffkennwerten bildsamer metallischer Werkstoffe**. Z. Metallkde. Bd. 52 (1961) H. 7 S.455-461.

/87/ Pomey, G.; Grumbach, M.; Lajeunesse, D.; Crussard, C.: **Contribution a l` étude des essais d`emboutissage des têtes minces.** Memoires Sci. Revue de Metallurgie 58 (1961) S. 809-834.

/88/ Jegaden, G.; Voinchet, J.; Rocquet, P.: **Contribution a l` étude de la déformation plastique des tôles**. Mém. Sci. Rev. Métallurgie 59 (1962) Nr. 4 S. 273-285.

/89/ Lloyd, D.H.: Sheet metal Ind. 39 (1962) S. 82.

/90/ Eisenkolb, F.: **Einige Untersuchungen über den Einfluß von Walzbehandlung, Glühverfahren und Reinheitsgrad auf die Neigung von Tiefziehblechen zur Zipfelbildung**. Blech, Nr. 11/1963, S. 815-820.

/91/ Grewen, J.: **Texturen als Ursache der Zipfelbildung**. Z. Metallkde. Bd. 57 (1966) H. 6, S. 418-428.

/92/ Siebel, G.: **Einfluß der Wärmebehandlung von Gußbarren und Walzplatten auf die Zipfelbildung von Aluminiumblechen mit verschiedenem Reinheitsgrad**. Z. Metallkde., Band 57 (1966), H. 6, S. 429-441.

/93/ Ziegler, W.: **Die Bedeutung des Werkstoffs für die Grenzformänderungen beim Tiefziehen metallischer Werkstoffe**. Diss. 1966 TU Berlin.

/94/ Heyer, R.L.; Newby, J.R.: **Effects of Mechanical Properties on Biaxial Stretchability of Low Carbon Steels.** New York 1968, SAE Paper 680 094.

/95/ Jakovlev, S. P.; Sevelev, V. V.: **Über die Berücksichtigung der ursprünglichen Anisotropie von Blechen beim Tiefziehen**. Umformtechnik 2 (1968) 6, S. 19-26.

/96/ Mäde, W.; Kreißig, R.; Bensch, V.: **Methoden zur Ermittlung des R- und n-Faktors und Vergleich dieser Größen mit dem Streckgrenzverhältnis und der Bruchdehnung**. Wissenschaftliche Zeitschrift der Techn. Hochschule Otto von Guericke Magdeburg 12 (1968) H. 5/6, S. 557-565.

/97/ Blickwede, D.J.: **How Compositon and Processing Affect Annealed Matereial.** Metal Progr. 95 (1969) (4) S. 87.

/98/ Jakovlev, S. P.; Sevelev, V. V.: **Über die Möglichkeit der Beseitgung von Zipfelbildungen beim Tiefziehen anisotroper Werkstoffe**. Umformtechnik 3 (1969) 4. S. 43-48.

/99/ Kasper, A.S.: Metal Progr. 96 (1969) (4) S. 159.

/100/ Panknin, W.: **Die Bedeutung des r-Wertes für das Tiefziehverhalten von Blechen**. Aus Grewen, J.; Wassermann, G.: "Texturen in Forschung u. Praxis" Springer 1969 S.464-485.

/101/ Shawki, G.; Eng, S.; Mech, E.: **Plastische Anisotropie als wichtiges Kriterium zur Beurteilung der Tiefziehfähigkeit von Stahlblech**. Blech, Coburg, 16 (1969), Nr. 10, S. 547-555.

/102/ Köhler, G.; Bochinski, E.: **Einfluß der normalen Anisotropie R und des Verfestigungsexponenten n beim Tiefziehen nichtrotationssymmetrischer zylindrischer Ziehteile**. Fertigungstechnik und Betrieb, 20. Jahrgang Heft 1 1/1970, S. 38-41

/103/ Deh, R.: **Ermittlung der für die Umformung von Feinblechen qualitätsbestimmenden Werkstoffkenngrößen r und n.** Fertigungstechnik und Betrieb 20 (1970) 5 S. 288-292.

/104/ Pollák, L.: **Neue Verfahren zur Bewertung der Tiefziehfähigkeit von Blechen**. Bänder Bleche Rohre Düsseldorf, 11 (1970) Nr. 11, S. 583-587

/105/ Kular, G. S.; The, J. H. L.: **The bulging of anisotropie aluminium sheets- a comparison of theory and experiments**. Int. J. Mach. Tool. Des. Res. 12 (1972), S. 281-296.

/106/ Laska, R.: **Verfestigung und Verfestigungsexponent unlegierter kohlenstoffarmer Stähle**. Werkstatt und Betrieb 104 (1971) 8 S. 533-540.

/107/ Dannenmann, E.; Schlosser, E.: **Der Einfluß von Werkzeuggeometrie und Werkstückwerkstoff auf die makroskopischen Eigenschaften von tiefgezogenen, kreiszylindrischen Näpfen**. DFBO-Mitteilungen 24 (1973) S.137-141.

/108/ Dürrschnabel, W.: **Richtungsabhängigkeit der Eigenschaften bei Bändern aus Kupferlegierungen, ihre Vor- und Nachteile**. Bänder, Bleche, Rohre 14 (1973) Nr. 5, S. 206-212.

/109/ Hasek, V.: **Über den Formänderungs- und Spannungszustand beim Ziehen von großen unregelmäßigen Blechteilen**. Ber. aus d. Inst. F. Umformtechnik, Univ. Stuttgart, Nr. 25. Girardet 1973.

/110/ Hegazy, A.A.: **Untersuchung über das Tiefziehen quadratischer und rechteckiger zylindrischer Teile im Anschlag**. Diss. 1974 TU Berlin.

/111/ Zünkler, P: **Der Einfluß der Werkstoffverfestigung auf die Ziehkraft und das Grenzziehverhältnis beim Tiefziehen**. Blech Rohre Profile 9/1973, S. 343-346.

/112/ Küppers, W.; Schmidt, W.: **Kennzeichnung des Umformverhaltens von Feinblechen durch den Verfestigungsexponenten n und die senkrechte Anisotropie r**. DEW-Technische Berichte, 14. Band 1974 Heft 1, S.49-55.

/113/ Truszkowski, W.: **On the Quantitative Evaluation of plastic Anisotropie in Sheet Metals.** 8: I.D.D.R.G.-Kongress, Göteborg September 1974.

/114/ Funke, P.: **Anisotropie und Tiefziehverhalten**. Tiefziehen, Berichte zum Symposium der Deutschen Gesellschaft für Metallkunde, Bad Nauheim 1975. S. 116-132.

/115/ Suy, J.; Müller, T.: Beitrag zur I.D.D.R.G.-Tagung, Göteborg 1975.

/116/ Kawai, N.; Hayashi, N.; Matsui, S.: **Assessment of Deep Drawability of Mild Steel Sheets in Consideration of r-Value Change During Prozessing**. Trans. ASME J. Eng. Ind. 110 (1988) S. 376-383.

/117/ Fuchizawa, S.: **Influence of Plastic Anisotropy on Deformation of Thin-walled Tubes in Bulge Forming.** Advanced Technology of Plasticity 1987, Stuttgart.

/118/ Iemoto, A.: **Untersuchungen über den Einfluß der normalen Anisotropie (r-Wert) auf das Fließen von Blechen bei ein- und zweiachsigem Spannungszustand**. Dr.-Ing. Dissertation TU Berlin, 1975.

/119/ Klunker, H.; Hennig, W.; Voigtländer, J.: **Zur Ermittlung und Beeinflussung des Verfestigungsexponenten von Bandstahl**. Neue Hütte 20 (1975) H. 10, S. 589-592.

/120/ Grundig, W.; Alegre, P.; Liebig, H. P.: **Das Gesetz der Volumenkonstanz als alleinige Voraussetzung bei der Ermittlung von Streck- und Tiefziehfähigkeit aus Ergebnissen des Zugversuchs**. Arch. Eisenhüttenwes. 47 (1976) Nr. 1 Januar, S. 27-31.

/121/ Müschenborn, W.; Sonne, H.-M.: **Umformbarkeit von kaltgewalztem Feinblech, Beeinflussung bei der Herstellung und optimale Nutzung bei der Verarbeitung**. Thyssen Technische Berichte, Heft 2/77, S.50-58.

/122/ Bischoff, W.: **Anisotropy of deep drawing sheet**. Blech Rohre Profile 28 (1981) 7, S. 302-307.

/123/ Falkenstein, H. P.; Gruhl, W.: **Umformverhalten von Aluminium**. Bänder Bleche Rohre 6, 1978, S. 265-268.

/124/ Küppers, W.: **Beitag zur wirtschaftlichen Formgebung von nichtrostenden Feinblechen**. Blech Rohre Profile 25 (1978) 10, S.453-461.

/125/ Michaelis, E. E.; Mech, E.: **The r and n test for every day testing in the sheet metal industry**. Sheet metal industrie, October 1979, S.936-941.

/126/ Salam, H.: **Beitrag zum Tiefziehverhalten von Feinblechen unter Berücksichtigung ihrer Anisotropie**. Dissertation der Universität-Gesamthochschule-Siegen.D. Gräbner, Bamberg 1982.

/127/ Usui, E.; Inaba, T.: **Tiefziehbarkeit Kaltverfestigter Aluminiumbleche**. Aluminium 61. Jg. 1985.7, S. 500-503.

/128/ Alworth, H. M.; Michalak, J. T.; Shei, S. A.: **The Effects of Second Cold Reduction on the Plastic Anisotropy, Cristallographic Texture and Earing Behavior of DR-9 Tin-Mill Produkt.** Journal of Applied Metal Working, Vol. 4, No. 4, January 1987, S. 327-330.

/129/ Pries, C.-D.: **Beitrag zur Steigerung der Berechnungsgenauigkeit beim Tiefziehen zylindrischer und rechteckiger Werkstücke mit elementaren Ansätzen**. Diss. 1987, Universität der Bundeswehr Hamburg.

/130/ Bauer, D.; Leitloff, F.-U.: **Anisotropie und Zipfelbildung beim Tiefziehen von Aluminium**. Metal, 43. Jahrgang, Heft 10, Oktober 1989, S. 960-963.

/131/ Seydel, M.: **Numerische Simulation der Blechumformung unter besonderer Berücksichtigung der Anisotropie.** Fortschritt-Berichte VDI, Reihe 2: Fertigungstechnik, Nr. 182, Universität Hannover, 1989.

/132/ Herzog, A.: **Bestimmung der senkrechten Anisotropie im Zugversuch mit Dehnungsaufnehmern DD1**. Messtech. Briefe (1989), H. 1.

/133/ Mori, T.: **Press formability of aluminium alloy sheets for automobile parts**. Kobelco Technology Review No. 14, July 1992, S. 49-53.

/134/ N.N.: **Wieland-Buch, Kupferwerkstoffe, Herstellung, Verarbeitung und Eigenschaften**. Wieland-Werke AG Metallwerke 7900 Ulm, 1986.

/135/ DIN 50114: **Zugversuch ohne Feindehnungsmessung an Blechen, Bändern oder Streifen mit einer Dicke unter 3 mm**. Sonderdruck aus DIN-Mitteilungen Bd. 42 (1963) H. 7 (Juli), S. 360-362.

/136/ Beitz, W.; Küttner, K.-H.: **Dubbel, Taschenbuch für den Maschinenbau.** 15. Auflage, Springer Berlin ..., 1983.

/137/ Lange, K.: **Umformtechnik, Handbuch für Industrie und Wissenschaft, Band 1: Grundlagen**. Springer-Verlag, Berlin Heidelberg NewYork Tokyo, 1984

/138/ Hasek, V.: **Untersuchung und theoretische Beschreibung wichtiger Einflußgrößen auf das Grenzformänderungsschaubild**. Blech Rohre Profile 25 (1978) H5 S. 213-220, H6 S.285-292, H10 S. 493-499, H12 S. 619-627.

/139/ Haberfield, A.B.; Boyles, M.W.: **Laboratory determined forming limit diagrams.** Sheet Metal Industries, Juli 1973, S. 400-411.

/140/ Keck, P.: **A Study on the Three-Dimensional Analysis and Formability in Sheet Metal Forming.** Abschlußbericht zum DFG-Forschungsvorhaben La 155/130-2.

/141/ Dahl, W.; Kopp, R.; Pawelski, O.: **Umformtechnik. Plastomechanik und Werkstoffkunde**, Verlag Stahleisen und Springer-Verlag, Düsseldorf, 1993.

/142/ DIN 50155: **Zipfelprüfung durch Näpfchenziehversuch für Bleche, Bänder oder Streifen aus Nichteisenmetallen mit einer Dicke von 0,1 bis 3 mm.** November 1981.

/143/ Carr, A.R.: **Forming Limit Diagrams of Aluminium Alloys: Determination, Their Application to Press Forming and the Influence of the Material Surface.** Alcan International Limited, Banbury, England, Erscheinungsjahr unbekannt.

/144/ Hasek, V.: **Das Grenzformänderungsschuabild und seine Anwendung bei Tiefzieh- und Streckziehvorgängen.** Seminar "Neuere Entwicklungen in der Blechbearbeitung", 10. und 11. Juni 1980, S. 1/1-1/36.

/145/ Weist, C.: **Der Kerbzugversuch als Einfachprüfverfahren für das richtungsabhängige Umformvermögen von Blechwerkstoffen.** Berichte aus dem Institut für Umformtechnik der Universität Stuttgart, Nr. 92, Springer Verlag, Berlin..., 1987.

/146/ Siegert, K.: **Grenzen des Ziehens von Karosserieteilen.** Tagungsband UKD 85, 6. und 7. März 1985, Darmstadt, S. 5.1/1-5.1/19.

/147/ Hasek, V.: **Möglichkeiten zur Steuerung des Stoffflusses beim Ziehen großer unregelmäßiger Blechteile**. Berichte aus dem Institut für Umformtechnik der Universität Stuttgart 56. Springer-Verlag Berlin Heidelberg New York 1980.

/148/ Balbach, R.: **Optimierung der Oberflächenmikrogeometrie von Aluminiumfeinblech für das Karosserieziehen.** Berichte aus dem Institut für Umformtechnik der Universität Stuttgart, Nr. 97, Springer Verlag Berlin..., 1988.

/149/ Esling, C.; Bunge, H.J.: **Textur und Anisotropie von Werkstoffeigenschaften.** Fortbildungspraktikum 26.-30.3.1984 Institut für Metallkunde und Metallphysik TUC.

/150/ Oberländer, T.F.: **Ermittlung der Fließkurven und der Anisotropie-Eigenschaften metallischer Werkstoffe im Rastegaev-Stauchversuch.** Berichte aus dem Institut für Umformtechnik, Universität Stuttgart, Nr. 109. Berlin, Heidelberg, New York: Springer 1990.

/151/ Bunge, H.J.: **Struktur, Textur und Anisotropie von Werkstoffen.** Fortbildungspraktikum 26.-30.3.1984 Institut für Metallkunde und Metallphysik TUC.

/152/ Böhm, H.: **Einführung in die Metallkunde.** Bibliographisches Institut Mannheim/Wien/Zürich (1968).

/153/ Witzel, W.: **Plastische Anisotropie und Textur.** FGU-Seminar 1988.

/154/ Bunge, H.J.: **Neuere Entwicklungen auf dem Texturgebiet.** Zeitschrift für Metallkunde 75 (1984), H.2, S.97 ff.

/155/ Bunge, H.J.: **Three-dimensional texture analysis.** International material rewiews Bd.32, Nr.6 (1987).

/156/ Park, N.J.; Klein, H.; Dahlem-Klein, E.: Program System **Physical Properties of Textured Materials.** Cuvillier Verlag Göttingen, 1994.

/157/ Bunge, H. J.; Schulze, M.; Grzesik, D.: **Calkulation of the yield locus of polycristalline materials according to the taylor theory**. Peine+ Salzgitter Berichte Sonderheft 1980.

/158/ Puch, K.H.: **Texturuntersuchungen mit Röntgenstrahlen.** Fortbildungspraktikum 26.-30.3.1984 Institut für Metallkunde und Metallphysik TUC

/159/ Welch, P.I.: **Techniques for the Determination of Complete Polefigures Using Composite Specimens.** Tex. Crys. Sol., 4 (1980) 99

/160/ Bunge, H.J.: Quantitative Textur Analysis, (1982), 85.

/161/ Burgholzer, P.: **Textur und plastische Anisotropie von Aluminiumblechen.** Interner Bericht des Instituts für Theoretische Physik der Technisch-naturwissenschaftlichen Fakultät der Johannes Kepler Universität Linz, 1993.

/162/ Neff, H.: **Grundlagen und Anwendung der Röntgen-Feinstruktur-Analyse.** R.Oldenburg, München, 1962.

/163/ Bunge, H.J.: **Texture Analysis in Material Science.** Cuvillier Verlag Göttingen, 1993.

/164/ Dahlem-Klein, E.; Klein, H.; Park, N.J.: Program System **ODF Analysis.** Cuvillier Verlag Göttingen, 1993.

/165/ Kussmaul, K.: Vorlesungsmanuskript **Festigkeitslehre I**, 10. Auflage 1987, MPA Stuttgart.

/166/ Grzesik, D.: **Berechnung von Fließortkurven.** In: Stüwe, H. P.: MechanischeAnisotropie, Wien New York, Springer 1974, S. 231-248.

/167/ Lippmann, M.; Mahrenholtz, O.: **Plastomechanik der Umformung metallischer Werkstoffe**, Bd. 1, Springer 1967.

/168/ Backofen, W.A.; Hosford W.F.; Burke J.J.: **Texture Hardening.** Trans. of the American Society for Metals (ASM) 55, (1962), S. 264-267.

/169/ Hosford, W.F.: **Fundamental of Deformation Processing**, Syracuse Univ. Press 1964, S. 259.

/170/ Schilling, R.: **Finite-Elemente-Analyse des Biegeumformens von Blechen.** Springer-Verlag Berlin Heidelberg New York London Barcelona Budapest 1992

/171/ Müller, M.: **Fließkurve und Werkstoffverfestigung**. Seminarunterlagen zum DGM Fortbildungspraktikum Tiefziehen, 27. und 28. Februar 1992.

/172/ Wellinger, K.; Dietmann, H.: **Festigkeitsberechnung - Grundlagen und technische Anwendung**, Alfred Kröner Verlag Stuttgart, 1976.

/173/ Fedelich, B.; Trautmann, K.-H.: **Einsatz der Biaxprüfung von gewalzten Blechen zur Bestimmung von Materialmodellen bei der numerischen Simulation mit der Methode der Finiten Elemante**, EFB-Tagungsband Nr. T14, 1994.

/174/ Lange, H.-W.: **Zur Simulation des Tiefziehens mit Dehnungsraum-Stoffgesetzen für isotrope und kinematisch verfestigende Materialien.** Fortschritt-Berichte VDI, Reihe 2: Fertigungstechnik, Nr. 223, Universität Hannover, 1991.

/175/ Betten: **Elastizitäts- und Plastizitätslehre.** Vieweg 2. Auflage, Braunschweig 1986.

/176/ Schmid, E.: **Neuere Untersuchungen an Metallkristallen**, in: Proc. 1st. Internat. Congr. Appl. Mech. Delft 1924 (G.B. Biezeno; J.M. Burgers, Hrsg.), S. 342-352, Delft: Waltman, 1925.

/177/ Michno, M. J. jr.; Findley, W. N.: **An historical perspective of yield surface investigations for metals**. International Journal of Non-Linear Mechanics 11 (1976) 1, S. 59-82.

/178/ Hosford, W.F.: **Texture Hardening**, in: Grewen, J.: Wassermann, G.: Texturen in Forschung und Praxis, Springer-Verlag, Berlin..., 1969.

/179/ Piehler, H.R.; Backofen, W.A.: **The prediction of Anisotropic Yield for Textured Sheets**, in "Texturen in Forschung und Praxis" (J. Grewen; G. Wassermann, Hrsg.) S. 436-443, Berlin-Heidelberg-New York, Springer, 1969.

/180/ Matucha, K.-H.; Wincierz, P.: **Experimentelle Bestimmung von Fließortkurven**. In: Stüwe, H. P.: Mechanische Anisotropie, Wien New York, Springer 1974, S. 201-229.

/181/ Mathiak, F.U.; Fuchs, F.A.; Trautmann, K.-H.; Frauenrath, H.: **Biaxprüfung von Tiefziehstählen des Karosseriebaus.** Deutscher Verband für Materialforschung und -prüfung e.V., 1990.

/182/ Ferron, G.; Makinde, A.: **Design and development of biaxial strength testing device**. Journal of Testing and Evaluation, May 1988.

/183/ Tekkaya, A.E.: **Ermittlung von Eigenspannungen in der Kaltmassivumformung**, Berichte aus dem Institut für Umformtechnik, Universität Stuttgart, Nr. 83, Berlin..., Springer 1986.

/184/ Roll, K.: **Einsatz numerischer Näherungsverfahren bei der Berechnung von Verfahren der Kaltmassivumformung**, Berichte aus dem Institut für Umformtechnik, Universität Stuttgart, Nr. 66, Berlin..., Springer 1982.

/185/ Keck, P.; Wilhelm, M.; Lange, K.; Herrmann, M.: **Comparison of different finite element models for the simulation of sheet metal forming**, NUMIFORM 1989, Ed. Thompson, E.G. et al., Rotterdam: Balkema 1989.

/186/ Becker, N.: **Weiterentwicklung von Verfahren zur Aufnahme von Fließkurven im Bereich hoher Umformgrade**. Berichte aus dem Institut für Umformtechnik der Universität Stuttgart, Nr. 122, Springer-Verlag, Berlin..., 1994.

/187/ Herrmann, M.: **Beitrag zur Berechnung von Vorgängen der Blechumformung mit der Methode der Finiten Elemente**. Dr.-Ing. Diss., Berlin..., Springer, 1991.

/188/ Kockelmann, H.: **Angewandte Spannungsanalyse.** Vorlesungsmanuskript, Staatl. Materialprüfanstalt, Universität Stuttgart, 1986.

/189/ Measurement Group,: **Einführung in das Spannungsoptische Oberflächenschichtverfahren.** Meßtechnik GmbH, München.

/190/ Schöpf, H.-J.: **Spannungs- und Verformungsanalyse im Automobilbau.** Messen und Prüfen, Heft Nr. 4, 1984.

/191/ Kiesewetter, T.: **Mehrachsige CNC-Streckziehanlage für die Blechumformung**. In: Siegert, K. (Hrsg.): Neuere Entwicklungen in der Blechumformung. Oberursel: DGM Informationsgesellschaft, 1992.

/192/ Hecker, S.: **Experimental studies of yield phenomena in biaxially loaded metals**. Constitutive equations in viscoplasticity: Computational and engineering aspects, presented at the Winter Annual Meeting of the American Society of Mechanical Engineers, New York, December 5- December 10, 1976.

/193/ Franke H.: **Lexikon der Physik**. Franckh'sche Verlagshandlung W. Keller & Co., Stuttgart, 1959.

/194/ Siegert, K.; Fann, K.J.; Müller, W.: **Ermittlung von Fließortkurven im Zug-Zug-Bereich.** Demnächst.

/195/ Moustafa, A.R.: **Ermittlung der Fließortkurven von Kaltstauch-Stahlgüten zur Beschreibung der mechanischen Anisotropie**. Diss., T.U. Clausthal, 1989.

/196/ Lange, K.: **Handbook of Metal Forming.** McGraw-Hill Book Comp., New York..., 1985.

/197/ Hill, R.: **Theoretical plasticity of textured aggregates**. Mathematical Proceedings of the Cambridge Philosophical Society (1979), 85, S. 179-191.

/198/ Hill, R.: **A user-friendly theory of orthotropic plasticity in sheet metals.** International Journal for Mechanical Science, 15 (1993) 1, S. 19-25.

/199/ Klein, H.: persönliche Mitteilung, 1995.

/200/ Kármán, Th. v.: **Festigkeitsversuche unter allseitigem Druck.** VDI-Zeitung Nr. 55, 1911.

/201/ Engeln-Müllges, G; Reutter, F.: **Formelsammlung zur numerischen Mathematik mit BASIC-Programmen**, Zürich 1983.

# Anhang

**Tabelle 6:** Kennwerte des Werkstoffes AlMg5 w.

| Kennwert | Bemerkung | | Winkel zur Walzrichtung in Grad | | | | | Mittelwert |
|---|---|---|---|---|---|---|---|---|
| | | | **0** | **22,5** | **45** | **67,5** | **90** | |
| $R_m$ [N/mm²] | Zugversuch (gemittelte Werte) | | 275 | 265 | 260 | 259 | 261 | 264 |
| $R_{eH}$ [N/mm²] | | | 139 | 136 | 132 | 133 | 137 | 135,4 |
| E-Modul [N/mm²] | | | 68 431 | 67 390 | 66 908 | 67 221 | 68 449 | 67 680 |
| $A_g$ [%] / $\varphi_{gl}$ | | | 21,4 / 0,198 | 23,3 / 0,2095 | 22,7 / 0,2046 | 22,2 / 0,2005 | 23,6 / 0,2199 | 22,8 / 0,2049 |
| $A_{80mm}$ [%] | | | 21,9 | 26,5 | 27,4 | 25,7 | 24,8 | 25,15 |
| n-Wert | 4% - 20% | arithm. gemittelt | 0,3368 | | | | | arithm. gemittelt: 0,3259<br>Ludwik-Ansatz: 0,3191 |
| | | Ludwik-Ansatz | 0,3145 | | | | | |
| | 4% - 20% | arithm. gemittelt | | 0,3020 | | | | |
| | | Ludwik-Ansatz | | 0,3208 | | | | |
| | 7% - 20% | arithm. gemittelt | | | 0,3042 | | | |
| | | Ludwik-Ansatz | | | 0,3229 | | | |
| | 4% - 20% | arithm. gemittelt | | | | 0,3491 | | |
| | | Ludwik-Ansatz | | | | 0,3195 | | |
| | 4% - 24% | arithm. gemittelt | | | | | 0,3376 | |
| | | Ludwik-Ansatz | | | | | 0,3180 | |
| r-Wert | 2% - 18% | | 0,587 | | | | | 0,7612 |
| | 2% - 22% | | | 0,770 | | | | |
| | 2% - 22% | | | | 0,933 | | | |
| | 2% - 21% | | | | | 0,868 | | |
| | 2% - 21% | | | | | | 0,648 | |
| $\bar{r}$-Wert | $\bar{r} = 1/8\,(r_{0^\circ} + 2r_{22,5^\circ} + 2r_{45^\circ} + 2r_{67,5^\circ} + r_{90^\circ})$ | | | | | | | 0,80 |
| $\Delta r$-Wert | $\Delta r = 1/2\,(r_{0^\circ} + r_{90^\circ} - 2r_{45^\circ})$ | | | | | | | -0,32 |
| | $\Delta r = r_{max} - r_{min}$ | | | | | | | 0,35 |

**Tabelle 7:** Kennwerte des Werkstoffes AlMgSi1 ka/I.

| Kennwert | Bemerkung | | Winkel zur Walzrichtung in Grad | | | | | Mittelwert |
|---|---|---|---|---|---|---|---|---|
| | | | 0 | 22,5 | 45 | 67,5 | 90 | |
| $R_m$ [N/mm²] | Zugversuch (gemittelte Werte) | | 240 | 239 | 237 | 234 | 237 | 237,4 |
| $R_{p0,2}$ [N/mm²] | | | 142 | 144 | 142 | 139 | 141 | 141,6 |
| E-Modul [N/mm²] | | | 64 670 | 66 022 | 67 399 | 66 343 | 64 038 | 65 694 |
| $A_g$ [%] / $\varphi_{gl}$ | | | 18,7 / 0,1714 | 21,9 / 0,1980 | 23,2 / 0,2086 | 22,2 / 0,2005 | 19,4 / 0,1773 | 21,1 / 0,1914 |
| $A_{80mm}$ [%] | | | 23,0 | 27,2 | 28,4 | 26,0 | 23,2 | 25,6 |
| n-Wert | 1% - 18% | arithm. gemittelt | 0,2192 | | | | | arithm. gemittelt: 0,2171<br>Ludwik-Ansatz: 0,2228 |
| | | Ludwik-Ansatz | 0,2276 | | | | | |
| | 1% - 22% | arithm. gemittelt | | 0,2131 | | | | |
| | | Ludwik-Ansatz | | 0,2169 | | | | |
| | 1% - 23% | arithm. gemittelt | | | 0,2156 | | | |
| | | Ludwik-Ansatz | | | 0,2152 | | | |
| | 1% - 23% | arithm. gemittelt | | | | 0,2219 | | |
| | | Ludwik-Ansatz | | | | 0,2278 | | |
| | 1% - 20% | arithm. gemittelt | | | | | 0,2156 | |
| | | Ludwik-Ansatz | | | | | 0,2267 | |
| r-Wert | 1% - 18% | | 0,551 | | | | | 0,4414 |
| | 1% - 22% | | | 0,373 | | | | |
| | 1% - 23% | | | | 0,298 | | | |
| | 1% - 20% | | | | | 0,347 | | |
| | 1% - 20% | | | | | | 0,638 | |
| $\bar{r}$-Wert | | | $\bar{r} = 1/8\,(r_{0°} + 2r_{22,5°} + 2r_{45°} + 2r_{67,5°} + r_{90°})$ | | | | | 0,40 |
| $\Delta r$-Wert | | | $\Delta r = 1/2\,(r_{0°} + r_{90°} - 2r_{45°})$ | | | | | 0,30 |
| | | | $\Delta r = r_{max} - r_{min}$ | | | | | 0,34 |

**Tabelle 8:** Kennwerte des Werkstoffes AlMgSi1 ka/II.

| Kennwert | Bemerkung | | Winkel zur Walzrichtung in Grad | | | | | Mittelwert |
|---|---|---|---|---|---|---|---|---|
| | | | 0 | 22,5 | 45 | 67,5 | 90 | |
| $R_m$ [N/mm²] | Zugversuch (gemittelte Werte) | | 231.5 | 226,0 | 224,2 | 223,9 | 222,8 | 225,7 |
| $R_{p0,2}$ [N/mm²] | | | 143,3 | 139,3 | 139,0 | 139,0 | 133,0 | 138,7 |
| E-Modul [N/mm²] | | | 66 733 | 68 082 | 69 820 | 67 540 | 66 541 | 67 743 |
| $A_g$ [%] / $\varphi_{gl}$ | | | 18,9 / 0,1731 | 19,8 / 0,1807 | 20,0 / 0,1823 | 19,2 / 0,1756 | 18,7 / 0,171 | 19,3 / 0,1765 |
| $A_{80mm}$ [%] | | | 24,2 | 25,6 | 25,8 | 23,0 | 22,9 | 24,3 |
| n-Wert | 1% - 18% | arithm. gemittelt | 0,2076 | | | | | arithm. gemittelt: 0,2054 Ludwik-Ansatz: 0,2106 |
| | | Ludwik-Ansatz | 0,2140 | | | | | |
| | 1% - 19% | arithm. gemittelt | | 0,2052 | | | | |
| | | Ludwik-Ansatz | | 0,2093 | | | | |
| | 1% - 20% | arithm. gemittelt | | | 0,2014 | | | |
| | | Ludwik-Ansatz | | | 0,2046 | | | |
| | 1% - 19% | arithm. gemittelt | | | | 0,2012 | | |
| | | Ludwik-Ansatz | | | | 0,2053 | | |
| | 1% - 18% | arithm. gemittelt | | | | | 0,2118 | |
| | | Ludwik-Ansatz | | | | | 0,2199 | |
| r-Wert | 1% - 18% | | 0,4825 | | | | | 0,5031 |
| | 1% - 18% | | | 0,4573 | | | | |
| | 1% - 18% | | | | 0,4538 | | | |
| | 1% - 18% | | | | | 0,511 | | |
| | 1% - 18% | | | | | | 0,611 | |
| $\bar{r}$-Wert | $\bar{r} = 1/8\,(r_{0°} + 2r_{22,5°} + 2r_{45°} + 2r_{67,5°} + r_{90°})$ | | | | | | | 0,4922 |
| $\Delta r$-Wert | $\Delta r = 1/2\,(r_{0°} + r_{90°} - 2r_{45°})$ | | | | | | | 0,0930 |
| | $\Delta r = r_{max} - r_{min}$ | | | | | | | 0,1572 |

**Tabelle 9:** Kennwerte des Werkstoffes CuZn37 w.

| Kennwert | Bemerkung | | Winkel zur Walzrichtung in Grad | | | | | Mittelwert |
|---|---|---|---|---|---|---|---|---|
| | | | 0 | 22,5 | 45 | 67,5 | 90 | |
| $R_m$ [N/mm$^2$] | Zugversuch (gemittelte Werte) | | 349,7 | 339,7 | 337,1 | 338,7 | 341,7 | 341,38 |
| $R_{p0,2}$ [N/mm$^2$] | | | 141,7 | 142,5 | 144,4 | 142,3 | 141,4 | 142,46 |
| E-Modul [N/mm$^2$] | | | 104 256 | 101 630 | 101 280 | 99 595 | 98 512 | 101 054,6 |
| $A_g$ [%] / $\varphi_{gl}$ | | | 56,6 / 0,4485 | 58,5 / 0,4606 | 58,3 / 0,4593 | 57,7 / 0,4555 | 50,5 / 0,4088 | 56,32 / 0,4465 |
| $A_{80mm}$ [%] | | | 61,2 | 65,5 | 64,2 | 64,5 | 57,14 | 62,36 |
| n-Wert | 1% - 56% | arithm. gemittelt | 0,4569 | | | | | arithm. gemittelt: 0,4539 |
| | | Ludwik-Ansatz | 0,4401 | | | | | |
| | 1% - 59% | arithm. gemittelt | | 0,4534 | | | | |
| | | Ludwik-Ansatz | | 0,4347 | | | | |
| | 1% - 56% | arithm. gemittelt | | | 0,4619 | | | |
| | | Ludwik-Ansatz | | | 0,4292 | | | Ludwik-Ansatz: 0,4306 |
| | 1% - 56% | arithm. gemittelt | | | | 0,4452 | | |
| | | Ludwik-Ansatz | | | | 0,4282 | | |
| | 1% - 50% | arithm. gemittelt | | | | | 0,4521 | |
| | | Ludwik-Ansatz | | | | | 0,4206 | |
| r-Wert | 1% - 32% | | 0,8808 | | | | | 0,7611 |
| | 1% - 22% | | | 0,8482 | | | | |
| | 1% - 28% | | | | 0,7498 | | | |
| | 1% - 29% | | | | | 0,7097 | | |
| | 1% - 32% | | | | | | 0,6168 | |
| $\bar{r}$-Wert | | | $\bar{r} = 1/8\,(r_{0°} + 2r_{22,5°} + 2r_{45°} + 2r_{67,5°} + r_{90°})$ | | | | | 0,7641 |
| $\Delta r$-Wert | | | $\Delta r = 1/2\,(r_{0°} + r_{90°} - 2r_{45°})$ | | | | | -0,0010 |
| | | | $\Delta r = r_{max} - r_{min}$ | | | | | 0,2640 |

**Tabelle 10:** Kennwerte des Werkstoffes St14 O5.

| Kennwert | Bemerkung | | Winkel zur Walzrichtung in Grad | | | | | Mittelwert |
|---|---|---|---|---|---|---|---|---|
| | | | 0 | 22,5 | 45 | 67,5 | 90 | |
| $R_m$ [N/mm²] | Zugversuch (gemittelte Werte) | | 297,6 | 304,1 | 306,8 | 304,5 | 292,2 | 301,04 |
| $R_{p0,2}$ [N/mm²] | | | 160,1 | 167,0 | 167,1 | 168,6 | 161,4 | 164,8 |
| E-Modul [N/mm²] | | | 174 387 | 191 222 | 206 667 | 190 555 | 186 840 | 189 934 |
| $A_g$ [%] / $\varphi_{gl}$ | | | 23,8 / 0,2135 | 22,6 / 0,2038 | 22,3 / 0,2013 | 21,7 / 0,1964 | 23,2 / 0,2086 | 22,72 / 0,2047 |
| $A_{80mm}$ [%] | | | 47,1 | 41,3 | 43,3 | 40,1 | 44,2 | 43,2 |
| n-Wert | 1% - 23% | arithm. gemittelt | 0,2261 | | | | | arithm. gemittelt: 0,2173 Ludwik-Ansatz: 0,2269 |
| | | Ludwik-Ansatz | 0,2347 | | | | | |
| | 1% - 22% | arithm. gemittelt | | 0,2147 | | | | |
| | | Ludwik-Ansatz | | 0,2210 | | | | |
| | 1% - 22% | arithm. gemittelt | | | 0,2198 | | | |
| | | Ludwik-Ansatz | | | 0,2333 | | | |
| | 1% - 22% | arithm. gemittelt | | | | 0,2106 | | |
| | | Ludwik-Ansatz | | | | 0,2216 | | |
| | 1% - 22% | arithm. gemittelt | | | | | 0,2153 | |
| | | Ludwik-Ansatz | | | | | 0,2241 | |
| r-Wert | 1% - 22% | | 1,5825 | | | | | 1,5002 |
| | 1% - 22% | | | 1,4038 | | | | |
| | 1% - 22% | | | | 1,2823 | | | |
| | 1% - 21% | | | | | 1,2950 | | |
| | 1% - 22% | | | | | | 1,9373 | |
| $\bar{r}$-Wert | $\bar{r} = 1/8\,(r_{0^\circ} + 2r_{22,5^\circ} + 2r_{45^\circ} + 2r_{67,5^\circ} + r_{90^\circ})$ | | | | | | | 1,4353 |
| $\Delta r$-Wert | $\Delta r = 1/2\,(r_{0^\circ} + r_{90^\circ} - 2r_{45^\circ})$ | | | | | | | 0,4776 |
| | $\Delta r = r_{max} - r_{min}$ | | | | | | | 0,6550 |

**Tabelle 11:** Kennwerte des Werkstoffes X5CrNi1810.

| Kennwert | Bemerkung | | Winkel zur Walzrichtung in Grad | | | | | Mittelwert |
|---|---|---|---|---|---|---|---|---|
| | | | 0 | 22,5 | 45 | 67,5 | 90 | |
| $R_m$ [N/mm²] | Zugversuch (gemittelte Werte) | | 701,1 | 652,4 | 631,0 | 638,3 | 661,0 | 656,8 |
| $R_{p0,2}$ [N/mm²] | | | 312,2 | 297,5 | 290,5 | 299,1 | 310,5 | 301,96 |
| E-Modul [N/mm²] | | | 194 142 | 183 877 | 177 986 | 180 626 | 197 730 | 186 872,2 |
| $A_g$ [%] / $\varphi_{gl}$ | | | 46,9 / 0,3846 | 48,3 / 0,3941 | 51,7 / 0,4167 | 52,3 / 0,4207 | 56,4 / 0,4472 | 51,12 / 0,4127 |
| $A_{80mm}$ [%] | | | 55,7 | 58,6 | 62 1 | 63,0 | 64,0 | 60,68 |
| n-Wert | 1% - 46% | arithm. gemittelt | 0,3840 | | | | | arithm. gemittelt: 0,3847 Ludwik-Ansatz: 0,3687 |
| | | Ludwik-Ansatz | 0,3794 | | | | | |
| | 1% - 48% | arithm. gemittelt | | 0,3802 | | | | |
| | | Ludwik-Ansatz | | 0,3538 | | | | |
| | 1% - 51% | arithm. gemittelt | | | 0,3822 | | | |
| | | Ludwik-Ansatz | | | 0,3743 | | | |
| | 1% - 52% | arithm. gemittelt | | | | 0,3801 | | |
| | | Ludwik-Ansatz | | | | 0,3599 | | |
| | 1% - 56% | arithm. gemittelt | | | | | 0,3969 | |
| | | Ludwik-Ansatz | | | | | 0,3759 | |
| r-Wert | 3% - 32% | | 0,6480 | | | | | 0,9586 |
| | 2% - 32% | | | 1,0498 | | | | |
| | 2% - 32% | | | | 1,2378 | | | |
| | 2% - 32% | | | | | 1,1125 | | |
| | 2% - 32% | | | | | | 0,7450 | |
| $\bar{r}$-Wert | | | $\bar{r} = 1/8\ (r_{0°} + 2r_{22,5°} + 2r_{45°} + 2r_{67,5°} + r_{90°})$ | | | | | 1,0242 |
| $\Delta r$-Wert | | | $\Delta r = 1/2\ (r_{0°} + r_{90°} - 2r_{45°})$ | | | | | - 0,5413 |
| | | | $\Delta r = r_{max} - r_{min}$ | | | | | 0,5898 |

**Tabelle 12:** Kennwerte des Werkstoffes X6Cr17.

| Kennwert | Bemerkung | | Winkel zur Walzrichtung in Grad | | | | | Mittelwert |
|---|---|---|---|---|---|---|---|---|
| | | | 0 | 22,5 | 45 | 67,5 | 90 | |
| $R_m$ [N/mm²] | Zugversuch (gemittelte Werte) | | 519,2 | 524,8 | 531,4 | 550,2 | 538,7 | 532,86 |
| $R_{p0,2}$ [N/mm²] | | | 342,9 | 358,8 | 368,8 | 383,1 | 370,5 | 364,82 |
| E-Modul [N/mm²] | | | 184 849 | 199 671 | 202 552 | 206 547 | 211 080 | 200 939,8 |
| $A_g$ [%] / $\varphi_{gl}$ | | | 16,0 / 0,1484 | 15,8 / 0,1467 | 15,6 / 0,1450 | 15,5 / 0,1441 | 15,5 / 0,1441 | 15,68 / 0,1457 |
| $A_{80mm}$ [%] | | | 28,6 | 29,0 | 25,4 | 28,5 | 25,2 | 27,34 |
| n-Wert | 1% - 16% | arithm. gemittelt | 0,1702 | | | | | arithm. gemittelt: 0,1692 Ludwik-Ansatz: 0,1792 |
| | | Ludwik-Ansatz | 0,1797 | | | | | |
| | 1% - 15% | arithm. gemittelt | | 0,1732 | | | | |
| | | Ludwik-Ansatz | | 0,1842 | | | | |
| | 1% - 15% | arithm. gemittelt | | | 0,1651 | | | |
| | | Ludwik-Ansatz | | | 0,1705 | | | |
| | 1% - 15% | arithm. gemittelt | | | | 0,1660 | | |
| | | Ludwik-Ansatz | | | | 0,1779 | | |
| | 1% - 15% | arithm. gemittelt | | | | | 0,1714 | |
| | | Ludwik-Ansatz | | | | | 0,1837 | |
| r-Wert | 1% - 16% | | 0,6560 | | | | | 0,7889 |
| | 1% - 16% | | | 0,6403 | | | | |
| | 1% - 14% | | | | 0,7028 | | | |
| | 1% - 16% | | | | | 0,8250 | | |
| | 1% - 14% | | | | | | 1,1205 | |
| $\bar{r}$-Wert | $\bar{r} = 1/8\,( r_{0°} + 2r_{22,5°} + 2r_{45°} + 2r_{67,5°} + r_{90°} )$ | | | | | | | 0,7641 |
| $\Delta r$-Wert | $\Delta r = 1/2\,( r_{0°} + r_{90°} - 2r_{45°} )$ | | | | | | | 0,1855 |
| | $\Delta r = r_{max} - r_{min}$ | | | | | | | 0,4802 |

## A2 Algorithmus zur Ermittlung einer allgemeinen Ellipsengleichung

Eine allgemeine Ellipse kann durch eine Gleichung zweiten Grades beschrieben werden:

$$f(x,y) = a_1 \cdot x^2 + a_2 \cdot x \cdot y + a_3 \cdot y^2 + a_4 \cdot x + a_5 \cdot y + 1 = 0 \tag{33}$$

Um die fünf Parameter ($a_1$ bis $a_5$) der obenstehenden Gleichung an experimentell bestimmte Punkte anzupassen, wird das Galerkin'sche Verfahren /201/ eingesetzt. Dieses minimiert die Abweichung der gemessenen Punkte zu der zu bestimmenden Kurve (Fehlerquadratmethode).

Es gilt:

$$\Pi = \sum_{i=1}^{n} f^2(x_i, y_i) = \min, \quad \text{wobei } x_i \text{ und } y_i \text{ Messpunkte von i darstellen.} \tag{34}$$

Durch die Ableitung der Gleichung (34) nach jedem der 5 Parameter entsteht folgendes Gleichungssystem:

$$\frac{\partial \Pi}{\partial a_i} = 0, \quad \text{bzw.} \quad \frac{\partial f^2}{\partial a_i} = 2 \cdot f \cdot \frac{\partial f}{\partial a_i} \tag{35}$$

Im einzelnen lauten die Ableitungen folgendermaßen:

$$\frac{\partial f^2}{\partial a_1} = 2 \cdot f \cdot x^2, \quad \frac{\partial f^2}{\partial a_2} = 2 \cdot f \cdot x \cdot y, \quad \frac{\partial f^2}{\partial a_3} = 2 \cdot f \cdot y^2,$$

$$\frac{\partial f^2}{\partial a_4} = 2 \cdot f \cdot x, \quad \frac{\partial f^2}{\partial a_5} = 2 \cdot f \cdot y.$$

Setzt man diese fünf Gleichungen in (35) ein, so erhält man:

$$\sum_{i=1}^{n} (2 \cdot f(x_i, y_i) \cdot x_i^2) = 0, \quad \sum_{i=1}^{n} (2 \cdot f(x_i, y_i) \cdot x_i \cdot y_i) = 0,$$

$$\sum_{i=1}^{n} (2 \cdot f(x_i, y_i) \cdot y_i^2) = 0, \quad \sum_{i=1}^{n} (2 \cdot f(x_i, y_i) \cdot x_i) = 0,$$

$$\sum_{i=1}^{n} (2 \cdot f(x_i, y_i) \cdot y_i) = 0.$$

Hieraus entsteht ein lineares Gleichungssystem mit fünf Unbekannten $a_1$, $a_2$, $a_3$, $a_4$, $a_5$, wobei die Koeffizienten aus den Koordinaten der Meßpunkte berechnet werden.

$$a_1 \cdot \sum_{i=1}^{n} x_i^4 + a_2 \cdot \sum_{i=1}^{n} x_i^3 \cdot y_i + a_3 \cdot \sum_{i=1}^{n} x_i^2 \cdot y_i^2 + a_4 \cdot \sum_{i=1}^{n} x_i^3 + a_5 \cdot \sum_{i=1}^{n} x_i^2 \cdot y_i = -\sum_{i=1}^{n} x_i^2$$

$$a_1 \cdot \sum_{i=1}^{n} x_i^3 \cdot y_i + a_2 \cdot \sum_{i=1}^{n} x_i^2 \cdot y_i^2 + a_3 \cdot \sum_{i=1}^{n} x_i \cdot y_i^3 + a_4 \cdot \sum_{i=1}^{n} x_i^2 \cdot y_i + a_5 \cdot \sum_{i=1}^{n} x_i \cdot y_i^2 = -\sum_{i=1}^{n} x_i \cdot y_i$$

$$a_1 \cdot \sum_{i=1}^{n} x_i^2 \cdot y_i^2 + a_2 \cdot \sum_{i=1}^{n} x_i \cdot y_i^3 + a_3 \cdot \sum_{i=1}^{n} y_i^4 + a_4 \cdot \sum_{i=1}^{n} x_i \cdot y_i^2 + a_5 \cdot \sum_{i=1}^{n} y_i^3 = -\sum_{i=1}^{n} y_i^2$$

$$a_1 \cdot \sum_{i=1}^{n} x_i^3 + a_2 \cdot \sum_{i=1}^{n} x_i^2 \cdot y_i + a_3 \cdot \sum_{i=1}^{n} x_i \cdot y_i^2 + a_4 \cdot \sum_{i=1}^{n} x_i^2 + a_5 \cdot \sum_{i=1}^{n} x_i \cdot y_i = -\sum_{i=1}^{n} x_i$$

$$a_1 \cdot \sum_{i=1}^{n} x_i^2 \cdot y_i + a_2 \cdot \sum_{i=1}^{n} x_i \cdot y_i^2 + a_3 \cdot \sum_{i=1}^{n} y_i^3 + a_4 \cdot \sum_{i=1}^{n} x_i \cdot y_i + a_5 \cdot \sum_{i=1}^{n} y_i^2 = -\sum_{i=1}^{n} y_i$$

Die Verwendung von aus Experimenten bekannten Tangenten als Randbedingung ergibt die Möglichkeit, die zu formulierende Ellipse an das tatsächliche Werkstoffverhalten noch genauer anzupassen.

Hierzu bietet es sich an, in den Punkten 1 ($\sigma_1$=0) und 2 ($\sigma_2$=0) Tangenten an die Ellipse vorzugeben (Bild 112). Diese Tangenten werden durch die r-Werte (senkrechte Anisotropie) bestimmt. Sie werden experimentell im Flachzugversuch ermittelt.

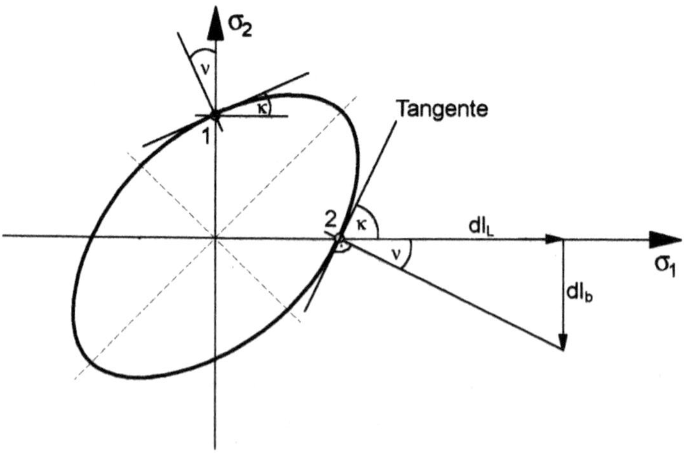


**Bild 112:** Randbedingungen in den Ellipsenpunkten 1 und 2.

In Punkt 1 gilt $\nu = \kappa$, in Punkt 2 gilt $\nu = 90° - \kappa$.

Weiterhin gilt:

$$r = -\frac{dl_b}{dl_b + dl_l} \quad \Rightarrow \quad -\frac{dl_b}{dl_l} = \frac{r}{1+r} = \tan \nu, \qquad (36)$$

Durch die Ableitung der Ellipsengleichung (33) nach x und y erhält man die Gleichung der Ellipsentangenten.

Die Ableitung der Gleichung (33) lautet:

$$f'(x,y) = (2 \cdot a_1 \cdot x + a_2 \cdot y + a_4)dx + (2 \cdot a_3 \cdot y + a_2 \cdot x + a_5)dy = 0$$

In Verbindung mit Bild 112 ergibt sich:

$$\tan \kappa = \frac{dy}{dx} = -\frac{2 \cdot a_1 \cdot x + a_2 \cdot y + a_4}{2 \cdot a_3 \cdot y + a_2 \cdot x + a_5}.$$

Für die Tangenten in den Punkten 1 und 2 der Ellipse gelten nun mit $\tan \kappa = k$ folgende Gleichungen ($i = 1, 2$):

$$\Phi_i = k_i \cdot (2 \cdot a_3 \cdot y_i + a_2 \cdot x_i + a_5) + 2 \cdot a_1 \cdot x_i + a_2 \cdot y_i + a_4 = 0. \qquad (37)$$

Es wird auch hier das Galerkin'sche Verfahren /201/ zur Minimierung der Abweichung zwischen den Tangentenrichtungen aus den gemessenen r-Werten und der anzupassenden Ellipse eingesetzt.

Es gilt: $$\Pi = \sum_{i=1}^{2} \Phi_i^2(x_i, y_i) = \min. \qquad (38)$$

Diese Gleichung wird auf die gleiche Art und Weise wie Gleichung (34) gelöst. Hieraus entsteht Gleichungssystem (39) .

Zur Ermittlung der Ellipsengleichung werden die entsprechenden Gleichungen der beiden linearen Gleichungssysteme aufsummiert (die erste mit der ersten, die zweite mit der zweiten usw.). Die Lösung dieses neuen linearen Gleichungssystems erhält man durch die Verwendung des Gauss'schen Algorithmus für ein lineares Gleichungssystem /201/. Die daraus entstehende Gleichung der Ellipse berücksichtigt somit die Minimalisierung der Abstände zu den experimentell bestimmten Punkten, sowie den Einfluß der beiden Tangenten, die als Randbedingungen gegeben sind. Die Wichtung des Tangenteneinflusses wird insofern berücksichtigt, als vor jedem Summanden des Gleichungssystems (39) der gleiche Faktor eingefügt wird.

$$
\begin{aligned}
&a_1 \cdot \sum_i 8x_i^2 + a_2 \cdot \sum_i 4x_i(y_i + k_i x_i) + a_3 \cdot \sum_i 8k_i x_i y_i + \\
&\quad + a_4 \cdot \sum_i 4x_i + a_5 \cdot \sum_i 4k_i x_i = 0 \\
&a_1 \cdot \sum_i 4x_i(y_i + k_i x_i) + a_2 \cdot \sum_i 2(k_i x_i + y_i)^2 + a_3 \cdot \sum_i 4k_i y_i (k_i x_i + y_i) + \\
&\quad + a_4 \cdot \sum_i 2(k_i x_i + y_i) + a_5 \cdot \sum_i 2(k_i^2 x_i + k_i y_i) = 0 \\
&a_1 \cdot \sum_i 8k_i x_i y_i + a_2 \cdot \sum_i 4k_i y_i (k_i x_i + y_i) + a_3 \cdot \sum_i 8k_i^2 y_i^2 + \\
&\quad + a_4 \cdot \sum_i 4k_i y_i + a_5 \cdot \sum_i 4k_i^2 y_i = 0 \\
&a_1 \cdot \sum_i 4x_i + a_2 \cdot \sum_i 2(k_i x_i + y_i) + a_3 \cdot \sum_i 4k_i y_i + \\
&\quad + a_4 \cdot 2 + a_5 \cdot \sum_i 2k_i = 0 \\
&a_1 \cdot \sum_i 4k_i x_i + a_2 \cdot \sum_i 2(k_i^2 x_i + k_i y_i) + a_3 \cdot \sum_i 4k_i^2 y_i + \\
&\quad + a_4 \cdot \sum_i 2k_i + a_5 \cdot \sum_i 2k_i^2 = 0
\end{aligned}
\tag{39}
$$

Durch die partielle Ableitung der allgemeinen Gleichung der Ellipse (33) nach x und y können aus folgenden Gleichungen die Koordinaten des Ellipsenmittelpunktes (Ellipsenschwerpunktes) gewonnen werden:

$$
y_s = \frac{-a_5 + a_4 \cdot \dfrac{a_2}{2a_1}}{2a_3 - a_2 \cdot \dfrac{a_2}{2a_1}} \quad \text{und} \quad x_s = \frac{-a_4 - a_2 \cdot y_s}{2a_1}
\tag{40}
$$

Der Winkel zwischen der x-Achse und der größeren Hauptachse der Ellipse kann wie folgt bestimmt werden:

$$
\alpha = \frac{1}{2} \cdot \arctan\left[\frac{a_2}{a_1 - a_3}\right]
\tag{41}
$$

# Berichte aus dem Institut für Umformtechnik der Universität Stuttgart

Herausgeber: Professor em. Dr.-Ing. Dr. h.c. Kurt Lange

1 **Untersuchung über den Einfluß der Belastungszeit auf die Streuung der Rückfederung von Biegeteilen**
Von Dipl.-Ing. Klaus Tafel. 70 Seiten Text u. 64 Seiten mit 49 Bildern u. 15 Tafeln. Vergriffen

2/3 **Untersuchungen über das freie Napfen**
Von Dipl.-Ing. Gerhard Schmitt und Dipl.-Ing. Dieter Schmoeckel.
**Untersuchungen über den Kraft- und Arbeitsbedarf sowie den Umformwirkungsgrad beim Vorwärts-Vollfließpressen von Stahl**
Von Dipl.-Ing. Dieter Kast 40 Seiten Text u. 43 Seiten mit 47 Bildern u. 5 Tafeln. 28,— DM

4 **Untersuchungen über die Werkzeuggestaltung beim Vorwärts-Hohlfließpressen von Stahl und Nichteisenmetallen**
Von Dipl.-Ing. Dieter Schmoeckel. 72 Seiten Text u. 117 Seiten mit 179 Bildern. 39,— DM

5 **Untersuchungen über das Stauchen und Zapfenpressen**
Von Dipl.-Ing. Märten Burgdorf. 126 Seiten Text u. 58 Seiten mit 138 Bildern u. 4 Tafeln. 55,— DM

6 **Untersuchungen über die Streuung der Kräfte und Arbeiten beim Fließpressen in der laufenden Fertigung und den Einfluß der Phosphatschichtdicke und des Schmiermittels**
Von Dipl.-Ing. Hans-Dietrich Witte. 38 Seiten Text u. 48 Seiten mit 49 Bildern. 30,— DM

7 **Untersuchungen über das Rückwärts-Napffließpressen von Stahl bei Raumtemperatur**
Von Dipl.-Ing. Gerhard Schmitt. 132 Seiten Text u. 93 Seiten mit 130 Bildern u. 5 Tafeln. 34,— DM

8 **Die Abbildegenauigkeit beim Biegen im 90°-V-Gesenk und ihre Beeinflussung durch Nachdrücken im Gesenk**
Von Dipl.-Ing. Eckart Dannenmann. 50 Seiten Text u. 31 Seiten mit 28 Bildern u. 1 Tafel. Vergriffen

9 **Untersuchungen über den Zusammenhang zwischen Vickershärte und Vergleichsformänderung bei Kaltumformvorgängen**
Von Dipl.-Ing. Hans Wilhelm. 50 Seiten Text u. 35 Seiten mit 37 Bildern u. 2 Tafeln. Vergriffen

10 **Untersuchungen über das Abstreckziehen von zylindrischen Hohlkörpern bei Raumtemperatur**
Von Dipl.-Ing. Rolf K. Busch. 86 Seiten Text u. 92 Seiten mit 97 Bildern. Vergriffen

11 **Vorgänge beim elektromagnetischen und elektrohydraulischen Umformen von metallischen Werkstücken**
Von Dipl.-Ing. Herbert Müller. 90 Seiten Text u. 110 Seiten mit 93 Bildern u. 10 Tafeln. 22,— DM

12 **Ein Verfahren zur näherungsweisen Berechnung des Spannungs- und Formänderungszustandes beim Fließen starrplastischer Werkstoffe**
Von Dipl.-Ing. Gerhard Adler. 124 Seiten Text u. 76 Seiten mit 72 Bildern. Vergriffen

13 **Modellgesetzmäßigkeiten beim Rückwärtsfließpressen geometrisch ähnlicher Näpfe**
Von Dipl.-Ing. Dieter Kast. 101 Seiten Text u. 73 Seiten mit 60 Bildern u. 6 Tafeln. Vergriffen

14 **Untersuchungen über das Genauschneiden von Stahl und Nichteisenmetallen**
Von Dipl.-Ing. Wilfried Krämer. 96 Seiten Text u. 132 Seiten mit 128 Bildern u. 10 Tafeln. Vergriffen

15 **Entwicklung und Erprobung eines Simulators zur reproduzierbaren Nachahmung der Kraft-Weg-Verläufe von Umformvorgängen**
Von Dipl.-Ing. Kurt Schmid. 88 Seiten Text u. 38 Seiten mit 35 Bildern u. 2 Tafeln. 17,— DM

16 **Walzrichten von Metallbändern mit symmetrisch angestellter Fünf-Walzen-Richtmaschine**
Von Dipl.-Ing. Hans-Dietrich Witte. 108 Seiten Text u. 63 Seiten mit 60 Bildern u. 8 Tafeln. 22,— DM

17/18 **Erzeugung räumlicher Blechgebilde mittels Flächenbiegung**
**Konstruktion, Abwicklung und Herstellung von Schraubtorsen aus Blech**
Von Prof. Dr.-Ing. E. h. Dr. techn. h. c. Otto Kienzle.
120 Seiten Text u. 55 Seiten mit 86 Bildern u. 3 Tafeln. 22,— DM

19 **Einfluß der Alterung auf die mechanischen Eigenschaften von Stählen zum Kaltfließpressen**
Von Dipl.-Ing. Vladimir Hasek, CSc. 43 Seiten Text u. 54 Seiten mit 50 Bildern u. 3 Tafeln. 16,— DM

20 **Beitrag zur Frage der Spannungen, Formänderungen und Temperaturen beim axialsymmetrischen Strangpressen**
Von Dipl.-Ing. Rolf Dalheimer. 118 Seiten Text u. 76 Seiten mit 79 Bildern u. 3 Tafeln. Vergriffen

21 **Über den Einfluß der Werkzeuggeschwindigkeit auf den Stauchvorgang**
Von Dipl.-Ing. H.-J. Metzler. 127 Seiten Text u. 100 Seiten mit 94 Bildern u. 6 Tafeln. 25,— DM

22 **Numerische Behandlung von Verfahren der Umformtechnik**
Von Dr.-Ing. Elmar Steck. 67 Seiten Text u. 22 Seiten mit 43 Bildern. 16,— DM

23 **Ein Verfahren zur näherungsweisen Berechnung der Wärmeentwicklung und der Temperaturverteilung beim Kaltstauchen von Metallen**
Von Dipl.-Ing. Walther Pohl. 78 Seiten Text u. 51 Seiten mit 61 Bildern u. 4 Tafeln. 21,— DM

24 **Untersuchungen über das Drückwalzen zylindrischer Hohlkörper und Beitrag zur Berechnung der gedrückten Fläche und der Kräfte**
Von Dipl.-Ing. Hans-Jürgen Dreikandt. 161 Seiten Text u. 79 Seiten mit 73 Bildern u. 6 Tafeln. Vergriffen

25 **Über den Formänderungs- und Spannungszustand beim Ziehen von großen unregelmäßigen Blechteilen**
Von Dipl.-Ing. Vladimir Hasek, CSc. 129 Seiten Text u. 106 Seiten mit 109 Bildern u. 9 Tafeln. 35,— DM

26 **Über die Anisotropie des plastischen Verhaltens stranggepreßter Stäbe aus hexagonalen Metallen**
Von Dipl.-Ing. Günther Schröder. 129 Seiten Text u. 75 Seiten mit 97 Bildern u. 2 Tafeln. Vergriffen

27 **Die Messung der mechanischen Kontaktspannung in der Wirkfuge Werkzeug — Werkstück bei Umformverfahren**
Von Dipl.-Ing. Fritz Dohmann. 99 Seiten Text u. 82 Seiten mit 93 Bildern u. 4 Tafeln. Vergriffen

28 **Beitrag zur rechnerunterstützten Auslegung von Pressengestellen**
Von Dipl.-Ing. Manfred Geiger. 94 Seiten u. 56 Seiten mit 63 Bildern. Vergriffen

29 **Untersuchungen über das Aufweittiefziehen**
Von P. S. Raghupathi, M. E. ISBN 3-7736-0780-6
80 Seiten Text u. 54 Seiten mit 73 Bildern u. 2 Tafeln 32.— DM

30 **Faltenbildung als Verfahrensgrenze beim Stauchen von Hohlkörpern**
Von Dipl.-Ing. Klaus Dieterle. ISBN 3-7736-0781-4
55 Seiten Text u. 35 Seiten mit 43 Bildern u. 3 Tafeln 28.— DM

31 **Beitrag zur Ermittlung von Fließkurven im kontinuierlichen hydraulischen Tiefungsversuch**
Von Dipl.-Ing. Franc Gologranc. ISBN 3-7736-0785-7
125 Seiten Text u. 58 Seiten mit 95 Bildern u. 6 Tafeln Vergriffen

32 **Untersuchungen an Strangpreßmatrizen**
Von Dipl.-Ing. Klaus Gieselberg. ISBN 3-7736-0786-5.
101 Seiten Text u. 56 Seiten mit 69 Bildern. 45. DM

33 **Beitrag zur Messung der Strangoberflächentemperatur beim Strangpressen**
Von Dipl.-Ing. Karl-Heinz Friedrich. ISBN 3-7736-0787-3.
83 Seiten Text u. 90 Seiten mit 84 Bildern u. 3 Tafeln 48.— DM

34 **Über das Umformverhalten von Blechen aus Titan und Titanlegierungen**
Von Dipl.-Ing. Hans Wilhelm. ISBN 3-7736-0788-1
107 Seiten Text u. 69 Seiten mit 76 Bildern u. 13 Tafeln Vergriffen

35 **Untersuchung der magnetischen Induktion, Stromdichte und Kraftwirkung bei der Magnetumformung**
Von Dipl.-Ing. Volker Schmidt. ISBN 3-7736-0789-X
60 Seiten Text u. 53 Seiten mit 84 Bildern 21.— DM

36 **Der Stofffluß beim kombinierten Napffließpressen**
Von Dipl.-Ing. Rolf Geiger. ISBN 3-7736-0790-3
111 Seiten Text u. 74 Seiten mit 80 Bildern u. 6 Tafeln Vergriffen

37 **Beitrag zum Verhalten superplastischer Werkstoffe beim Massivumformen**
Von Dipl.-Ing. Hans Schelosky. ISBN 3-7736-0791-1
123 Seiten Text u. 61 Seiten mit 60 Bildern u. 4 Tafeln Vergriffen

38 **Energieumsatz beim elektrohydraulischen Umformen**
Von Dipl.-Ing. Hans-Joachim Weckerle. ISBN 3-7736-0792-X
103 Seiten Text u. 46 Seiten mit 56 Bildern. 45.— DM

39 **Elastische Wechselwirkungen an Gestell und Hauptgetriebe weggebundener Pressen**
Von Dipl.-Ing. Lutz Schemperg. ISBN 3-7736-0793-8.
91 Seiten Text u. 58 Seiten mit 65 Bildern u. 3 Tafeln 45.— DM

40 **Über das plastische Verhalten von Sintermetallen bei Raumtemperatur**
Von Dipl.-Ing. Hartmut Honeß. ISBN 3-7736-0794-6.
84 Seiten Text u. 54 Seiten mit 67 Bildern u. 2 Tafeln Vergriffen

41 **Untersuchungen zum Halbwarmfließpressen von Stahl**
Von Dr.-Ing. Rolf Geiger, Dipl.-Ing. Eckart Dannenmann und Dipl.-Ing. Jean Stefanakis.
ISBN 37736-0795-4. 50 Seiten Text u. 33 Seiten mit 34 Bildern u. 2 Tafeln. Vergriffen

42 **Änderung der Werkstoffeigenschaften beim Ziehen von zylindrischen Hohlkörpern aus austenitischen und ferritischen nichtrostenden Stählen**
Von Dipl.-Ing. Rolf Zeller. ISBN 3-7736-0796-2.
80 Seiten Text u. 52 Seiten mit 34 Bildern u. 2 Tafeln. Vergriffen

43 **Untersuchungen über das Fließpressen superplastischer Werkstoffe**
Von Dr.-Ing. Hans Schelosky. ISBN 3-7736-0797-0.
36 Seiten Text u. 24 Seiten mit 26 Bildern u. 1 Tafel Vergriffen

44 **Umformende Bearbeitung in flexiblen Fertigungssystemen**
Von Dipl.-Ing. Hartmut Kaiser. ISBN 3-7736-0798-9
87 Seiten Text u. 24 Seiten mit 47 Bildern. 36.— DM

45 **Geometrische Eigenschaften tiefgezogener kreiszylindrischer Näpfe**
Von Dipl.-Ing. Dieter Schlosser. ISBN 3-7736-0799-7
107 Seiten Text u. 64 Seiten mit 60 Bildern u. 9 Tafeln 48.— DM

46 **Die Eigenschaften einer AlZnMgCu-Legierung nach ausgewählten Kombinationen von Wärmebehandlung und Kaltumformung**
Von Dipl.-Ing. Karl Hankele. ISBN 3-7736-0880-2.
86 Seiten Text u. 51 Seiten mit 52 Bildern u. 4 Tafeln. 45.— DM

47 **Kaltmassivumformen von Sintermetall**
Von Dipl.-Ing. Hans Dieter Schacher. ISBN 3-7736-0881-0.
84 Seiten Text u. 44 Seiten mit 47 Bildern u. 5 Tafeln 42.— DM

48 **Rechnerunterstützte Arbeitsplanerstellung und Kostenrechnung beim Kaltmassivumformen von Stahl**
Von Dipl.-Ing. Peter Noack. ISBN 3-7736-0882-9.
216 Seiten Text u. 116 Seiten mit 134 Bildern u. 23 Tafeln. 65.— DM

49 **Beitrag zur beanspruchungsgerechten Auslegung von rotationssymmetrischen Fließpreßmatrizen**
Von Dipl.-Ing. Gunther Kramer. ISBN 3-7736-0883-7.
94 Seiten Text u. 53 Seiten mit 56 Bildern. Vergriffen

50 **Erzeugung gratfreier Schnittflächen durch Aufteilen des Schneidvorgangs (Konterschneiden)**
Von Dipl.-Ing. Heinz Liebing. ISBN 3-7736-0884-5.
87 Seiten Text u. 51 Seiten mit 55 Bildern u. 4 Tafeln. 46 — DM

51 **Berechnung der elastischen Eigenschaften von Baugruppen im Pressenbau**
**Von Dipl.-Ing. Herbert Blum ISBN 3-540-09804-6.**
**151 Seiten mit 55 Abbildungen.** Vergriffen

52 **Untersuchung der Verfahrensgrenzen beim 180°-Biegen von Fein- und Mittelblechen**
Von Dipl.-Phys. Wolfgang Schaub. ISBN 3-540-09881-X.
65 Seiten mit 24 Abbildungen. 38.– DM

53 **Abstreckgleitziehen von nichtrostenden austenitischen Stählen**
Von Dipl.-Ing. Jobst-H. Kerspe. ISBN 3-540-09882-8.
109 Seiten mit 36 Abbildungen. 43,– DM

54 **Fließpressen von Stahl im Temperaturbereich 773 K (500°C) bis 1073 K (800°C)**
Von Dipl.-Ing. Ulrich Diether. ISBN 3-540-09959-X.
165 Seiten mit 80 Abbildungen. 48,– DM

55 **Die numerisch gesteuerte Radial-Umformmaschine und ihr Einsatz im Rahmen einer flexiblen Fertigung**
Von Dipl.-Ing. Peter Metzger. ISBN 3-540-10073-3.
158 Seiten mit 65 Abbildungen. 43,– DM

56 **Möglichkeiten zur Steuerung des Stoffflusses beim Ziehen großer unregelmäßiger Blechteile**
Von Dr.-Ing. Vladimir V. Hasek. ISBN 3-540-10074-1.
193 Seiten mit 96 Abbildungen. 48,– DM

57 **Beitrag zur Arbeitsgenauigkeit des Kaltmassivumformens**
Von Dipl.-Ing. Herbert Leykamm. ISBN 3-540-10363-5.
165 Seiten mit 84 Abbildungen und 5 Tabellen.. 48,– DM

58 **Untersuchungen über das Verjüngen von zylindrischen Vollkörpern**
Von Dipl.-Ing. Helmut Binder. ISBN 3-540-10466-6.
146 Seiten mit 50 Abbildungen und 3 Tabellen. 43,– DM

59 **Umformverhalten legierter Sintereisen**
Von Dipl.-Ing. Manfred Stilz. ISBN 3-540-11051-8.
170 Seiten mit 75 Abbildungen und 5 Tabellen. 48,– DM

60 **Interaktives Programmsystem zur Erstellung von Fertigungsunterlagen für die Kaltmassivumformung**
Von Dipl.-Ing. Michael Rebholz. ISBN 3-540-11052-6.
121 Seiten mit 46 Abbildungen. 43,– DM

61 **Beitrag zum Ziehen von Blechteilen aus Aluminiumlegierungen**
Von Dipl.-Ing. Michael Blaich. ISBN 3-540-11067-4.
141 Seiten mit 64 Abbildungen und 5 Tabellen. 43,– DM

62 **Auslegung von rotationssymmetrischen Fließpreßwerkzeugen im Bereich elastisch-plastischen Werkstoffverhaltens**
Von Dipl.-Ing. Thomas Neitzert. ISBN 3-540-11623-0.
159 Seiten mit 51 Abbildungen. 53,– DM

63 **Fließpressen von Sintermetall im Temperaturbereich zwischen 873 K (600°C) und 1173 K (900°C)**
Von Dipl.-Ing. Wolfgang Schaub. ISBN 3-540-11678-8.
160 Seiten mit 85 Abbildungen und 9 Tabellen. 53,– DM

64 **Rechnerunterstützte Konstruktion von Umformwerkzeugen und die Fertigungsplanung von Werkzeugelementen**
Von Dipl.-Ing. Dieter Steuss. ISBN 3-540-11856-X.
178 Seiten mit 87 Abbildungen und 6 Tabellen. 53,– DM

65 **Möglichkeiten und Grenzen des Kaltgesenkschmiedens als eine fertigungstechnische Alternative für kleine, genaue Formteile**
Von Dipl.-Ing. Khang Hoang-Vu. ISBN 3-540-11876-4.
156 Seiten mit 62 Abbildungen und 5 Tabellen. 53,– DM

66 **Einsatz numerischer Näherungsverfahren bei der Berechnung von Verfahren der Kaltmassivumformung.**
Von Dipl.-Ing. Karl Roll. ISBN 3-540-11910-8.
166 Seiten mit 49 Abbildungen und 2 Tabellen. 53,– DM

67 **Untersuchung über das Verjüngen von dickwandigen, zylindrischen Hohlkörpern**
Von Dipl.-Ing. Knut Haarscheidt. ISBN 3-540-12229-X.
124 Seiten mit 58 Abbildungen und 6 Tabellen. Vergriffen

68 **Rechnerunterstützte Optimierung des Tiefziehens unregelmäßiger Blechteile**
Von Dipl.-Ing. Hans Glöckl. ISBN 3-540-12522-1.
143 Seiten mit 60 Abbildungen. Vergriffen

69 **Hydrostatisches Fließpressen: Verfahrensparameter und Werkstückeigenschaften**
Von Dipl.-Ing. Jobst H. Kerspe. ISBN 3-540-12537-X.
123 Seiten mit 69 Abbildungen und 5 Tabellen. 58,– DM

70 **Untersuchungen zum Halbwarmfließpressen von Automatenstählen**
Von Dipl.-Ing. Eberhard Nehl. ISBN 3-540-12568-X.
145 Seiten mit 104 Abbildungen. 58,– DM

71 **Entwicklung und Anwendung neuer Schmierstoffprüfverfahren für die Kaltmassivumformung**
Von Dipl.-Ing. Thomas Gräbener. ISBN 3-540-12836-0.
140 Seiten mit 65 Abbildungen. 58,– DM

72 **Einfluß der Blechoberfläche beim Ziehen von Blechteilen aus Aluminiumlegierungen**
Von Dipl.-Ing. Erhard Mössle. ISBN 3-540-12837-9.
142 Seiten mit 62 Abbildungen und 6 Tabellen. 58,– DM

73 **Werkzeugverschleiß in der Massivumformung**
Von Dipl.-Ing. Matthias Weiergräber. ISBN 3-540-13033-0.
72 Seiten mit 36 Abbildungen und 2 Tabellen. 58,– DM

74 **Grundlagen der Umformtechnik I · Fundamentals of Metal Forming Technique I**
298 Seiten. ISBN 3-540-13039-X. 58,– DM

75 **Grundlagen der Umformtechnik II · Fundamentals of Metal Forming Technique II**
280 Seiten. ISBN 3-540-13040-3. 58,– DM

76 **Herstellung und Versteifungswirkung von geschlossenen Halbrundsicken**
Von Dipl.-Ing. Michael Widmann. ISBN 3-540-13172-8.
150 Seiten mit 63 Abbildungen. 63,– DM

77 **Kostenoptimierter Einsatz der Radialumformmaschine in gemischten, flexiblen Fertigungssystemen**
Von Dipl.-Ing. Michael Dostal. ISBN 3-540-13286-4.
121 Seiten mit 61 Abbildungen. 63,– DM

78 **Rechnerische Ermittlung von Zustandsgrößen beim Radialumformen**
Von Dipl.-Ing. Roland Paukert. ISBN 3-540-13287-2.
131 Seiten mit 57 Abbildungen und 1 Tabelle. 63,– DM

79 **Numerische Steuerung einer flexiblen Bearbeitungseinheit zum Radialumformen**
Von Dipl.-Ing. Helmut Noller. ISBN 3-540-13550-2.
120 Seiten mit 41 Abbildungen und 2 Tabellen. 63,– DM

80 **Vergleichende Betrachtung der Verfahren zur Prüfung der plastischen Eigenschaften metallischer Werkstoffe**
Von Dr.-Ing. Klaus Pöhlandt. ISBN 3-540-13578-2.
178 Seiten mit 43 Abbildungen und 11 Tabellen. 63,– DM

81 **Aufweitung von Fließpreßmatrizen mit überlagerter thermischer und mechanischer Beanspruchung**
Von Dipl.-Ing. Ewald Kling. ISBN 3-540-15755-7.
139 Seiten mit 61 Abbildungen und 1 Tabelle. 63,– DM

82 **Messung des Werkzeugverschleißes bei der Kalt- und Halbwarmumformung mit Radionukliden**
Von Dipl.-Ing. Eberhard Nehl. ISBN 3-540-16497-9.
131 Seiten mit 55 Abbildungen und 11 Tabellen. 68,– DM

83 **Ermittlung von Eigenspannungen in der Kaltmassivumformung**
Von A. Erman Tekkaya. ISBN 3-540-16498-7.
162 Seiten mit 60 Abbildungen und 2 Tabellen. 68,– DM

84 **Korrosionsbeständigkeit tiefgezogener rotationssymmetrischer Werkstücke aus austenitischen Stählen**
Von Dipl.-Ing. Matthias Weiergräber. ISBN 3-540-16560-6.
137 Seiten mit 63 Abbildungen und 4 Tabellen. 68,– DM

85 **Simulation of Metal Forming Processes by the Finite Element Method (SIMOP-I)**
Workshop Stuttgart 1985. ISBN 3-540-16592-4.
316 Seiten mit 147 Abbildungen und 3 Tabellen. 68,– DM

86 **Beanspruchung von Napf-Rückwärts-Fließpreßmatrizen aus Keramik infolge mechanischer Belastung und Temperatureinwirkung**
Von Dipl.-Ing. Winfried Nester. ISBN 3-540-16845-1.
148 Seiten mit 66 Abbildungen und 2 Tabellen. 68,– DM

87 **Einfluß von Oberflächenbeschichtungen auf den Werkzeugverschleiß bei der Massivumformung**
Von Dipl.-Ing. Harald Westheide. ISBN 3-540-16846-X.
146 Seiten mit 84 Abbildungen und 9 Tabellen. 68,– DM

88 **Hydrostatisches Fließpressen von Profilen unter Verwendung von Matrizen mit stetigem Übergang**
Von Dipl.-Ing. Suwandi Sugondo. ISBN 3-540-16847-8.
130 Seiten mit 59 Abbildungen und 7 Tabellen. 68,– DM

89 **Untersuchungen über das kombinierte Quer-Napf-Vorwärts-Fließpressen**
Von Dipl.-Ing. Walter Osen. ISBN 3-540-17349-8.
153 Seiten mit 66 Abbildungen. 68,– DM

90 **Werkstoff und Umformung**
1. Workshop Stuttgart, 1986. ISBN 3-540-17370-6.
224 Seiten. 68,– DM

91 **Beanspruchungsgerechte Auslegung von Fließpreßwerkzeugen mit numerischen Berechnungsmethoden**
Von Dipl.-Ing. Vu The Cuong. ISBN 3-540-17472-9.
169 Seiten mit 80 Abbildungen und 12 Tabellen. 68,– DM

92 **Der Kerbzugversuch als Einfachprüfverfahren für das richtungsabhängige Umformvermögen von Blechwerkstoffen**
Von Dipl.-Phys. Christian Weist. ISBN 3-540-17666-7.
96 Seiten mit 48 Abbildungen und 5 Tabellen. 68,– DM

93 **Querfließpressen eines Flansches oder Bundes an zylindrischen Vollkörpern aus Stahl**
Von Dipl.-Ing. Winfried Schätzle. ISBN 3-540-17929-1.
129 Seiten mit 67 Abbildungen und 3 Tabellen. 68,– DM

94 **Untersuchung des Werkzeugbruches beim Voll-Vorwärts-Fließpressen**
Von Dipl.-Ing. Willi Reiss. ISBN 3-540-18376-0.
159 Seiten mit 69 Abbildungen und 3 Tabellen. 68,– DM

95 **Grundlagen für das Kaltwalzen von Voll- und Hohlkörpern nach dem Grob-Verfahren**
Von Dipl.-Ing. Norbert Kurz. ISBN 3-540-18509-7.
163 Seiten mit 72 Abbildungen und 5 Tabellen. 68,– DM

96 **Rechnergestützte Fertigung von Sonderprofilen auf der Radialumformmaschine**
Von Dipl.-Ing. Andreas Wöhr. ISBN 3-540-19161-5.
141 Seiten mit 80 Abbildungen. 73,– DM

97 **Optimierung der Oberflächenmikrogeometrie von Aluminiumfeinblech für das Karosserieziehen**
Von Dipl.-Ing. Rainer Balbach. ISBN 3-540-50168-1.
161 Seiten mit 86 Abbildungen. 73,– DM

98 **Ermüdungsverhalten von massivumgeformten bauteilähnlichen Proben aus Stahl**
Von Dipl.-Ing. Wolfgang Schwab. ISBN 3-540-50805-8.
142 Seiten mit 81 Abbildungen und 3 Tabellen. 73,– DM

99 **Optimaler Energieeinsatz bei der Fertigung durch Massivumformung**
Von Dipl.-Ing. Thomas Herlan. ISBN 3-540-50876-7.
204 Seiten mit 63 Abbildungen und 3 Tabellen. 73,– DM

100 **Ermittlung der Fließkurven von Feinblechen im ebenen Torsionsversuch**
Von Dipl.-Ing. Michael Bauer. ISBN 3-540-51117-2.
210 Seiten mit 76 Abbildungen und 7 Tabellen. 73,– DM

101 **Numerische Simulation dreidimensionaler Umformvorgänge mit Einbezug des Temperaturverhaltens**
Von Dipl.-Ing. Jürgen Gerhardt. ISBN 3-540-51331-0.
148 Seiten mit 59 Abbildungen und 2 Tabellen. 73,– DM

102 **Interaktives rechnergestütztes System zur Konstruktion von Werkzeugen für die Kalt-Massivumformung**
Von Dipl.-Ing. Frank D. Ilzig. ISBN 3-540-51492-9.
134 Seiten mit 69 Abbildungen. 73,– DM

103 **Werkzeugverformungen beim Strangpressen und ihre Auswirkungen auf die Produktgenauigkeit**
Von Rolf Bulander. ISBN 3-540-51586-0.
165 Seiten mit 66 Abbildungen und 5 Tabellen. 73,– DM

104 **Prüfung des Einflusses von Schmierstoffadditiven auf das Tribosystem bei der Kaltmassivumformung**
Von Dipl.-Ing. Uwe Horlacher. ISBN 3-540-52176-3.
161 Seiten mit 70 Abbildungen und 5 Tabellen. 73,– DM

105 **Rechnerunterstützte Konstruktion von rotationssymmetrischen Schmiedeteilen und Warmfließpreßwerkzeugen**
Von Ekkehard Körner. ISBN 3-540-52635-8.
174 Seiten mit 85 Abbildungen und 7 Faltseiten. 78,– DM

106 **Einflußgrößen auf den Werkzeugbruch beim Voll-Vorwärts-Fließpressen**
Von Arndt Hettig. ISBN 3-540-52816-4.
161 Seiten mit 71 Abbildungen und 7 Tabellen. 78,– DM

107 **Weiterentwicklung des Torsionsversuches in Theorie und Praxis**
Von Andreas Gräber. ISBN 3-540-52817-2.
154 Seiten mit 65 Abbildungen und 4 Tabellen. 78,– DM

108 **Beitrag zur Optimierung der Fertigungsfolge Kaltmassivumformen und Spanen**
Von Hans-Joachim Keller. ISBN 3-540-52883-0.
165 Seiten mit 75 Abbildungen und 5 Tabellen. 78,– DM

109 **Ermittlung der Fließkurven und der Anisotopie-Eigenschaften metallischer Werkstoffe im Rastegaev-Stauchversuch**
Von Thomas Friedrich Oberländer. ISBN 3-540-53154-8.
174 Seiten mit 91 Abbildungen und 9 Tabellen. 78,– DM

110 **Ermüdungsverhalten von Fließpreßteilen aus Sintermetall**
Von Bernd Hager. ISBN 3-540-53585-3.
130 Seiten mit 70 Abbildungen und 3 Tabellen. 78,– DM

111 **Ein wissensbasiertes System zur Stadienplanermittlung beim Kaltmassivumformen**
Von Guohui Du. ISBN 3-540-53980-8.
163 Seiten mit 66 Abbildungen. 78,– DM

112 **Aufweitungsverhalten von Fließpreßmatrizen mit nichtrotationssymmetrischer Innenform Berechnungen mit der Boundary-Element-Methode**
Von Karsten-F. Hoffmann. ISBN 3-540-54573-5.
182 Seiten mit 73 Abbildungen und 7 Tabellen 78,– DM

113 **Ein Beitrag zur Überwachung und Diagnose beim Radialumformen am Beispiel der Radialumformmaschine RUMX-2000**
Von Egon Hüfner. ISBN 3-540-55157-3.
156 Seiten mit 54 Abbildungen und 5 Tabellen. 88,– DM

114 **Datenaustausch bei der Prozeßsimulation in der Umformtechnik**
Von Shaolin Wang. ISBN 3-540-55268-5.
177 Seiten mit 67 Abbildungen und 12 Tabellen. 88,– DM

115 **Verschleißminderung an Werkzeugen der Kaltmassivumformung durch Ionenstrahltechniken**
Von Christian Weist. ISBN 3-540-55453-X.
164 Seiten mit 86 Abbildungen und 9 Tabellen. 88,– DM

116 **Anwendungsorientiertes CAD-System zur Werkzeugkonstruktion für die Kaltmassivumformung**
Von Wolfgang Makosch. ISBN 3-540-55466-1.
166 Seiten mit 72 Abbildungen und 9 Tabellen. 88,– DM

117 **Grundlagenuntersuchung über das Taumelpressen**
Von Joachim Schondelmaier. ISBN 3-540-55589-7.
177 Seiten mit 92 Abbildungen und 1 Tabelle. 88,– DM

118 **Beitrag zur Fertigung von schrägverzahnten Stirnrädern durch Querfließpressen**
Von Felix Schmieder. ISBN 3-540-56548-5.
188 Seiten mit 94 Abbildungen und 4 Tabellen. 88,– DM

119 **Eigenspannungen und Spannungsrißkorrosion tiefgezogener Werkstücke aus CuZn-Legierungen**
Von Lothar Brückner. ISBN 3-540-57377-1.
152 Seiten mit 106 Abbildungen und 5 Tabellen. 88,– DM

120 **Auslegung von Fließpreßmatrizen mit der Boundary-Element-Methode im Verbund mit CAD-Systemen**
Von Jianhua Su. ISBN 3-540-57923-0.
168 Seiten mit 82 Abbildungen und 5 Tabellen. 88,– DM

121 **Beitrag der Prozeßsimulation zur Entwicklung komplexer Kaltumformteile**
Von Volker Szentmihályi. ISBN 3-540-57967-2.
152 Seiten mit 68 Abbildungen und 6 Tabellen. 88,– DM

122 **Weiterentwicklung von Verfahren zur Aufnahme von Fließkurven im Bereich hoher Umformgrade**
Norbert Becker. ISBN 3-540-58442-0.
147 Seiten mit 95 Abbildungen und 2 Tabellen 88,– DM

123 **Beitrag zur Charakterisierung von Blechwerkstoffen unter mehrachsiger Beanspruchung**
Wolfgang Müller ISBN 3-540-61438-9.
182 Seiten mit 112 Abbildungen und 12 Tabellen 88,– DM

Die Bände sind im Erscheinungsjahr und in den folgenden drei Kalenderjahren zu beziehen durch den örtlichen Buchhandel oder durch Lange & Springer, Otto-Suhr-Allee 25–28, 10585 Berlin.

GPSR Compliance

*The European Union's (EU) General Product Safety Regulation (GPSR) is a set of rules that requires consumer products to be safe and our obligations to ensure this.*

*If you have any concerns about our products, you can contact us on ProductSafety@springernature.com*

In case Publisher is established outside the EU, the EU authorized representative is:

Springer Nature Customer Service Center GmbH
Europaplatz 3
69115 Heidelberg, Germany

**Batch number: 10682421**

Printed by Printforce, the Netherlands